U0303718

葡萄酒的世界史

自然惠赐与人类智慧

〔日〕山本博　著

瞿　亮　译

商务印书馆
The Commercial Press
创于1897

目 录

序　章　东洋对于葡萄的爱慕

—— 日本人何时开始喝葡萄酒

　　葡萄酒之所以被说成是一种文化，并非因为它是十分甘醇的饮品，而是因为喝葡萄酒显得时尚和华丽。第二次世界大战后，美国的上流社会和知识分子认为，相比土气的威士忌和金酒，葡萄酒显得更具品位，因而倾向于饮用葡萄酒，使之得以逐渐流行开来，其实并非如此。实际上，葡萄酒是人类文明形成过程中的一种文化现象。随着包括经济、社会在内所有周边条件的发展，在其影响下形成了今天我们看到的葡萄酒。最有力的说明例子便是猿酒。

　　猿酒传说是东洋所特有的，西欧则看不到，其根源来自中国。现代中国关于葡萄酒的释义书中亦记载了其起源。通过查阅得知，这多半是出自清代浮槎散人《秋坪新语》和寄泉《蜻阶外史》。唐代李肇《国史补》中，记载了为捕获名为猩猩的想象动物就令它喝酒醉倒，然而这并不是通常所谓的猿酒故事。根据浮槎散人的记述，在四川省边境靠近西藏门户的忠州地区山林中寄居了许多黑猿，相传它们擅长酿造好酒，村民们将佳肴、水果放到黑猿居住地附近，并在旁边放置空壶，黑猿发现佳肴（鱼、肉、水果）并争食，也把空壶带回洞窟装满了酒再放回原来放佳肴处，村民们趁机惊动并驱赶它们便可获得美酒。

　　而根据寄泉的记载，云南省靠近缅甸的永平县也有许多猿猴，人们趁大多猿猴成群迁徙之际，惊动其逃散，从而获得大量放置的陶器。陶器成土字型，是铸烧成型的成品。其内部盛满了清澈的汁液，汁液呈深红或浅绿色，酸甜涩兼具，十分芳醇。而这是猿猴采集山中水果酿造的，据说它们囤蓄食物过冬，在风雪天气无法去寻觅猎物的时候就饮用这陶器里的酒。

对当时居住在首都北京的文化人而言，由于交通手段有限，四川省、云南省是他们难以到达的偏僻之地，故只能从他人传说中了解情况。从那些地方到北京的人，被视为远道而来的客人而受到欢迎，他们说的虚构故事被信以为真，因此还留存了鬼首之类的记载。这样说来，日本也有着"取瘤子的老爷爷"这种属于无稽之谈的民间传说。而它也被江户时代日本的知识分子认为是确凿可信的。在今天的日本，要是相当有名的学者还相信这个故事，那就要闹大笑话了。

为什么这样说呢，稍许理性地来考虑的话，就能立刻明白。第一，原本猿猴并没有贮藏食物的行动意识。猿猴是哺乳动物中的灵长类，虽然他们具有类似于人类的智能，也有像松鼠这类动物一样储备过冬食物的习性，但它们无论如何也不会保存、蓄藏食物。《庄子》里狙公（饲养猿猴者）"朝三暮四"的故事，就形象地点明了猿猴的生存实态。在日本，猿猴虽然将生息的范围扩大到青森县积雪地区，它们甚至知道将薯类浸渍到海水中令其更具风味，但其习性也并未改变。

第二，虽然猿猴与贮藏有一些关联，但它们并不会制作陶器。退一步说，它们肯定不会使用火，即便它们做成了陶器泥土原胚，由于没有用火烧制的技术，就无法贮藏水和其他液体。虽然可以想象它们盗取人类制作的陶器，但这已超过了猿类的行动意识。人类自远古时代起，就开始考虑是否能够运送水和其他液体。他们想到的其中一个方法就是用葫芦。通过使用葫芦，人类可以离开水源地而生活，扩大了他们的行动圈。这也致使人类离开海洋而移住到远地成为可能。但猿猴不仅不会使用葫芦，而且它们也没有想要使用葫芦的意识。

倘若如后所述，假使一粒粒野生的葡萄掉落到木洞中积累起来，也无法酿造成葡萄酒。野生葡萄果梗强韧，即便是遭受到撕咬也很难摘下来，果房和果粒就更不可能从树上掉下来并积蓄起来。既然猿猴无法酿葡萄酒的话，那么古代日本人的酿酒情况如何呢？

古代中国留存了观察日本人的一系列史书（鸟越宪三郎《中国正史倭人·倭国传全译》），在《后汉书·东夷列传·倭》中有"人性嗜酒"的诠释，而后也出现了同样的文字记载。而在《魏志·倭人传》中，亦有"始死停丧十余日，当时不食肉，丧主哭泣，他人就歌舞饮酒"的记载，与而今通宵守夜进行佛式"精进落"①斋食相通。但日本人祖先所饮的也并非葡萄酒。

那史前时代的情况如何呢？持有如此兴趣的《周刊朝日》编辑岩田一平就著有《绳文人也喝酒啊》一书。除此之外，还有近年来围绕多处遗迹发掘的报告。绳文人喝葡萄酒这一通说的形成，是因为长野县井户尻遗迹挖掘出有孔锷陶器。该陶器的顶部有像锷一样的锐利之处，接续的尾部则有孔穴。有记载称"这种陶罐是用来处理山葡萄酿造果实酒的，其中的孔是为了解开缠绕蔓藤而特意烧制的"。

陶器底部还发现了山葡萄种子，发掘者虽然向媒体透露了这个推论，但"孤掌难鸣"。经过知名学者的公开发表，它才成为一种通说。（加藤百一《日本酒的500年》）

此后，各地都相继发掘了有孔锷陶器（尖石遗迹、井户尻遗迹、释迦堂遗迹等）。它们不仅数量繁多，类型也有大到近一米的大陶和小

---

① 原本是故人去世49天后，饮食从素斋恢复为普通的饮食，现在指在头七仪式后，为了慰劳僧人和家属、亲友而举办的宴席。

至巴掌般的小陶。虽然见到如此多数的形态，但是用这些特殊陶器来酿出发酵用的果汁，也是没有任何可能性的。如后所述，浅井昭吾报告指出，虽然对各陶器进行了查验，但并未发现发酵产生的色素痕迹。

青森县的"三内丸山遗迹"是山葡萄系葡萄酒另一个有力的证据。这暗示了该地栽培了栗子树，其文化发展程度较高。1993 年，从绳文时代前期的废弃考古场地中发现了厚度约达 10 厘米的种子层。在这些种子中包含了山葡萄，因而就有了该地酿造葡萄酒的传说。

该地发现了这些种子共同发酵产生的具有繁殖性的曲霉（《三内丸山遗迹与北部绳文世界》原文，但曲霉出现也十分微妙，曲霉是米的淀粉转化为糖分的时候产生的，而果汁糖分转化为酒精则并不需要曲霉），还发现了采集葡萄酒发酵果汁的猩猩果蝇化石。而无论是秋田县池内遗迹还是三内丸山遗迹，都发现了同样组织的植物化石块，由于其中包含了细小的纤维，因而推断其是榨取汁液后留下的渣滓。

看到如此的报告之后，就无法否定日本古代先民曾经酿造出了果实酒。然而，要想飞跃性地得出曾经酿造出葡萄酒的结论，就不得不倾听其他的研究。

实际上，该土层的种子群中包含了山葡萄、桑、猿梨、木莓、楮，而且这些并不唯该地仅有，在其他地区也有大量接骨木的种子（与本州各地所见的接骨木相异，是果粒更大的西伯利亚接骨木）。而且，在千叶市神门遗迹还挖掘发现了接骨木、木莓、桑、猿梨等。大津市粟津湖底的绳文时代中期遗迹中亦有接骨木、木莓、桑、猿梨等，而且金泽市米原的绳文时代晚期遗迹中，与桑、接骨木、木莓一同发掘出来的还有各类山葡萄的种子。将它们发酵酿造的话，大概能够制成果实酒、药酒，但这也并非葡萄酒。

　　山葡萄酿造葡萄酒有几个难点。葡萄酒是由葡萄发酵酿造而成的，它需要适合葡萄栽培和发酵的气候，在类似地中海沿岸的地区酿造起来就相对简单，或看起来更加可行。然而，用葡萄酿成葡萄酒还需要历经几个鲜有揭露但又不可或缺的流程。首先是"发酵组织"的问题，葡萄果汁要成为葡萄酒，需要果汁中糖分附着于果皮等处，在酒酵母的作用之下，分解为酒精和碳酸气。酒酵母与其他多种野生酵母相互竞争维系发酵作用，虽然可制成酒精，但最初其他野生酵母的数量占优势。而随着发酵的进行，酒酵母逐渐增多，酒精含量亦增高，而没有如此韧劲的野生酵母就消亡了。

　　但是，要达到如此状况，就必须有协助酒酵母发育的充足的糖浓度。也就是说，果汁中若没有富含足够糖分，酒酵母的主要作用就发挥不出来，这会导致它们在与野生酵母的交锋中败下阵来而无法生成葡萄酒，果汁最终腐臭变质。在日本这样气候多湿的国家，水果的糖度很低，而野生的微生物则具有多繁殖多成长的强烈倾向。因此，没有达到足够充分的条件，仅放任不管的话，山葡萄转化为葡萄酒的现象很难发生。

　　"榨汁"也成了另一个大问题。有人在谈及普通山葡萄酿造葡萄酒的经验时，指出这出乎意料的困难。从葡萄的果粒变成果汁看似简单，但并非如此。仅将果粒捣碎是行不通的，必须要有"榨取"作业。葡萄果粒柔软滑溜不易抓取，仅用手挤榨只能获取少量果汁。

　　野生葡萄果粒被充分捣碎，发酵后压榨起来就会变得简易。因此就形成了先是简单地将果粒捣碎并发酵，其后再压榨的方法。如后所述，人类进行如此过程十分辛劳。况且，日本的山葡萄果粒小，含有的水分也不多。

古代人若有酿造果实酒的想法（到底是否有此想法尚具疑问），即便不用山葡萄，使用猿梨或者野生桑葚来酿造也更为容易。而今，我们已经将葡萄酒视为寻常之物，但仅仅知道它是由葡萄酿造而成，因此简单地将山葡萄与葡萄酒关联起来，这种想法实际上是个大陷阱。若只是想榨取果汁，则可以采用其他果实。

古代日本人对于山葡萄的关注更聚焦在它的颜色上。山葡萄的其中一种，桑叶葡萄可用作染料，故日语保留了"虾染"这一词语。因此，有必要转变之前见到山葡萄就把它与制成饮料联系起来的想法。人类在山野中其实并没有食用大量葡萄，基于这种考虑，于是就形成了将它们干燥起来保存和设法将它们变为饮料的两种方法。在日本，有晒干柿子以确保过冬食物这样的劳作。相比酿酒，古代日本人考虑更多的是设法将其变成可以长久保存的食品。

世界上多数葡萄生产国中，不酿造葡萄酒而制成葡萄干的国家也不在少数。葡萄干制作方法简易，甜味十足，易于保存。而且在古代，人们酿造葡萄酒必须当即喝完。要保存、贮藏葡萄酒，需要更为高度精细的管理和文化。

与美索不达米亚、希腊不同，中国西域丝绸之路沿线的诸国，皆没有酿造葡萄酒而是制作葡萄干。现在依然如此。如果将猿猴贮藏智慧视为其本能的话，相比酿造葡萄酒必须要使用工具而言（猿猴并不能使用工具），它们制作葡萄干则更合情合理。虽然属于虚构设想，但基于实际而撰的《鲁滨孙漂流记》中就谈到人们见到野生葡萄并没想到酿造葡萄酒而是制作葡萄干。

令该设想（进一步说是文化）受到关注的是浅井昭吾。他在莫西亚公司负责栽培葡萄期间，赌上自己人生，酿造了多种葡萄酒，因而被视为教父并受到尊敬。

　　浅井在留下的多部与葡萄酒相关的著述中，对古代日本人酿造葡萄酒的问题都进行了否定。将葡萄酿造成葡萄酒，只有在很难获得良好水源的干燥地带的人们才能这么去做。（作者在这方面其实很早也持有同样的观点。）

　　像日本这样稍微走一段路即可见到清冽水流的国家，根本不会诞生从如此小的果粒中大费周折获得饮料的想法。大概可以推断，居住在三内丸山地区的绳文人，见到山野中茂密的接骨木（其果实鲜红美丽），摘取它们当作染料的原料或用它们作为药用的原料，而不会产生而今我们印象中把它们用于酿造葡萄酒的想法。

　　绳文人不可能酿酒的话，那么其以后的时代如何呢？《古事记》引起了人们在这一点上的关注与兴趣。伊邪那岐命违背了伊邪那美命的嘱咐，而后见其丑陋样态从黄泉国逃回时，由于遭到称为"黄泉丑女"的鬼女的追逐，他取了黑御蔓盖在头上作为掩护，而后又将其扔弃，扔弃的蔓条长成结果实的大树，伊邪那岐命趁着鬼女啃食蔓藤果子之际而逃离。令鬼女忘却追逐伊邪那岐命的是蔓藤树上的美味果实，《古事记》将其称为"蒲子"，《日本书纪》则记作"蒲陶"，指的就是葡萄。这说明撰写《古事记》之际，当时的日本人业已知道葡萄了。

　　虽然事实上日本人自古代就知道存在"葡萄"这种水果，但也不能将其与葡萄酒关联起来。然而，《古事记》中还记载了有名的八岐大蛇神话。须佐之男令大蛇饮酒致其沉醉而除掉它，能够令大蛇都醉倒的就是被称为"八盐折之酒"的烈性酒。

　　酿造该酒的原料之一是读作"众果"的浆果（《日本书纪》神代

记"一书曰"中称用"众果"酿造），该浆果是富含果汁的树莓、草莓类果实，也有人将其作葡萄来解释，称"八盐折之酒"就是葡萄酒。

但是日本酒泰斗坂口谨一郎博士的直系弟子，品鉴日本酒和葡萄酒领域的权威大塚谦一博士指出这种说法是没有根据的。"八盐折"这个词语是在锻造剑时出现的，它一度成为酿造酒的原料，而后进一步发展成可再次发酵酿造的酒。由谷物酿造的酒，经历两次、三次反复发酵酿造后可制成酒精浓度高的酒（而今中国的白酒），但由果实酿造的酒则达不到这种效果。因此，所记载"众果"应该是坚果树的果实，也就是比较普遍的尖栗。无论如何，单从八岐大蛇传说来证明古代日本就有葡萄酒实属跳跃性过大了。

与其证明葡萄酒，不如去探讨葡萄本身在日本的发展情况更有趣味。事实上，日本人自古坟时代起就已经知晓葡萄这种果实。证据便是各地出土的铜镜中发现了大量称为"海兽葡萄镜"的文物，其中有一件极为精美的铜镜收藏于正仓院。不仅如此，药师寺的药师如来台座上也有葡萄的浮雕，东大寺留存了印染有葡萄纹样的唐草鹿皮。但是，这些并不是食用葡萄的证据。我们只能由此获知它与麒麟、凤凰、虎、象一样，作为异国的珍奇美果而被当时的人们所认知。

其中的一个证据就是，奈良时代的文物中就有各类的葡萄图形，而到了平安、镰仓时代它们的样态便消失了。但是，进入桃山时代后，爆发式地出现了葡萄纹样。东京国立博物馆所展示桃山时代的"紫地色纸葡萄文褶箱"和服，就十分华美艳丽，人们皆为其新潮时尚的设计而感到惊叹。除此之外，和服、器皿、壶、漆器、镡甚至马鞍，都有绚烂的葡萄纹样。因收容与丈夫离婚被驱赶的女性而有名的东庆寺，收藏了一个莳绘纹样设计的圣饼箱（天主教举行圣餐时候装

面包的盒子），其上就绘有十分繁复的葡萄纹样，这种纹样还用在
IHS（耶稣会的标章）上。

　　如果就此推断安土桃山的人们已经开始食用葡萄，还是会与现实
有所出入的。当时绘制这些图样必须有一个模式套路。栗鼠虽然啃食
栗子、橡子、胡桃等坚果，但并不啃食浆果。因此，葡萄旁出现栗鼠
的样态着实显得奇怪。这一时期所绘制的葡萄，其叶子多呈现与真实
葡萄叶相异的方形形状。

　　上述的情形怎么看也显得很奇怪，但试着从各方面考虑，有一种
使其成为可能的推理。实际上，中国进入宋代后，葡萄就成为院体花
鸟画派喜好的绘画题材，得以盛行。到元代就有任仁发、日观、松田
等将葡萄与栗鼠绘在一起的名画。这些成为日本画家效仿的模板——
因为模板中就将葡萄与栗鼠组合在一块——日本竭尽全力去照着模仿
就形成了与之极似的作品。中国的画家虽然将栗鼠与葡萄作为一个绘
画主题的组合，但他们大概也没真正见过将二者放在一起的实际样态。

　　这种说法是合乎情理的，实际上，欧洲和中近东地区的《伊索寓
言》中也传承有狐狸致使葡萄荒芜的故事。这也出现在《旧约圣经》
的"雅歌"中。大概在该故事进入中国的传说和绘画过程中，狐狸就
被与其形象相似的栗鼠替换了吧。直到江户时代，大部分日本人才见
到葡萄实物。因此进入江户时代，才开始有了葡萄架的设计，也有了
葡萄的写实绘画作品。

　　日本的上流阶层自古崇尚本土风格的东西，他们是十分讲究的美
食家，且对食物有着着魔般的追求。《出云国风土记》（成于 733 年）
中记载了盐味葛藤［很可能是山葡萄］，《本草和名》（成于 918 年）
则出现了葡萄两字（和训读为おおえじかずら），《倭名类聚抄》（成

于 934 年）中，亦出现了葡萄的字样，而此时即使大伴旅人、山上忆良已经有关于日本酒的赞歌，但《万叶集》中并没有出现"葡萄"的"葡"字。《源氏物语》《枕草子》《紫式部日记》中，则出现了"山葡萄染"之类的语句，作为染布的颜色被载入这些文献中。

在日本，关于葡萄何时开始被食用的有力线索性文献是《山科日记》（包括《教言乡记》《言国乡记》《言经乡记》）。它是自 14 世纪起记载山科家历代约百年的日记，言经时，已经记载到了 1576 年。在《言经乡记》的开篇，几乎看不到葡萄的记载，但这之后，言经的日记中便开始出现吃葡萄的逸事。它是 1590 年的记载，为现有文献中最早关于吃葡萄的确凿记录。除此之外，言经还提到饮用了"桑酒"这样的酒物。虽然该日记并没有覆盖当时日本的方方面面，但从公家珍馐佳肴方面的文献来看，具有示范作用。

日本人自古以来就用米酿造出清酒和浊酒并广泛饮用，这一点无须再加以说明。而将葡萄酿成葡萄酒并为人饮用的记载，文献中则有确凿的证据。1563 年来到日本并在此留驻长达三十一年的葡萄牙传教士路易斯·弗洛伊斯，他好奇心旺盛，并将知晓日本人个性作为传教活动的必要之举。因此，他热心于观察日本人的生活，并留下了记录。在他的记载中，就谈到自己因没有葡萄酒喝而困扰，而对当时已经成熟的日本酒闭口不谈，当时的日本人既没有酿造葡萄酒也没有饮用舶来品，而这就是另外一个话题了。

日本人真正引进葡萄酒，要到织丰时代了。传闻说喜好外国文化的信长从传教士手里获得并品尝饮用，但这是匪夷所思的。知名传教士沙勿略当时并没有携带任何特产礼品，故没有让他与天皇会面。而且，他献给信长的礼品也只是一个金平糖的空罐子。到秀吉执政，他征讨九州时，造访了博多的葡萄牙船只，在那里葡萄牙人的确用葡萄酒招待了他。

这一时期，喜好收集并入手珍品的知识分子和武将也对葡萄酒持有关注。贸易商人岛井宗室、神尾宗湛等人，还主办了边吃牛肉边喝葡萄酒的"南蛮茶会"。石田三成、宇喜多秀家在大阪举办的茶会也饮用了运至长崎的葡萄酒。德川家康时期，吕宋献上的礼品中就有三壶葡萄酒。一直对保持健康十分细心在意的家康到底有没有喝它，尚不得而知。

除此之外，《看闻日记》的永享七年（1435 年，正月二十八日）条目中，有"唐酒出，气味如砂糖其色殊黑"的记载，这是饮用了甘甜色黑的"唐酒"的记录。而《阴凉轩目录》（1466 年）八月一日的记载中，还出现了"南蛮酒"的字样。《御法与院记》（1483 年）中，亦记载了关白近卫家饮用"珍陀酒"（西班牙和葡萄牙所产的一种红酒）。

日本人对葡萄酒的知识并非完全不知，因《养生训》而知名的贝原益轩在其《大和本草》（1709 年）中，就有记："外国舶来酒有葡萄酒、珍陀酒、阿剌吉等，这些都是本邦自古至今所未有的珍品酒。"

而德川时代撰写的《本朝食鉴》（1695 年）还记载了药用葡萄酒的制法。但其所记载的酒与真正的葡萄酒似是而非，实际上是将葡萄果汁煮好再加入日本酒和砂糖的混合饮品。在电视节目中以"水户黄门"而闻名的德川光圀，相传亦酿造出葡萄酒并品尝了它，但那也是将生葡萄放到烧酒中腌制的饮品，是与梅子酒一样的饮料。

总之，自古代至德川时代，日本都把葡萄酒视为极其珍贵的贵重品，与庶民无缘，直到打破德川三百年锁国的明治维新后才真正与葡萄酒亲密接触。明治维新后日本引入葡萄酒也具有示范性的意义，将目光从日本转移到世界，就可以看到自此之后葡萄酒的世界分布图发生了变化。

诞生于中近东的葡萄酒先是传入埃及，经过希腊，向西扩展至欧洲，但它并没有进入东方。暂且将伊斯兰教禁酒这样的宗教、文化壁垒排开，印度、西亚、中国以及更东的日本等国，也是葡萄酒的不毛之地。中国虽然自汉朝起，就因张骞出使西域而带来了葡萄，到唐朝时，文人墨客也开始喝到葡萄酒，并栽植葡萄，但在此之后，葡萄酒却忽然消失了。

大洋彼岸的南北美洲也一直没有葡萄酒的身影。南北美洲开始酿造葡萄酒要到西班牙征服之后，由传教士带来。真正意义上的葡萄酒文化也没有在这些地区诞生，这并不是由于亚洲像中国、日本等地区的人们不喝酒造成的。在日本，酿造以米作为原料的清酒时，为了产生酿酒所需的微生菌，使用了醪糟和酵母，它的酿造技术和工艺在世界上也属一流。而世界各地也有椰子酒等用果实酿造的独特且种类繁多的酒，人们亦享受着它们带来的乐趣。

从葡萄酒发展分布图就可知，埃及、犹太、希腊、罗马等文明在形成欧洲文化底色的"两希文明"（希腊文明和希伯来文明）的同时，作为其中一环的葡萄酒文化也逐渐发育起来。那么，葡萄酒到底是如何与欧洲文明相辅相成的，就在接下来的内容中进行探究吧。

第一章 探求葡萄酒的源流
—— 美索不达米亚的酒宴图

去往香槟诞生的地方，日本人都为其土质感到惊叹，那里有像白墨一般纯白且柔软的白垩土。那里的小村庄塞尚发掘出了野生葡萄的化石。这是法国最古老的化石，推断大概在距今一亿四千万年前的白垩纪前期。调查欧洲各地的化石，第三纪晓新世（约 6500 万年前）和始新世（约 5500 万年前）的地层中，也发现了许多葡萄属科的树叶和种子化石。不仅是欧洲，北美和东亚的第三纪地层也有类似的发现。

为什么会出现在这一时期的地层中呢？因为在古代，不用说欧洲，世界各地都茂密生长着葡萄。然而，到了第四纪冰河期，它们几乎全部灭绝了。但是在欧亚大陆的高加索地区还留存着葡萄。存留葡萄的地方就在如今政治上依然处于动荡的亚美尼亚和格鲁吉亚地区，大概是因为黑海和高加索山成了阻挡冰川的天然屏障吧。冰河时期结束后，气候再度回暖，残存下来的葡萄再次扩展到中近东和欧洲。经过几万年，就发展成适应了其地势和气候条件的生态作物。

关于这一点，有一个名为"维京传奇"的有趣故事。公元 1000 年左右，发现了格陵兰岛的"红发埃里克"的儿子雷夫自大西洋向西航行，最终到达了大陆。他为那里生长旺盛茂密的葡萄感到惊奇，并将其果实带回维京，该地也被命名为"瓦恩兰"（vineland，葡萄园之地，近年来也有称瓦恩兰并不是葡萄园的其他说法）。学者们推断其地就在而今的新斯科舍及波士顿地区，后来又确认其在北美，这是哥伦布发现美洲之前 500 年的事情。

那里的原住民印第安人似乎对酒没有兴趣，因此并没有把葡萄酿成葡萄酒。而后，远洋而至美洲的欧洲人带来了酒，由于印第安人对酒没有免疫性，很快就养成了沉湎于酒的酒精上瘾症。在而今隶属于纽约的地区，当时荷兰人只要用少量的酒就可欺骗印第安人而夺取财物。总之，一直到后来，美洲都是葡萄酒的不毛之地，过去生长着的茂密葡萄，也完全变成了与欧洲不一样的品种。

大概因为这种情况所致，而今学者们把世界上的葡萄分为酿酒用的欧洲系和食用的美洲系。欧洲系称为"维缇斯·维尼菲拉"（Vitis vinifera），美洲系则是"维缇斯·拉布鲁斯卡"（Vitis labrusca）。"维尼菲拉"即为酿造葡萄酒用的意思，而"拉布鲁斯卡"则是野蛮的意思。这或许对美洲是歧视失礼的，而将欧洲系葡萄命名为"维尼菲拉"则是因为欧洲葡萄能够酿酒（可生吃的干葡萄例外），这种观念被根深蒂固地流传下来。

然而，野生葡萄和银杏、椎树一样，实际上属于雌雄异株。最初采集葡萄的人们，习以为常地只是将能够结出果实的雌株挖掘并栽培，而没有雄株的话，雌株也无法结果。而后，人们终于在深度观察之后，发现了突然变异的雌雄同体株，逐渐进行栽培。人类最早开始培育葡萄的时间大概在公元前 6000 年。学者们推断黑海和里海之间的亚拉拉特山是其发祥地。虽然在新石器时代（公元前 6000—前 5000 年）的遗迹中发现了葡萄的种子，但这依然是野生的雌雄异株品种。

人类开始栽培葡萄之后，是不是就立刻将其用来酿酒了呢？并不能简单地得出明确的结论。但可以明确的一点是，液体葡萄酒需要用容器来装，这是必要且不可或缺的。古代人曾使用动物的胃囊来运送液体（葫芦瓢那样的容器大概只是部分地区才有）。他们在雄性小山羊的胃囊装入奶类并运送，而雄性小山羊胃中所含有的纤维可致使奶类凝固，相传人们逐渐注意到之后便开始做出奶酪。

　　具体到葡萄，将它装入动物胃囊运送并不能酿造出葡萄酒，基于各种考虑，用胃囊运输也就成了难点。实际上，葡萄酒的诞生应该与发明装它的容器放在一起来考虑，这并非没有道理。如此考虑的话，那么最初用火烧制陶器的人们难道就是最早喝葡萄酒的人吗？

　　而今成为伊拉克战争的战场，过去是幼发拉底河、底格里斯河两河流域中心的美索不达米亚平原，古代曾是东方繁荣之地。在促使当初文明繁盛的苏美尔人居住之前，美索不达米亚北部，底格里斯河上游地带，在公元前 5500 年左右曾有史前时代的人类居住。哈苏娜出土的陶器可以确证该地发掘出了史前人类的遗迹（与日本绳纹式和弥生式陶器不同，哈苏娜出土陶器的纹理是刻出来的）。

　　拥有了陶器，本身就说明人类已脱离原始的狩猎、采集时期而开始进入栽培谷物的原始性农耕时代。而补充农耕的畜牧业也已开始，其发展就需要为牛提供大量水分的容器。

　　进一步能够看到的是，在这遗迹中还发现了当时存在贸易的情况。观察地图发现，底格里斯河上游被亚拉拉特山顶部的山岳、高原地带所包夹，一直向南连绵至格鲁吉亚地区。因此，这一带的人们具有最早饮用葡萄酒的可能性。

　　然而，这一时期的葡萄酒不是将葡萄的果皮、果汁、种子等放置一起酿造的，而是用葡萄果汁发酵出来的原始葡萄酒，和今天我们印象中的葡萄酒还相差甚远。葡萄发酵的果汁要成为像葡萄酒那样的饮

品，还必须经过数个步骤。（后述埃及篇章中会谈及）

苏美尔人的情况是能够确定这些地区人最早饮用葡萄酒的旁证。著名的《吉尔伽美什史诗》中谈到了乌尔遗迹。《吉尔伽美什史诗》以楔形文字（用芦苇秆刻印在黏土板上）写成而引人注目，它是苏美尔人乌鲁克王朝时期的国王传说和叙事诗。

它称苏美尔人的国王为了达到长生不老的愿望而赴黄泉国，其中有"朱红色的葡萄熟透欲坠，远眺起来十分美丽"的文字，还有讲到在洪水时造方舟的人们喝着"西拉酒、啤酒、燕麦啤、油和葡萄酒"的文字。而洪水和方舟的这一段，就是《旧约圣经》中"诺亚方舟"的原型。啤酒和葡萄酒是慰劳劳动者的古老酒种，这点从饮料发展历史来看也很有趣，总之，《吉尔伽美什史诗》是人类最早提及葡萄酒的历史资料（虽然是黏土板）。

乌尔遗迹位于伊拉克首都巴格达东南约 300 公里的波斯湾附近，从巴士拉出发沿幼发拉底河上溯约 150 公里之处。距离日本自卫队驻扎基地塞马沃（Samawah）不到 70 公里。这里是苏美尔各部族中以早期繁华和权力著称的乌尔王朝的首都。而此处遗迹也是在很早就已经被人熟知，可上溯到始于 1845 年的调查，至 1918 年大英博物馆组织试着发掘，自 1922 年起美国的宾夕法尼亚大学博物馆也进行了长达 12 年的联合调查。

以三层金字塔形的壮大圣塔（塔庙）为代表，多数国王的墓穴被发掘出来，其成果也被载入史册。发掘出证明《旧约圣经》"诺亚洪水"存在的地层，还有大量士兵和侍女殉葬被活埋的女王墓。出土物里还发现绘有奇特的山羊像等。以华丽女王王冠为代表的多数装饰品，很难让人想到它们是三千年前的文物。这里不仅有大量彩色的陶器，还发现了人类最早使用的车轮。

从乌尔遗迹与酒的关系而言，该处还发现了多种多样的酒杯和类似之物，还有数幅酒宴图。圆筒印章（石制小圆筒的外侧是浮雕，而柔暖黏土圆筒上绘印影图）上有被认定为家庭成员的人们在一起举行酒宴的绘画。"牛头木琴"的装饰板上也描绘了进献希腊双耳酒罐原型酒壶、酒杯的狮子。

但不管怎么说，遗迹文物中的压轴物是"乌尔的旗标"。它是在沥青所涂木板上（长五十六厘米，宽二十三厘米）镶嵌了贝壳、青金石，并用朱红色柏油固定的，实在是精巧无比的尤物。木板原被破坏成碎片，在人们细心收集整理之下业已恢复原貌。大概推测当时的人们是在队伍行进之际将其两侧穿上支撑棒举起来步行。其正面描绘了战争的状况，背面描绘了庆祝胜利的宴会。背面以左手位置的国王为中心，列座了看起来像重臣的人物，这些人各个手举酒杯。现在大英博物馆陈列的该旗标，就以世界最古老的酒宴图而闻名。

从这各色的出土文物来看，人类最早葡萄酒文化的发祥地就在美索不达米亚平原，但酒杯和酒宴图中所饮的到底是葡萄酒还是类似于葡萄酒的其他酒类，尚无法得出定论。

从这点上来看，其中一个有力的证据就是汉谟拉比法典，这是相隔很久之后，巴比伦王国的汉谟拉比国王时期所颁布的刻在石碑上的法令。这是块 1.8 米高、十分瞩目的黑色玄武岩石碑，是巴黎卢浮宫的至宝。其中雕刻了国王的布告，是现在明确地成体系留存下来的世界上最古成文法典。全体法令及细目共 280 条，其中还有"酒馆"的条目。

根据其中内容，首先可以断定它确定了酒价。而且付账是用谷物支付（六杯酒与五杯的谷物等价），当时酒客主要为农夫，他们没有带现金还可以赊账，到秋季收获时节再付清。也有要求代替谷物而使用银两的，但在称银两过程中短秤并在酒中兑水的酒馆老板要被处以水刑淹死。酒馆里若有恶汉休息，酒馆主人如果没有通报当局会视同与其合伙犯罪而被处以死刑。庶民中虽然女性也可饮酒，但如果是已婚妇人或者是高阶位的女祭司，则也要被处以火刑。

虽然也有书介绍他们喝的酒就是葡萄酒，但毕竟还是以啤酒为主，另外还有椰子酒。椰子酒分为两种，一种是将椰枣树的树枝砍掉榨汁酿造的（由于会让椰枣树枯萎所以当时并不盛行）；另一种是用椰枣树果实发酵酿造的（这主要从埃及开始，而后一直延绵到中近东地区）。

在巴比伦王国时代后，庶民之间还未广泛流行喝葡萄酒，而如此断定的重要证据也在巴比伦法典的法令上。该法令详细规范了以佃农为代表的农业，对椰枣业尤其详细。它规定了椰枣只能种植在已经栽培了数年的租种地上，还规定了使用各种方法后依旧失败的话也不被认可，也规定了授粉成功后收割时应占多少比例（授粉作业需要攀上高树故十分辛苦）。

除了椰枣业之外，该法令还规定了牧羊和栽培小麦的问题。但奇怪的是，它完全没有记述葡萄和葡萄地。当时如果广泛饮用葡萄酒的话，当然就必须有管理葡萄地的条目（中世纪的德国，查理曼大帝颁布的《萨利克法典》就规定如果致使葡萄园荒芜就会遭受刑罚）。

虽然如此，但该地并不是完全不喝葡萄酒，葡萄酒甚至还成为黎巴嫩的进口商品。因为黎巴嫩当地并没有产酒，价格自然昂贵。能够饮用到的是王侯贵族，庶民只能在祭祀时候喝到它。虽然是有了葡萄酒，但仅是贵族享用之物，是特别贵重的酒类，一般大众自然与它无缘。从世界七大奇迹之一巴比伦空中花园而今留存的遗迹来看，其规模和气势都让人惊叹。当然，当时肯定也时常举行豪华的宴会。

令巴比伦王国感到十分难缠和苦恼的亚述王国尼尼微遗迹中，也留存了亚述国王亚述巴尼拔战胜伊拉姆国后而举杯痛饮的祝宴浮雕画。从中可以看出，宴请大臣庭院中央的王座旁，种植了椰子树和石榴树，头顶上则是葡萄架。它营造出享受凉风和树荫的优良氛围，而后也为埃及葡萄架庭园所沿用。巴比伦空中花园内部倒流了灌溉用水，令树木繁盛，大概也是为了营造庭园树荫而栽种了葡萄。

然而，该处是否将葡萄酿造为葡萄酒尚且无从得知，其原因是巴比伦每年都会将极好的椰枣、干无花果和葡萄干制成甜味的点心。庭园的葡萄大概直接被摘取吃掉。而葡萄酒则是从该王国北部和西北部的地区输入，并没有发现巴比伦人自己酿酒的证据。

有趣的一点是，希腊著名的历史学家希罗多德记述了为了满足巴比伦王国消费所需而用幼发拉底河输送葡萄酒。从其记述来看，亚述上游的亚美尼亚王国，使用砍伐柳枝作骨架并鼓起兽皮的船只，沿河而下的货物基本上是装酒的椰子酒杯。当时的亚美尼亚王国包括今天属于土耳其领地东阿纳多卢的广大地域（包含幼发拉底河源头的亚拉拉特山，这里也因发现了疑似诺亚方舟遗迹而引起大轰动）。

亚述处于巴比伦王国和亚美尼亚王国之间，这里居住着而今还并不令人熟知的赫梯人。可以明确的是，此处已经酿造出了葡萄酒。但巴比伦为什么越过它而从亚美尼亚王国输送葡萄酒尚且无法得到确切答案。该地出土的金杯和以动物头部为模型而制成的角状酒杯都极为精巧，用这种容器来饮用葡萄酒的也不可能是普通人。根据附近的传说几乎可以推断出这些葡萄酒从何处而来，其品类到底如何。总之，可以确切知道的是，巴比伦西北部的地区酿造出优良的葡萄酒。

到了公元前2000年，美索不达米亚地区商业方向发生了转变。重心从波斯湾地区转移到东地中海沿岸，东地中海地区也并非单纯的原料供给地。它并不单单依靠从幼发拉底河地区出发的商业远征队，活跃的贸易也是其主要职能。东地中海地区也逐渐发展为文化中心。随着叙利亚海岸以及塞浦路斯、克里特等港口的繁荣，其商业中心地之一还发展出乌加里特王国。乌加里特王国土地肥沃，降水量也得到上天惠顾，诞生出生产力发达的农业。不仅其本国的农产品（谷物、橄榄、葡萄酒）向周边地区输出，还种植其他东地中海沿岸的产物。

该地葡萄酒的输出量（包括本国和他国）也十分巨大。当时文书中记载了各类品种和品质的葡萄酒，仅取一部分来看就达到数百种。从当时的清单中得出，30壶葡萄酒的价格相当于70克银。公元前后罗马时代的地理学者、历史学家斯特雷波也为其葡萄酒的品质而赞赏惋惜。但这些葡萄酒到底是什么品类、何种味道尚且无法清晰得知。总之，美索不达米亚地区享有人类葡萄酒文化发祥地的美誉，尽管它是始祖，但从葡萄酒文化真正得以发展和普及来看，则要将地位和功劳让给埃及和东地中海沿岸区域了。

第二章　培育葡萄酒的母亲
—— 促使技术进步的埃及

依现在日本人的观念，隶属于伊斯兰文明圈的埃及似乎与葡萄酒的缘分很遥远。然而，只要略知古代埃及历史的人，就明白并非如此。的确，美索不达米亚是人类文化的摇篮，也是葡萄酒的发祥地。而古代埃及亦是葡萄酒王国，相比葡萄酒文化的摇篮，它被视为酿造而今我们印象中葡萄酒的国度。而这点也可得到确凿的证明，根据称之为时间贮藏器的壁画、壶和莎草纸文书，上述的结论十分明朗、确凿可信。

古代埃及历史十分悠久，从公元前3000年的古王国到公元前322年亚历山大大帝征服为止，共维系近2700年。而在有史时代的古王国王朝之前，当地人们就已栽培种植葡萄，也有人认为那些葡萄是从埃及南端尼罗河上游获得的。然而，通常认为，从美索不达米亚地区输入的葡萄，在埃及地区真正开花结果。

由母亲河尼罗河供水而成为肥沃之地的埃及，被沙漠包围，是由洪水带来的湿润和灌溉而成为丰饶之地的。其食物以大麦、二粒小麦为主，还包括小扁豆（Lens culinaris）、豌豆等豆类，以及洋葱、大蒜、韭菜、莴苣、萝卜、猕猴桃等，人们的餐桌丰富多彩。除此之外，还有诸如椰枣、无花果、石榴、棕榈、椰子等各类水果。

众多水果中当然也有葡萄，其栽培分布与其他水果相比稍有不同。它并没有种植在尼罗河流域，而在三角洲地带，向西包括亚历山大里亚近郊的马里阿湖（而今的马里乌托）周边，马里提斯和卡诺包斯的支流沿岸，向东延续至塔尼斯、贝鲁西亚（Pelusium）地区的中心地。尼罗河西面的绿洲，尤其是哈尔加、达赫拉和法尤姆地区盛行栽培种植葡萄。

栽培葡萄当权者主动引进的，拉美西斯二世之子传位给拉美西斯三世，后者在位时留下了以下文字："我已将从南至北的绿洲，以及除了南部地区以外的多处地区开垦为葡萄地。三角洲的葡萄地数量也增加至成百上千。我在征讨外国而获取的俘虏中，选取懂得料理葡萄地的园丁，并为葡萄地挖掘蓄水池，在上面浮上大量水莲。从这些葡萄地酿造出来的葡萄酒液如水一般流淌，我将胜利的都城德尔菲赐予汝。"

当然，随着栽培葡萄盛行，尼罗河沿岸的贵族和上流阶级的宅地庭园里也逐渐流行种植葡萄。在这种庭园中的葡萄由长椅状的棚架支撑起来。对炎热的埃及而言，它形成了树荫成为休憩场所，并结出美丽且美味的果实，实在是一举两得。到新王国时代，就有画卷描绘了阿蒙霍特普二世治下的德尔菲市长、贵族塞纳菲尔德的墓室天花板上布满葡萄枝蔓和摇摇欲坠的葡萄果实。其他画卷也有类似之处，描绘了青黑色的葡萄。

酿造葡萄酒步骤中尤为重要的"压榨、榨汁"方法已经出现在这一时期描绘的画卷中。其中最为有名的是一幅时常被用来展示的第十八王朝时期卢克索西岸库尔纳地区的纳赫特墓壁画。该画右侧描绘了两人在长椅状棚架支撑起来的葡萄架下摘果实，并用类似于筐子的容器装载搬运。壁画左侧描绘了相当深的石槽，其附近有数名男子用脚踩踏压榨葡萄，从小孔流出的果汁则装在了用来收集和贮藏的其他石槽里。

有趣的是，从天花板上还落下了细绳，踩踏榨汁者们则握住它（德尔菲新王国时代的卡姆威塞特墓中，也有描绘酿造葡萄酒情景的壁画，人数与上述情景相同）。壁画中的葡萄显得光泽且湿滑。第六王朝佩比一世（前2300年左右）的大臣美拉家中，也有类似情形的绘画，踩踏榨汁者的旁边还有两位音乐家，他们击打着木质的乐器并唱起了歌。因为连续这种劳作是十分繁重的，加上音乐节奏可以令榨汁者打起精神。

实际上，用脚踩踏不仅对于碾碎葡萄十分有效，而且还可以将果梗和种子完全碾碎驱除果汁苦味，这点也是有益的（而今勃艮第也用这种方法来榨取葡萄汁）。直到最近，世界许多地方，尤其是葡萄牙的斗罗河地区、西班牙的雪莉地区依然如此榨汁。乐队和伴唱与上述绘画中的情形一样，不一样的仅在于榨汁者不是握住细绳，而是各自相互搂着肩膀。而在雪莉地区，为了提高踩踏碾碎葡萄的效率，榨汁者还穿上了皮革制（皮革制成的凸起钉）的特殊凉鞋。

如果写到这里还没有令人感到惊讶之处的话，而后介绍的内容则可见埃及人的智慧。经过踩踏榨汁流出来的果汁虽然被取走，但榨汁碾碎后的果肉、果皮中还残留了大量果汁，从中自然还可以榨取果汁。为了达到这种目的，埃及人将它们装入两端置有棒子的袋子（大部分应该是粗布袋），两个人每人各执一端的棒子，竭尽全力向相反的方向拧转。这需要相当大的力气，等一滴不剩的时候，十分精壮的男子也不免浑身乏力。

萨卡拉地区的奈夫图墓（第五王朝），雕刻了让被饲养惯了的狒狒帮忙的幽默浮雕。这大概是自嘲绞尽脑汁还无法达到更为有效的结果。稍后的时代里，袋子两端置环，一端的环穿在埋入地下立起来的柱子上，另一端的环则穿在棒子上，该棒子由三人扭转。这当然效率大增。但不可思议的是，为什么没有找到其他的方法呢？建造埃及金字塔或者在这之前美索不达米亚的金字塔原型时，就开发出堆积巨大石头的方法，使得这类建筑成为可能。它们使用了杠杆原理，但为什么没有用在葡萄榨汁上呢？

而后，公元前 2000 年爱琴海的希腊人使用了更具效率的压榨方法。他们将木梁重的一端系在壁面坚实的石柱上，另一端则系上重锤，在木梁的中间置有装入葡萄的袋子，木梁通过重压袋子来碾碎葡萄。多数袋子中的葡萄一次就可被压碎，随着锤击数的增加，在数次变化的压力之下，就能实现对于葡萄的压榨。希腊人不仅使用这种工具压榨葡萄，还用来榨取橄榄油（酿造日本酒时，也将装有酒糟的袋子放置在被称为"舟"的木制角槽中，利用杠杆原理来进行压榨。而今依然用如此的方法酿酒）。而埃及人之所以没有采取如此方法，大概是因为没有找到结实的木材。

阿基米德的螺旋原理，在这位伟大数学家在世之际（公元前 525 年）就在埃及运用了。这一原理使得汲水这一困难的工作在机械化的桔槔①扬水器作用下成为可能，这就是复杂精巧化的"螺旋扬水机"。而利用螺丝原理加入变化力的"螺丝压缩器"，则要到罗马时代才得以开发普及（他们特别注意到通过这种螺丝装置来作为葡萄酒的压榨器，古登堡还用它制造了印刷机）。埃及后期虽然在种子榨油、压制

---

① 它是在一根竖立的架子上加上一根细长的杠杆，中间是支点，末端悬挂一个重物，前端悬挂水桶。一起一落，汲水可以省力。当人把水桶放入水中打满水以后，由于杠杆末端的重力作用，便能轻易地把水提拉至所需处。

莎草纸、从药草和草根提取精油方面使用了重梁压榨器和螺丝压缩器，但不知为何埃及人就是没有用这些工具压榨葡萄酒（大概也有可能曾使用过，但资料中并没有留有记录）。

　　无论使用何种方法，通过在榨汁上下功夫，葡萄酒发生了革命性变化。在这之前的葡萄酒是将葡萄果实碾碎之后装入壶或者瓮中，等到它发酵之后放置数日直到冒出膨胀的气泡再饮用，程序简单。虽然在开始去除了一部分果肉和果皮，但还是因残留了渣滓而显得浑浊，自然形成的是类似于醪糟一样的状态。虽然已经出现只饮用沉淀了葡萄渣和酒糟后留取上表面酒的情况，但上表面的量十分有限。正因为有了榨汁和过滤技术，之前那种果皮、果梗和种子等一块发酵而产生的苦味消失了，品质得到了提升，量也达到了可以饮用的程度。

　　而如此操作之后的葡萄果汁又经过了怎样的处理呢？历经如此操作后的果汁，成色已十分充足，当然也处在开始发酵状态了。榨取的果汁用布筛漏将其移装到发酵用的平底桶中，再将其放置一段时间。为了令其更早发酵有时还可加热。发酵充分之后，再用漏斗或虹吸器将它换到双耳细瓶中，静待其熟醇。

　　在没有达到完全发酵前，果汁在双耳细瓶中持续发酵。当时的人们无法用科学的方式来观测发酵，故确认其是否完全发酵就很困难。酵母菌在尽力分解果汁中糖分时，使其变得辛烈，而没有完全发酵的情况下，在存留甜味的同时会产生碳酸气体。而密封状态下，碳酸气体形成的压力还有时会致使双耳细瓶破裂（香槟酒的话，坛内发酵的碳酸气体和气泡就封闭在葡萄酒内部，该气压与伦敦双层巴士的轮胎气压相同）。而开封的时候气泡喷涌而出也会带来大的动静。

为了防止出现上述局面，就自然要用草或者其他物品将其栓封起来，在顶盖部分凿孔令碳酸气体散发出来。无论怎样，斟酌其发酵完成的时间，再将葡萄酒从双耳细瓶中倒出，用粗布筛漏，由于这时候的葡萄酒口味还十分辛烈，就用蜂蜜增加甜味，用香料增加其香醇度。如此一来，通过在双耳细瓶中的贮藏、熟醇，就完成了令葡萄酒成为可口之物的处理。

在此意义上，埃及的葡萄酒历经"压缩、榨汁"和"贮藏、熟醇"两道工序，就形成了与而今我们所饮用的相近之物了。的确，真正意义上的葡萄酒在此诞生了（在埃及看到了这样酿造葡萄酒的基本技术完成，而目前尚未有资料证明该技术是在美索不达米亚得到开发，埃及人仅仅是继承下来）。

但双耳细瓶贮藏、熟醇过程中，还有值得注意之处。双耳细瓶一般是底部变窄变尖的高瓶颈陶制壶，到了后来的希腊时代，根据其用途，形状逐渐趋于统一，此时的细瓶还处于稚嫩阶段，未呈现出成熟洗练的样态，连基本的彩色和彩画都没有。而此时的双耳细瓶，已经根据酿造年份、葡萄种类（也有学者称并未见到葡萄种类的记载）、品质、酿造责任人、葡萄园所有者名字而做了记号。管理酿酒的书记官（由中央政府任命派遣的记录差役），在封壶的泥土尚未固化之前，会按上自己的印章。现在为了排除相似之物而以原产地名称呼葡萄酒的规制制度原型，在这个时代就已经开始使用了。

埃及的葡萄酒到底是什么品种呢？首先，虽然留存了饮用白葡萄酒的记载，但似乎基本上全是红葡萄酒。葡萄酒被称为"以内璞"（irep），根据贡物清单，其种类有六种以上。也有给葡萄酒加上各类固有名称的记录，却无法得知到底以什么标尺来区别其种类。但可以看到用"新鲜葡萄酒""甜葡萄酒"这类的标记来标记其中最高端的产品。

图坦卡蒙国王墓地中发现了三十六个双耳细瓶，其中二十六个贴有标签。二十三个瓶子的葡萄酒标记了"四年""五年""九年"等年份，但尚且无法得知这到底指的是葡萄酒的发酵酝酿年份还是国王统治的年份，其中还有个标了"三十一年"的记号，从图坦卡蒙国王治世短暂来考虑的话（他十九岁就去世了），这些数字应该更可能是葡萄酒的熟醇年份。

与世界上多数民族一样，埃及也把葡萄酒与神结合起来。埃及的宗教是多神教，酒神是奥西里斯（其头部戴着圆锥式长帽阿特芙王冠，手持曲杖和连枷，身穿白纱衣物）。奥西里斯是冥界支配神，同时也是掌管植物生命的神，即丰收之神。在埃及神话中，该神教授人们耕作和畜牧等各类农业技术。

不限于奥西里斯，葡萄酒成为供奉给其他神明的圣酒。诸国王都向各类神明供奉贡品，埃及埋葬死者时还有将其生前各种食物及生活必需品作为贡品而供奉的习俗，在神庙和墓室里挖掘发现了大量面包、水果的"化石"和装葡萄酒的壶。还有留存着公元前11世纪伟大的拉美西斯三世向底比斯神明阿蒙进献贡品的记录。

如前所述，随着葡萄地持续扩大，有记录称"所有者的平底船……到达了该地……葡萄酒被葡萄园管理者贴上封条，达到了1500壶，还有sdh葡萄酒50壶，pwr葡萄酒50壶，pwr饮料50壶，pwr石榴50袋，pwr葡萄50袋，krht葡萄60筐……这些都交到国王宅邸管家手中……"（这里的sdh、pwr、krht等大概可以被认为是形容新鲜、成熟程度意思的形容词，但也无法具体确定）。这里的葡萄酒已经分门别类，能够肯定的是，其数量十分可观。这表明国王在夸饰权势的同时，也显示出他对神明的恭顺。

国王把如此多的葡萄酒供奉给神明（作为贡品祭祀物之后是否自己喝，尚无法得知）正说明了当时国王消费了大量葡萄酒。并非只有国王才用酒祭祀，古代埃及拥有许多地方神，各村落也有守护神，人们为了祈祷健康和繁荣向该地守护神的祭坛献上贡品，对于规定的祭祀也没有怠慢。这些贡品自然少不了各种面包、水果，时而还会有牛肉和鹅肉，自然也包括了啤酒和葡萄酒。而在祭祀时，村民们也翘首企盼能够喝到葡萄酒。

如此一来，原本属于神馔的葡萄酒，到了新王国时期也就成为王室、贵族和有钱世家们时常饮用之物了。图特摩斯三世每天都用葡萄酒招待自己的高官，塞提一世给予家臣的赏赐也包括了葡萄酒。从留存了描述上流阶层豪华宴会的绘画中可以看到，女性也大肆饮用葡萄酒。客人们坐在各自座位上，座位前都放置了饰有花的小圆桌，近乎全裸的年轻侍女们在倒葡萄酒和水的同时喷洒香水，宴会时，男女乐师演奏歌曲，年轻的舞女们也展示着她们的舞蹈。场面熙熙攘攘、十分热闹，形成了不顾等级上下、无拘无束的宴会氛围。

还有一幅画描绘了一个女客人向侍者发出"带十八杯葡萄酒来，我看起来还没有喝醉，喉咙像装了沙子一样现在渴得冒烟"的命令（开普的帕菲利墓）。这样来看，有的画还描绘出喝多了的女性在宴会席间醉吐了的情形（底比斯西岸，新王国墓的壁画）。其他绘画中还描绘了酿酒时人们把喝醉后失去意识像木棒一样的醉汉抬走的场景（贝尼哈桑的第十一王朝时期的科提墓 [Tomb of Khei]）。

将上述统治者在祭祀时的狂欢放在一边，庶民的情况如何呢？

如后所述，虽然没有出现用大量葡萄酒宴请的情况，但到了祭祀时则另当别论了。后世希腊的历史学家希罗多德就记载了以下情况：祭祀女神巴斯特的祭礼日这一天，七十万男女乘船顺尼罗河而下。在旅途中，葡萄酒成了喝足管够的饮品，这一天豪饮的就达到了一年葡萄酒的消费量。船上酩酊大醉的喧哗氛围，一直响彻尼罗河的遥远岸边。"船行途中见到街道便靠岸，一部分女子开始鸣奏乐器，一部分女子则朝着街道的方向大喊并发出嘲讽，一部分人站起来手舞足蹈，把穿在身上的衣服高高抛起，在旅途一行中，船一旦见到街道就会反复地进行这样的狂欢。"（选自希罗多德《历史·拉姆西斯二世》）

正是如此，埃及是葡萄酒文明史在古代发挥了重要作用的国度，但这之后，它的身影却在葡萄酒的世界史中消失了。虽然有人把主要原因归结为埃及而后成为伊斯兰文明圈一员，但另一个重要问题才是根本。那就是，虽然埃及的确酿造出了葡萄酒，但日常饮用它们的主要是王公贵族，普通大众距离它还很远。大众还是以啤酒为主，从这个意义上看，埃及是啤酒王国，葡萄酒没有在民众中扎根。

啤酒的历史悠久，在美索不达米亚地区业已被饮用，而它进入埃及以后，也达到繁荣。燕麦、大麦制成的面包是埃及的主食，而面包和啤酒一直保持着密切关系，这也使得啤酒得以普及。从其起源来看，有说法认为啤酒是由面包酿造的，也有人认为它们各自独立地走向了繁荣发达之路，总之，对埃及人而言，啤酒是他们不可或缺的日常食品。当时的啤酒并非而今的样态，没有啤酒花，而是十分浓稠黏黏糊糊的，如词汇"液体面包"所描绘的那样。

如果要稍微详细地讲述埃及啤酒的发展史及种类多样性的话，会耗费相当的笔墨和篇幅。它也是为建造伟大金字塔的劳动者们提供工作能量的饮品，传说它还当作每天付给劳动者的工钱。埃及所产葡萄酒产量充足，还向希腊输出；而葡萄酒普及以及文化的隆盛，却与大众无关。故葡萄酒文化并非在埃及继续发展，其舞台转移到犹太和希腊。

　　最后要说明的是，葡萄酒在埃及不仅作为饮料，在医术中也被广泛使用，而且还开发诞生了被称为葡萄酒副产品的醋。古代埃及的医学非常发达，由木乃伊就可见一斑，埃及人观察、研究自然原料而开发了各类药品。克里斯蒂安-雅克的名作《金字塔暗杀者》副主人公就是一名女医，她开出了多种药的处方。著者是有名的埃及研究者，他在充分调查资料基础上撰写了这些内容，因此称之为非虚构作品，其中的细节部分也值得信赖。在这其中，药的处方中就使用到了葡萄酒。而醋中的酸也被灵活运用作为肉和鱼的防腐剂，走上了与葡萄酒不同的道路，而后被广泛推广于世界。

　　埃及的医学后来传入波斯，与希腊医学一道成就了而后的阿拉伯医学。欧洲人十字军东征所获得的成果，就是把当时比欧洲文明程度高的多项阿拉伯技术带回，其中就包括医学。原本是制作香水步骤之一的"蒸馏"技术，其后在欧洲成为制作"白兰地"的基础工序；而这也是葡萄酒文化史的一部分。

第三章　古典葡萄酒的形成与确立
—— 与希腊神话的关联

　　如果把美索不达米亚地区视为诞生葡萄酒及葡萄酒文明的母亲，把埃及视为养育它的父亲，那么促使其成人的当属希腊了。希腊诞生了美术、雕刻等古典艺术，它之所以历经数千年而今依然受到人们的崇敬，是因为它到达了人类所创造美的理想境界。在如此文明所形成环境的影响下，成长于其中的葡萄酒自然也是成熟洗练之物了。

　　用一句话概括古代希腊悠久的历史，它包含了迈锡尼文化，其中历经了巨大变迁。具体到葡萄酒的话，在兹拉马（Δράμα）州的古代遗迹（公元前 4000 年，新石器时代）中，就发现了葡萄种子。而在酿造葡萄酒方面，则在艾力珀斯住宅区（公元前 2800 年）的阿诺·撒库洛（Áno Zakhloroú）地区发现了葡萄压榨器。在克里特岛知名的克诺索斯宫附近，米内罗地区还发现了包括足踏式葡萄碾碎机在内的酿造工场所具备的基础设施（公元前 2000—前 1700 年）。

　　作者并没有准确、详细介绍希腊文明的能力，况且本书版面有限，故针对希腊文明，只能尝试着在"至今还有哪些可添加介绍的内容"这个主题上绞尽脑汁。一言以蔽之，在美索不达米亚和埃及，葡萄酒是王公贵族专享之物，而在希腊，葡萄酒是包括庶民在内人们的日常生活之物。但因时代、阶级不同，葡萄酒的境遇也相异，试着分"古代希腊神话与传说的时代""后期的庶民阶层""后期的知识分子阶层"三个方面来探索其特征。

古代希腊神话与传说的时代

我们而今一谈到希腊人，就会联想到帕特农神庙那样的神殿和柏拉图那样的哲学家，对它的都市生活印象深刻，而实际上如果从整体上来概括希腊人，则可归纳他们为"海之民"。原本地中海贸易是居住于而今黎巴嫩海岸线上古腓尼基人开发的。公元前1500—前1300年，海洋民族贝都因人利用黎巴嫩杉木（当时的贵重品，埃及人也大规模进口它）制造了耐得住长期远航的船只，并在整个地中海沿岸设置了交易所（塞浦路斯、西西里、萨丁、迦太基甚至是直布罗陀的加迪斯）。

包括金银铜锡、琥珀、香料、多数精巧的工艺品（包括玻璃）等当时重要的物资交易品（尤其以从贝壳中提取紫色的染料最为出名）。除了迦太基之外，地中海各地都设置了殖民地港口都市，以之为据点而成立的贸易网达到了繁荣局面（由此也引发了亚历山大大帝攻占亚历山大里亚和布匿战争）。希腊也乘机获取了该贸易网的利益（而后阿拉伯人又借机攫取）。

希腊文明与葡萄酒的关系则尤为重要地体现在马萨里，即今天的马赛地区。希腊的弗卡亚人（Phokaia）在公元前600年到达此处，这也是它隶属于罗马帝国而隆盛起来之前的故事。而后，希腊人以此为据点从高卢（而今的法国）带回了葡萄酒。如今观光客拥挤的马赛古港口码头上还埋藏了青铜的金属板，其上还刻着"西欧文明由该地发源"的文字。

希腊贸易品自然是多种多样的，重要的进口品有陶器、橄榄油和葡萄酒。希腊人以亚历山大里亚为据点沿着隆河而上，到达而今的里昂地区，再沿着索恩河而上，陆路经过如今的勃艮第地区到达塞纳河，他们还渡过多佛海峡开发了英国南部康沃尔的锡矿。而且他们还在里昂沿着陆路向西，到达了卢瓦尔河上游，这条路线也是去往大西洋的路径。

这种贸易不仅把葡萄酒带到希腊，同时还将而今的法国及整个欧洲地区的文化带给希腊文明。相比法国中心地区，1953 年在勃艮第名酒沙布利干白诞生地附近的威克斯村庄发掘出的古代遗迹，令欧洲的历史学者震惊。该遗迹也证实了古代希腊人开发了葡萄酒和锡矿之路。

希腊人海洋活动的故事，到底有多少内容准确地传达了当时的事实暂且别论，但通观海洋冒险故事全篇，处处散见着有关葡萄酒传说。出现频度非常多的是"葡萄酒色的海洋"这种表现手法，它到底是什么意思，引起了学者们的烦恼，科学家也参与到关于它的论证上，还出现了珍罕的说法。这种"葡萄酒色的"形容，大概与日本的枕词一样，令我们为无法解读它而感到烦恼。

与之相比，希腊还时常用"黄金杯"来形容灌注了葡萄酒的容器，而使用"极致的葡萄酒""红色""甘甜""浓烈"等词汇，也是为了引起人们的注目。其中特别有名的是独眼巨人传说，为了令这吃人的怪人喝醉到不省人事而沉睡，奥德修斯使用了从马隆那里获得的黑乎乎葡萄酒，它的烈度是普通葡萄酒的二十倍。虽然这是传说，用了十分夸张的手法，但可以确认的是，希腊已经酿造出十分浓烈的葡萄酒。

与《奥德赛》一样，《伊利亚特》中也出现了葡萄酒。在形容勇将阿喀琉斯盾牌的绘画中，有这样反映当时收获葡萄酒而咏唱的赞美

歌："盾牌的表面描绘了葡萄摇摇欲坠的葡萄园，盾牌由黄金打造，
十分优美，果房则黑色剔透，藤蔓从葡萄园的一端一直延伸至白银支
柱边。两侧的葡萄沟是用群青色的珐琅制成，而锡则用来镶镀盾牌的
边缘。盾牌描绘了一条小径直通葡萄园，葡萄收获时采摘者沿着该路
来来往往。年轻姑娘和青年人，就像没有罪孽的孩童一样充满朝气，
他们把像蜜一般甘甜的葡萄果实装入筐中运走，其正中央有一个少年
朗朗地弹奏着响彻的竖琴，还伴有与之节奏相应的动听歌声。其他人
也一同配合他拍手、跳舞，一边跳舞一边发出欢乐的叫声。"

古今东西，世界上的诸民族都拥有各类神话、古代传说、叙事诗
和武勋诗歌，但是如《奥德赛》一样饮酒和大量提及葡萄酒的情形却
是没有的。在《奥德赛》传说中高频度出现，说明葡萄酒对人们而言
已经是十分亲近之物了。而且，其中所出现的葡萄酒已不再是进献给
神的"神馔"，而是宴飨宾客，为战士鼓舞勇气的"人间之酒"了。

体现酒洗练成熟度的晴雨表之一，便是容器和酒杯。在先于迈锡
尼本土科林斯文明的米诺斯文明隆兴时期，以克里特岛的克洛索斯为
中心，急速普及了"卡马雷斯"式的彩色陶器（熟练使用辘轳，在混
杂黑色或浓茶色的地方涂上白色或红色而呈现出彩色）。去克洛索斯
附属美术馆参观，会发现那里陈列着许多出土物，其中以陶制的酒器
（壶或杯）为多，让人不禁为其种类的多样和器形、图样的丰富而感
到惊叹。

迈锡尼时代有名的发掘品是"使者的假面"，而与之相并列的则
是精美卓越的黄金杯（华菲奥的黄金杯、涅斯托尔的黄金杯，公元前
1600—前1500年）。它的确是十分精巧之物，也证明了当时已有发
达的技术能够生产如此精美的工艺品。黄金杯是王公贵族的贵重奢侈

品，其工艺卓越自不待言，但此时陶制容器的多样性，则实际证明了大众文化达到了很高水平。陶器的设计与图样实在多彩，也体现了制作人手法精巧。但从整体来看，尚且显得古朴拙钝和朴实无华，残存了原始质朴的风格。

到了希腊后期，希腊的陶艺文化真正迎来了繁荣的盛开时期。迈锡尼以多种多样的玻璃绘画为代表，奔放主题的设计形态逐渐消失，与用途相呼应的形体统一工艺品取而代之，模式化得到推进的同时，其洗练美也在磨练中增强。首先是贮存葡萄酒的双耳细瓶壶形成了家庭宴会型和贮藏搬运型两种不同形态。前者的腹部浑圆并带有柄端，分贝里凯、斯塔姆斯、诺拉和雅典娜（Panathenaic）等类型，每一种类型都带有彩色，形态优美。后者为尖底细长的白色素陶，以实用为本位（大概可装四十升），可将它横放于沙砾上贮藏。它也有柄端，故携带、运输方便，可用纽带和绳网将其抬起来。

这两种类型的双耳细瓶到罗马时代还在被广泛使用，而后才被木桶取代。20世纪50年代法国勃艮第地区莎伦市的运河河畔出土了大量双耳细瓶碎片，令人们感到震惊，而今地中海各地的沉船中还时常打捞出它。还有宴会上倒酒的注酒器，奥尔菲、伊诺惑、奥伊诺孔（Oenochoe）、修阿托斯、阿斯柯斯型的注酒器不仅有金银制器皿，还有黑绘式的陶器。而酒杯方面，则有斯鸠费奥斯型（skyphos，两侧配有向上柄端的比较深的双耳大饮杯）、康塔罗斯型（容器内部平且浅，置有高底座，配有向上扁平的柄端）等种类。

而谈到一旦倒酒就必须一饮而尽的角状马上杯，则是采用各类动物头部来设计的，这些考量方案都着实有趣。希腊特有的"混酒器"，则采取了卡里克斯（Calix）、贝尔、圆柱、拱形等各种形体，这多种类型的形态自然促进其成为优美洗练之物。而令希腊陶制酒器闻名于世的，则是它的彩色纹样。

初期陶器在红底色上绘黑色彩画，其中的雕刻线十分鲜明。而在黑底上绘红色的彩画，其中有用笔绘出黑线的设计，细致设计也成为可能，这使得画面整体精巧、卓越。在希腊，与雕塑不同，绘画除了壁画之外几乎没有留存下来，而这陶器上的黑绘、赤绘就是如今展示给我们的绘画美术。由于有彩画，容器显得优雅洗练，装入其中的葡萄酒液也与之十分搭配。关于这点将在后文中论述。

后期的庶民阶层

古代各民族都将他们的神灵与酒关联起来，世界酒神中最有名的当属巴克科斯。巴克科斯是罗马的称谓，希腊方面称他为狄俄尼索斯。虽然狄俄尼索斯是希腊众神中的新进者，但它的系谱并不简单，它原本作为色雷斯地区的神而被信仰，而后进入希腊本邦，混入其他地方传说，最终在希腊确立起酒神的地位。他作为宙斯与塞墨勒的私生子，为躲避正妻赫拉的嫉妒在亚洲养育，而后又被放逐到埃及和叙利亚，最后回到希腊在冥府与其母再会，进而获得了不死的神性。其间，他发现了葡萄树并教会人们栽培葡萄，在周游的过程中被唤起了癫狂气质和杀人之心。

也就是说，狄俄尼索斯是命运多舛与拥有力量的不死之神，是农耕与树木之神，也被称为栽培葡萄和造酒技术的创始者，成为文化式英雄。而后他还成为戏剧、艺术之神。初期的狄俄尼索斯信仰与癫狂相关联，该信仰进入希腊后遭到嫌弃和压禁，逐渐变身为稳健之神并确立起地位。该神成为酒神是在伊卡利亚岛的狄俄尼索斯祭祀秘仪上，该仪式也具有如今我们难以置信的内容，包括未婚处女和已婚女子在内的老幼女子们全部放下家务活，登上 2400 米的帕耳那索斯山，她们喝完身负皮袋中的葡萄酒，忘却所有而进入山林乱舞起来。途中遇到的羊和鹿被她们大卸八块，她们生啖其肉、生饮其血并乐在其中。这是因为当时的女性地位并不低，没有处在隶属于男子的奴隶地位，也有学者指出，这种祭祀仪式在心理上属于纾解压力的歇斯底里病。

　　总之，当时的狄俄尼索斯信仰为后世许多哲学家所诠释，形成了各种说法。德国哲学家尼采认为阿波罗神象征理性、端正、克制、青春和光明，而狄俄尼索斯则象征非理性、情欲、奔放、狂乱和黑暗，形成了这样的二元论说法。而今我们虽然对饮酒已经并不在乎，适量饮用葡萄酒会给人带来健康与人生的乐趣，但过量就会招致不健康的烂醉和疯狂，因此它是具有两面性本质的刺激性之物。超越单纯将巴克科斯视为酒神的思考方式，稍微深入了解一下的话，就会发现狄俄尼索斯传说本身就是一种宏大的文化论。

　　古代希腊已经在庶民之间普及葡萄酒，要证实它已成为人们都爱喝的饮品，除了当时的狄俄尼索斯祭典之外没有更恰当的证明了。日本人很难理解该祭祀仪式所体现的精神文化性意义。但小苅眤的《葡萄与水稻——希腊悲剧与戏剧的文化史》中，却有十分详细的诠释，关心该问题者可阅读此书。实际上，希腊每年反复举办这项祭祀达五次之多。首先是 10 月后半段榨取葡萄汁后，在葡萄生产地举行的"奥斯科弗里亚"祭典，而后是郊外举行的"田间狄俄尼索斯"祭典。田间祭典时人们以巨大的男子生殖器模型为中心跳舞，男子穿着皮制的巨大男子生殖器模型和马尾巴毛来扮演萨蒂尔神，他们见到舞女便把女子举起扭转起来，是体现出精气神和滑稽的仪式，它而后也转变为喜剧。

到新年的时候，则在雅典举行三次节日，这也是最具代表性的有名祭典。首先是一月举行的"勒那节"，它被称为小狄俄尼索斯祭典。它是庆祝从前一年秋天收获葡萄起就开始酿造并逐渐沉淀成为新酒的，即祝贺狄俄尼索斯诞生的祭典。其名字的由来与葡萄的压榨器相关，而祭祀狄俄尼索斯的神殿也被称为勒拿殿。该祭典自公元440年之后转变为了戏剧（尤其是喜剧）。接着是自2月13日起连续举行三天的"狄俄尼索斯祭典"。围绕名字起源，也有人将该祭典视为"繁花祭典"，但多少令人觉得突兀和奇怪。持续三天祭典的头一天称为"酒瓮大开之日"，这一天市民们各自拿出半埋在地中贮藏的大酒瓮，将它们搬运到先向酒神献酒而后再举行的盛大酒宴。第二天称为"壶之日"，人们将尚未与水分开的葡萄酒注满酒壶，还举行随着喇叭节奏无论如何都要将酒早点一饮而尽的比赛。随着节奏饮酒也带有响应死者灵魂的意义。最后一天称之为"土锅祭"，这天用葡萄酒香引来的冥界神会回到冥界，人们为他献上盛有野菜、煮好豆子的土锅，故它带有宗教性的意义。

三大节日中最为盛大的庆祝祭典，乃是第三回即最后一次的"大狄俄尼索斯祭典"。它在三月里连续举行五天。这是希腊城邦公民全体举行的国家性仪式。雅典吞并了阿提卡和波奥提亚的琉瑟里村（有人认为这里有狄俄尼索斯神镇座），废止该地曾祭祀的神，更迁为祭祀雅典娜。这其实属于政治性举措，似乎是为了实现雅典王位的接续而为。

位于街道路途中的神像一度更迁，达到从军年龄的年轻人们成为先导，他们列队举着火把来供奉，从神殿内献祭的特别场所返回到剧场。而该祭典最大的特色就是戏剧祭。公元前 534 年僭主裴西斯特拉托斯（Peisistratos）发布命令之后，上演、竞演戏剧成为国家仪式。在该祭典和戏剧祭中，酝酿出希腊文化特色之一的希腊悲剧。在该祭典中，葡萄酒并没有特别奇特的饮用方式，每人都饮用装在可携带皮囊中称为"托利马"的葡萄酒（带有药草风味的饮品）。

从这些希腊的葡萄酒祭典来看，葡萄酒与文化紧密结合。其中能够看到，首先，葡萄酒并不是王侯贵族所独占的特权阶级饮料，而是与大众共享。其次，虽然同在希腊古代，但随着时代的变迁，大众的生活水平、文化程度不断提高，人们饮用葡萄酒的方式也发生了变化，具有象征意义的狄俄尼索斯信仰和祭典，就从过去被野蛮与癫狂支配的状态中脱离出来了。

到了"安特斯节"，打开酒瓮开封的新酒，被视为是封存在地底的死者灵魂。献酒祭典就与死者的灵魂相呼应，从这点来看，它并未失去神秘性。然而，它已经是在光天化日下举行的开放明朗的祭祀了。"大狄俄尼索斯祭典"也变为戏剧祭典，反映社会与经济状况。获得大众支持而掌握僭主政权的独裁政治家裴西斯特拉托斯，将它作为操控民众的手段，令上演戏剧成为宣传工具并实现了制度化。不能否认在葡萄酒普及至民众的过程中，作为其神灵的狄俄尼索斯得到推崇是其成功的要素之一。

后期的知识分子阶层

古代希腊到后期形成了都市城邦国家，诞生出如今民主政治原型的同时，涌现出大量的智者，以这些知识分子为中心的知识上流阶级，构成与大众相异的文化圈。以如此的社会变动为背景，葡萄酒与葡萄酒饮用的方式也出现了两极分化，其象征就是柏拉图笔下的《飨宴》。日本把以对社会、政治问题的讨论为主导的研讨型聚会视为粗俗无理，而在当时希腊这样的集会上，进食之后便在长椅上睡觉，边喝葡萄酒边高谈阔论成了十分有乐趣的事情。

到了罗马时代，人们将当时这些知识分子们饮酒、饮食的方法、内容及话题等记载下来，从阅读普鲁塔克的《食桌欢谈集》和阿忒纳乌斯的《食桌上的智者们》就可知道这一点。在葡萄酒方面，其种类、功效、饮用方法、储存方法、与其他饮品混合，甚至连为什么女人难醉而老人易醉等多种多样的话题都涉及了。

而在葡萄酒方面，作者在意的是"葡萄酒兑水"。为什么如此呢，这要从它必须兑水这种说法开始，到了亚里士多德时，就详细分明地阐发了其兑水方法。在希腊，葡萄酒兑水的传闻并不稀奇，而后还出现在《奥德赛》中，在祭祀和关于酒的故事中，还专门用到了"纯粹、生榨"这类词汇。希腊的医圣、被称为医学之父的希波克拉底，对长寿进行了科学性考察。他所留存的医书记载的治疗方法，几乎都与葡萄酒相关。其中把葡萄酒作为解热剂、利尿剂、消毒剂使用，更不用说作为从疲劳中恢复的处方。

而从以下的记述中，可以看到希波克拉底对人体进行了科学的考察，正确地分析了葡萄酒的医学功效。"非常可口的红葡萄酒中富含水分，它会引起腹胀，作为大便而被大量排出……白葡萄酒可以缓解口渴温润人体，相比红葡萄酒作为大便排出，它更多是作为尿液排泄。新酒比起老酒更容易成为大便，其原因是新酒更加接近发酵前的葡萄果汁，营养成分更丰富……葡萄果汁令肠内产生气体，刺激肠胃排便。"而发酵过程中的甘甜葡萄酒，"相比充分发酵的烈酒而言（希波克拉底意识到发酵作用可减少糖分而令酒精增加），不会令头变重，它不怎么上头且排便增多，但它会引起脾脏和肝脏肥大……而充分发酵的白葡萄酒……会更早到达膀胱，具有利尿和缓下的作用，常常会在急性病发作时，起到各种作用"。

关于葡萄酒的饮用方法，他则提到无须加热过高也无须冰冻过低的最佳，如果长时间饮用热葡萄酒则会导致思维迟钝，而如果大量饮用过度冰冻的葡萄酒，则会引起"痉挛、强直痉挛、坏疽、恶寒"。而无论任何场合葡萄酒并不一定都是有益的，如果有严重头痛和脑部疾病就不能喝葡萄酒。希波克拉底还提示指出"取少量浓烈葡萄酒，用水兑淡来增加其量"。

而在介绍除了希波克拉底之外的其他智者对于葡萄酒的看法和态度时，知名学者阿切斯特拉图（巴黎餐厅而今仍用他的名字命名）就提出饮食和饮酒分开以确保健康的习惯，他忠告人们"持续畅饮而食，持续畅食而饮"。而阿切斯特拉图还指出，如果连续两天醉酒则用卷心菜的生汁缓解为好，还有人称这也是而今药用卷心菜的鼻祖。而到了埃布罗斯（公元前 35 年左右）时，则有更为有趣的说法，"喝一杯葡萄酒是为了健康，喝两杯是为了爱与喜悦，喝三杯是为了帮助睡眠，喝四杯则手会移向暴力，喝五杯会召唤大乱，到六杯会烂醉如泥，到七杯则扔掷家具"，似乎是听到了醉汉的醉话。

而到了《飨宴》的著者、希腊哲人中最具盛名的柏拉图，他提出了"有教养的男子应该在集会中高谈阔论，而不应该与吹奏竖笛和弹奏六弦琴的女子待在一起"这样要求严格的启发性言论。另外，他还规定："未满十八岁的男子，即未成年人不得饮酒，到三十岁之后方可适度饮酒，年轻人不可喝醉与喝多，四十岁时已成为老人可以进行充满开朗气氛的狂欢"，谈到成年人可以进行欢愉的活动。

苏格拉底的发言则更具启发性，他指出"葡萄酒会让人心气平和，能够给心灵以滋润，它让人放下所担心之事，给予人们休憩……能唤醒我们的喜悦，能够灌注正在消失的生命火焰的燃油。每次适量饮用的话，葡萄酒就像甘美的朝露一样，滴入我们的心肺，正是在这个时候，葡萄酒是理性且没有给我们带来任何害处的，是诱使我们保持明快、欢喜，让心境美好之物"。

希腊的葡萄酒浓度很高，不兑水稀释的话难以饮用，暂且将医者所忠告的珍惜生命这个理由放置一边，从葡萄酒文化论的角度来看，相比酒本身，它的饮用方法才是知识分子关注的问题。关于饮用的方式到底是"高尚典雅"还是"素朴洗练"，已经成为他们考虑的重要方面。而这本身就属于文化论。饮酒者如果过着粗野的饮食生活，那么他的饮酒方式也会显得粗暴。饮酒者若是成长在丰富的文化环境中，那么无论是葡萄酒酿造者还是饮酒者都会沿着自身所期待的方向而变得洗练。而葡萄酒的高品质实际上是其环境所能赋予的经济和知识层次的反映。不拘于喜好与否，在而今葡萄酒所催生的发展历史中，王侯贵族、富裕的市民阶层以及修道院，都是提高葡萄酒品质的引领者。

而关于希腊葡萄酒饮用方式所产生的议论，则是围绕着它洗练与否展开的，呈现出两极分化的性质。也可以从歌颂葡萄酒的许多诗歌中看到这一点。这些诗歌广泛收录于希腊诗歌集成的《希腊诗词集》第十一卷中，包含了公元前十世纪至公元前七世纪大概四千多篇诙谐短句，而本书主要限于从这些诗歌在文艺中表现的葡萄酒方面进行分析。

希腊的葡萄酒到底是怎样的呢？三四十年前，对葡萄酒十分钟爱的日本人，在谈及有关希腊葡萄酒的知识和经验时，都大概只知道带有松脂味的知名葡萄酒"热茜娜"。为希腊艺术所着迷的人不在少数，但即便是详细了解希腊的学者，具体到葡萄酒的相关文献则知之不多，即便有实际体验，但也并不熟知。虽然情况不明，但日本与希腊是站在了伙伴型关系上。就最近的情势而言，接受欧盟经济支援，以产业振兴为目的的大型企业中也出现了葡萄酒产业，虽然仅仅只有几个公司独占，但与之前印象中的葡萄酒完全不同的现代葡萄酒开始出现在了欧洲市场。

即便如此，传统的葡萄酒并未完全消失，它们顽强地生存了下来。被称为国民酒的"热茜娜"仍然可以抓住固执着的老一辈人的心。萨姆斯岛上麝香葡萄所酿造的甘甜口葡萄酒十分出色，伯罗奔尼撒半岛上的甘甜口红葡萄酒亦受到游客的欢迎。《葡萄酒物语》十分详细地叙述了这些。威廉·杨格的《神、人、葡萄酒》是论述古代葡萄酒文明的划时代大作，在谈及古代希腊的葡萄酒实际上具有怎样的滋味时，并非如同隔靴搔痒。尤其对作者这样无法阅读希腊语原著的读者而言，能够仰仗的文献只有英语著述了。然而，英语著述对固有名词的翻译是件难事。英国人随意创立了一些英语风格的称号（英国人随意对爱琴海诸岛取英文名而使之成为通用称号，如果不是一一对照地图，就无法知道英语名的岛屿对应的是希腊语中哪座岛屿，令人十分费解）。

但幸运的是，出生于希腊而在日本长期居住，因为日语十分娴熟而从事与希腊葡萄酒相关工作的弗里迪奥斯·朱里斯，在1998年自费出版了《希腊葡萄酒》小册子，终于日本也有准确介绍古代与现代葡萄酒的读物了。

首先，从葡萄酒原料葡萄来说，根据雅典农业大学的玛诺里斯·斯塔布拉卡斯助理教授的研究，古代希腊光知道名字的葡萄品种就有九十种以上，而且有一百三十种以上的葡萄酒。到了1898年葡萄根瘤蚜在希腊肆掠，曾使得葡萄一度灭绝。而希腊也与其他欧洲诸国一样，将对该虫具有抗疫性的美洲种砧木与希腊古代品种进行嫁接之后，才使得葡萄种植得以复兴。然而，由于这种关系，其后的品种被改良，现在的希腊主要栽培的是固有品种达到了三百种以上的麝香葡萄。现代种与古代种之间到底何种程度上相同，尚且还无法得知。

总之，正如罗马一位有名的诗人所言，"相比数算希腊的葡萄种类，数算海岸上的沙砾更为容易"。仅举出有名的来说，就有来兹波斯岛品种（这里的果子酒也是希腊酒的其中之一）、塞浦路斯岛品种（将完全成熟的葡萄进一步在席子上摊平晒干，令其糖度上升，而后被命名为卡曼达蕾雅酒，历经中世纪之后，成为欧洲人垂涎之物）、萨索斯岛品种（带有微微苹果香味的葡萄酒）、科斯岛品种、罗德岛品种、埃利亚岛品种等葡萄酒，而萨姆斯、艾克瑞等也作为诞生名酒的产地，为人们所熟知。而虽然出现了艾达尼[1]、阿斯瑞[2]、伊利科里

---

[1] 艾达尼（Aidani）葡萄主要种植于基克拉泽斯群岛，是希腊古老的葡萄品种之一。由它酿制的葡萄酒果香馥郁，酒精含量和酸度适中。如果将它混合酒精度和酸度较高的葡萄品种一起酿制葡萄酒，例如艾喜康葡萄，口味更佳。

[2] 阿斯瑞（Athiri）可能起源于希腊的爱琴海地区。在过去很长一段时间内，该品种被误认为是特拉西丽（Thrapsathiri），但2007年的DNA检测表明阿斯瑞和特拉西丽是两个不同的品种。

（现在的洒瓦滴诺①）、利亚提科②、琳慕诗③、尼米亚④等名称，但它们到底是何品种、什么口味，仅仅列出名字尚无法得知。

虽然区分葡萄品种困难，但对于葡萄酒，现在还是能够十分准确地区分开来的。在公元前 5 世纪，城邦国家雅典的条令中，就从法律上保护葡萄酒，其内容详细到用葡萄酒印章来区分其种类。而这也是如今葡萄酒法的原型，如此看来，古代希腊的葡萄酒成就的确令人感到惊叹。其种类如下文所示：

PANOMIOTIPA（复制酒）

效仿有名葡萄酒的名字而复制之物。有必要标出其出产地，比如普拉姆里奥斯·伊诺斯是埃利亚岛知名的葡萄酒，来兹波斯岛的葡萄酒商人就把该岛所产这种类型葡萄酒贴上"来兹波斯的普拉姆里奥斯"标签来贩卖。

....

① 洒瓦滴诺是希腊种植最广泛的葡萄品种。据记录，2010 年希腊的洒瓦滴诺产量约 6 亿升，主要产区在希腊中部的亚提基。此外，在埃维亚岛（Evvoia）、马其顿（Makedonia）、昔克兰群岛（Cyclades）、伯罗奔尼撒半岛（Peloponnese）也有种植。洒瓦滴诺在希腊主要用来酿造松香葡萄酒（Retsina），有时候会与本地品种阿斯提可（Assyrtiko）混酿，生产廉价的餐酒，这些酒往往酒精度高，口感单一。但是在凉爽地区，如果洒瓦滴诺葡萄树树龄较大且控制产量，就能酿造出口感丰富且十分平衡的葡萄酒。

② 利亚提科（Liatiko）是生长在克里特岛的一种古老的希腊黑皮酿酒红葡萄品种。在 21 世纪，只有少数生产商用 Liatiko 酿造葡萄酒，但它的品种曾经对克里特岛的酿酒师非常重要，尤其是在中世纪。

③ 琳慕诗（Limnio）是希腊利姆诺斯（Lemnos）岛上的一种本土红葡萄品种，如今，它在该岛上仍有种植。此外，该品种在希腊东北部的卡尔科迪卡（Khalkhidhikhi）也表现得十分出色，在这里，该品种酿制的葡萄酒酒体丰满，酸味十足。琳慕诗的外文名在相关记载中还被称为"Limnia"。

④ 希腊葡萄酒生产的起源可以追溯到公元前 3 世纪中期的克里特岛。300 多种生长在当地的葡萄品种，其中一些更是从远古时期就被栽种。很多葡萄酒评论家都同意，当地独有的葡萄品种造就与众不同的味道。希腊日照丰富，雨量低，土壤肥沃度适中，因此生产出来的葡萄质量高。

MIKTIS PROELEFSIS（混合酒）

将两种以上的葡萄酒混合起来之物，它也发展为如今日常生活中的佐餐酒。从产生了制度、贩卖葡萄酒的从业者这点来看，当时葡萄酒事业已经成立兴起。其中有优质且知名的，像伊拉库蒂奥斯、爱丽斯列奥斯就是其中的代表。

IDIKIS EPEXERGASIAS

特殊制法的葡萄酒，有名的有三大品牌：撒普利奥斯·伊诺斯……掺杂混入完全熟透的葡萄和少量发酵葡萄酿造而成，产生成熟香味的葡萄酒。公元前 5 世纪的诗人艾尔米波斯就盛赞了有石榴和风信子香味的葡萄酒，普罗托罗珀斯·伊诺斯……并没有像通常的葡萄酒一样进行压榨，而是在葡萄搬运过程中将自然渗出的汁液装入器皿中所酿成之物。奥姆帕基蒂奥斯·伊诺斯……奥姆帕基蒂奥斯是未成熟的葡萄。由于未成熟与完全熟透葡萄果汁混合在一起，它的酸度也提高了。

EXISIZITIMENOU GOUSTOU（洗练的葡萄酒）

在酿造葡萄酒过程中添加了某些物质，这相比酿造具有个性特色的葡萄酒，它更加虑及以健康和给予饮者活力为目的。已完成发酵的葡萄酒还时常会加入饮酒者们喜好的调味料，这种添加剂自然十分多样。添加其他物质和增加调味料的葡萄酒，在其有了拥趸者的同时，也有人指责其损害了原本的味道。以下的几个品种十分知名。

里蒂里黛斯……添加了松脂的葡萄酒，它的谱系是现在希腊名产热茜娜酒。

萨拉西蒂斯（Thalassitis）……葡萄酒中加入了海水，在科斯岛十分有名，人们都想去尝试一下其具体的口味。

　　阿里乌西奥斯·伊诺斯……西俄斯岛的葡萄酒。

　　这种分类方法都与它的酿造方式相关，也有根据其口味而区分的。一般情况下，辛烈称 xiros，中等辛辣称 apalos，而甘甜称 glykys。最为烈性则是阿普斯蒂洛斯。古代希腊还有称巴比斯的用语，用来形容酒精和脂肪分量高、口感尚佳、达到自然成熟度的葡萄酒，即指发酵完成度高的酒。除了根据酿造方法和味觉上类别来进行区分之外，还有识别葡萄酒特征的表示用语，也就是它们的品牌名称，知名的品牌如下所示：

　　阿里乌西奥斯·伊诺斯……平衡度好的葡萄酒。

　　普拉姆里奥斯·伊诺斯……埃里克岛所产的酸味葡萄酒。

　　伊拉库蒂奥斯·伊诺斯……细腻且具有平衡性的葡萄酒。

　　爱丽斯列奥斯·伊诺斯……芳香度高的葡萄酒。

　　科斯伊诺斯·伊诺斯……科斯岛上极致的萨拉西蒂斯葡萄酒。

　　萨普利斯·伊诺斯……如同玫瑰或风信子香味的葡萄酒。

　　以上是葡萄酒种类的识别用语，这与其他表现葡萄酒香气和味道的用语一样，体现了其发达的程度。朱丽斯译本也有专门对其进行整理，光浏览一眼，就可知古代希腊人的葡萄酒鉴赏能力十分完备。这也表明，葡萄酒和饮者双方的成熟洗练度，即为文化程度，二者达到了非常高的层次。

　　如此一来，古代希腊的葡萄酒与其他艺术一样，被称为人类文化遗产，即已到达了非常高水平的程度。就葡萄栽培而言，当时已经具备枝条剪接技术，到二月份其芽出现之前都不能停止修剪；其后，还需要中途耕作树与树之间的土壤、在树的根部附土等作业；到初夏，为了令果实完全成熟，就须剪落那些没有结果和没有叶子的多余

枝头。在赫西俄德那里，等摘果结束已经到了 9 月中旬。希腊的酿造
法十分详细，但无法得知它是否正确。获得了如此成就的知识虽自然
而然地为罗马所继承，但进入暗黑中世纪后，并没有继续得到继承与
发展，而是消失在历史的阴影中了。这并非仅由希腊城邦国家灭亡导
致，而是围绕葡萄酒的诸条件、社会状况发生变化所引起的。希腊的
文化虽然为罗马所继承，但已经遭致大幅的变化与堕落，葡萄酒也并
不例外。而在葡萄酒方面，以色列犹太人则形成与希腊–罗马完全异
质的文化圈。之后，葡萄酒文化从以罗马权力为基轴转向以以色列宗
教为基轴，进而扩大至欧洲社会。葡萄酒文化就形成了希腊风与希伯
来风的对立。至此，本书的焦点则尝试随着这两地转移（依照顺序来
看，大概应该先论述罗马，经过各种考虑后提前介绍以色列）。

古代希腊葡萄酒用语（弗里迪奥斯·朱里斯翻译）

古代希腊有许多葡萄酒专门用语，这里罗列的只是极少一部分

阿托斯米亚（Anthosmia）：像花束一般成熟的葡萄香味

阿罗玛（Aroma）：带有泥土的芬芳

阿芙斯蒂洛斯（Afstiros）：甘甜的反面

阿帕罗斯（Apalos）：中等辛烈的葡萄酒

阿普西托斯（Apsitos）：略带酸味的葡萄酒，主要是红酒

多利米斯（Drimis）：依据自然的喜好给予影响的葡萄酒

爱芙帕里斯托斯（Efharistos）：兼取平衡的葡萄酒

艾克列克托斯（Ekeletos）：极为上等的葡萄酒

艾巴尔莫斯托斯（Evarmostos）：取得调和的葡萄酒

艾戈尼斯（Evgenis）：比通常品质更高的葡萄酒

艾奥兹莫斯（Evosmos）：拥有特别香味的葡萄酒

戈奥蒂斯（Geodis）：拥有泥土芬芳的葡萄酒

古力科斯（glykys）：与伊利斯同样意义的甘甜口葡萄酒

库弗奥斯（Koufos）：轻度酒精的葡萄酒

利帕洛斯（Liparos）：与干红多少有些相异，十分类似于葡萄酒的酒类

奥伊洛蒂斯（Oinodis）：亚里士多德所描述的极致葡萄酒

奥珀斯（OPos）：柏拉图所描述的如同果汁一般的红酒

帕比斯（Pafheys）：香味醇厚并具有刺激性口感的葡萄酒

萨普洛斯（Sapros）：虽然熟透至腐，但具有柔和、温润触感的葡萄酒

斯库利洛斯（Skliros）：具有十分强烈酸味的葡萄酒

威瓦利斯（Varis）：重度酒精的葡萄酒

库西洛斯（xiros）：干红的反面

第四章 与宗教结合的葡萄酒
—— 旧约、新约圣经与以色列

两个版本的圣经

曾经有一幅画描绘了两男子肩担长棒搬运结出巨大果实的葡萄。很多人自然在基督教相关的出版物或者教会五彩玻璃画中见到过它。

这幅画并没有引起日本人特殊的兴趣；而对于犹太人而言，它是其整个国家创设的一大象征；对于以色列文化及基督教会而言，它是原点性的纪念画。由摩西率领逃出埃及的犹太人在沙漠上度过了四十年的流浪生活。最终，他们到达了所憧憬的"流着乳与蜜的土地"迦南附近的巴兰。当时，摩西为了打探迦南的情况而派出了十二斥候，其中两人在艾希科尔山谷见到了葡萄并将其搬运回来，人们见状都心生感激，而这幅画正描绘了如此主题。

西方有新旧两版的《圣经》，二者都是在中近东的以色列人之间产生的宗教经典。《旧约全书》是犹太人的国家历史书，《新约全书》则是耶稣基督的言行录。虽然同是圣经，但其内容、思想、宗教观等完全异质。但是，两者具有密不可分的关系。然而，与《旧约全书》仅止于犹太民族的戒律书相反，《新约全书》则从犹太社会脱离而扩大到欧洲，最终扩展为全世界的基督教指导书。与基督教文明一道，它发展出的葡萄酒文化呈现出与希腊文明相异质的路径。

　　《旧约全书》和《新约全书》都对葡萄酒进行了记述。然而，如同两个版本《圣经》内容相异那样，描述葡萄酒的内容也并不相同。唯独《旧约全书》和《新约全书》诞生的时代都将以色列社会作为背景，试着对两者进行比照，就会知道当时以色列社会中葡萄酒到底是何物，或者说，到底以何种姿态为当时所用，自然而然就会了解葡萄酒在这种文化中的位置。

　　两个版本的《圣经》是何时创作，到底由谁书写，所书写的内容到底多少是真实的，是否正确地反映出当时的社会实情，都需要长期的研究。尤其是《旧约全书》它记述了公元前 2000 年左右犹太王国兴起至其被波斯所灭大约近一千五百年的犹太民族史，许多人都反复对其中的客观性史实进行相关的整合性研究、考论。由于这与本书主题相疏离，故这里并未详述犹太史，也将创世纪梦幻性部分排除在外——然而，已经对"诺亚的洪水"设想原型的洪水进行了实证考察——论述的大部分内容都试着通过以史实为依据的学者们之手进行阐述（例如，电影《十诫》中出现了以色列人被埃及军追击而逃至红海渡海而归，沙漠上由于天降玛纳而承受住饥荒，显耀荣华的所罗门王的宫殿……维尔内鲁·盖拉的《作为历史的圣经》这类学者苦心诠释意义的著述，也着实有趣）。

　　如此一来，以《旧约全书》为舞台的时代，以色列人的确饮用了大量葡萄酒，而葡萄酒对当时人而言到底是怎样之物，新约与旧约记载上则极为不同。这也可以得知：在三百年的历史中，葡萄酒的普及程度与样态发生了改变，尤其重要的是，从中可以得到为什么基督教将葡萄酒作为其教义之一。那么首先我们就来对其进行考察。

《旧约全书》与葡萄酒

在不把《旧约全书》作为宗教经典而作为史书来读的情况下，其中多数登场人物到底多少是实际存在的，以及战争和事件在多大程度上是真实的，这些都无法得到明朗的答案。然而，先将其放置一边，为了了解葡萄酒，有必要对《旧约全书》中所描绘犹太人历史进行大致的阐述梳理。

首先，公元前 2000—前 1850 年左右，居住在第一章所述美索不达米亚地区都城"乌尔"的希伯来人受到亚伯拉罕的启示，率领一族沿底格里斯河而上，经过巴兰山，踏破山岳、沙漠地带到达迦南的土地。当时，亚伯拉罕神告知"这片土地赠予汝等子孙"（契约之地）。迦南居住着希伯来人始祖、亚伯拉罕家族的儿子伊萨克，孙子雅各布继承（伊萨克同父异母的兄长以实玛利与伊萨克兄长以撒之间围绕继承权展开争斗，而以实玛利是阿拉伯人的始祖，以撒则是伊多姆人的始祖）。雅各布所生的十二个儿子而后就成为以色列十二个部族的始祖。还流传着第三代族长雅各布与天使格斗并获得胜利的传说，与之相关联，这些族人们把自己命名为以色列，意为"与神战斗的人"。

雅各布的十二个儿子中，被父亲宠爱的约瑟夫遭到兄弟的嫉恨，被埃及商人卖作奴隶，具有英智的约瑟夫反而在埃及出人头地，晋升成为国王的大臣。二十年后，以以色列的饥荒为契机，父子再度重逢，雅各布一家移驻埃及。为此感到畏惧的埃及国王（到底是哪一位国王尚有争论）处罚犹太人从事繁重劳动的苦役。担忧犹太民族苦难的摩西，携带着从神那里筛选的民众，受神命所托，行至"流着蜜汁和牛奶的迦南土地"。

公元前 13 世纪中叶，由杰出领袖摩西率领的以色列人排除国王各种各样妨害，向着阿拉伯沙漠逃逸（电影《十诫》的逃脱）。在沙漠流浪时，摩西在西奈山受到了神的启示（《十诫》）。公元前 13 世纪末，以色列人在继承摩西事业的约书亚率领之下，到达了祖先约定之地迦南，与当地居民在耶利哥战斗并平定该地，进而居住于此。而后，他们还继续通过战争平息对以色列人移居到这里感到嫌弃的近邻诸民族的进攻。公元前 1020 年左右，曾是优秀战士的索尔成为以色列的国王（统一王国时代）。公元前 999 年，为索尔所厌恶的逃亡于国外的大卫，在与索尔战斗之后取得王位，将耶路撒冷定为首都，并几乎征服了周边的所有民族。

公元前 967 年，所罗门王即位，筑建了神殿和王宫，并确立了以埃及为代表的近邻王国之间的友好关系（其中之一是希巴女王来访）。而后，耶稣基督文明比喻称"在极为荣华的所罗门，野外绽放的白百合都美丽无比"，以色列王国达到了极盛时期。但是，该王国在公元前 922 年出现了分裂，北边为以色列王国，南边为犹太王国。公元前 722 年，亚西里亚的萨尔贡二世灭亡了北王国。撒玛利亚地区其他居民也进驻此地，而后这里成为撒玛利亚人主要活动地，从该地被流放的以色列人则四散他处，与其他民族混居，最终在历史上消失了。

之后，南边大卫子孙继承王位的犹太王国作为希伯来人唯一的国度存留下来。但是，美索不达米亚地区勃兴的新巴比伦帝国在灭亡了亚西里亚的基础上，进攻犹太国，并攻陷了耶路撒冷。巴比伦拥立西底家政权为犹太王国的附属国。但西底家的国王则仰仗埃及的支持发动叛乱。公元前 586 年，巴比伦的尼布甲尼撒国王实行全面进攻，犹太王国完全灭亡。

多数犹太人前后三次作为俘虏、奴隶被押送至巴比伦，在这个"巴比伦之囚"的时代，犹太人将渺茫的希望寄托于预言家以赛亚、以西结的预言。而到了公元前 539 年波斯国王居鲁士击败了新巴比伦王，建立了扩张至东方的大帝国，并归还了多数异民族各自的领土，在允许固有宗教的基础上，考虑到治安之策，也许诺归还犹太人的国家。至此，犹太人虽然再度回到自己的故土，但在政治上却处于波斯帝国的支配之下。

而这个时代神殿得以重建，在以斯拉和尼米西亚的改革之下，规范了"律法"，使会堂礼拜制度化，建立起宗教共同体。由此一来，犹太人的宗教"犹太教"得以确立，而后历经数世纪被继承发扬下来，成为犹太人的生活样式。《旧约全书》大部分内容是对巴比伦之囚后的波斯统治时代的整理。这一时代之后的故事虽然与《旧约全书》没有了关系，但为了了解犹太人的历史，也为了理解它与《新约全书》的关系，作者将对这之后的历史进行梳理。

公元前 333 年，马其顿的亚历山大大帝击败波斯帝国，在争夺巴勒斯坦的支配权问题激化的同时，犹太社会的希腊化影响也得以扩大（希腊文化、思想）。之后，犹太人一度受埃及的托勒密王朝支配，而后被叙利亚塞琉古王朝的安条克三世击败。安条克三世允准了耶路撒冷神殿共同体的自治权，但继承其王位的安条克四世却彻底镇压了犹太人。公元前 168 年，祭司玛他提亚发起内乱，他的儿子犹大·马加比在其死后成为起义军的领导者，而马加比之弟则开启了哈西曼王朝的西蒙时代，犹太实现了事实上的独立，令叙利亚完全从耶路撒冷撤退。

其后，在约翰·许尔堪的时代，犹太人将领土扩展到巴勒斯坦全境，国内却出现了法利赛派和哈西曼王朝的对立，令政权无法安定。罗马将军庞培利用这一状况乘机进攻，灭亡了塞琉古王朝，之后犹太人处于罗马的统治之下。公元前 40 年，希律得到罗马安东尼的支持，被赠予犹太王位。

犹太民族的历史历经两次迁徙流亡他国与再度回归神所赠予的土地，组成了波澜壮阔、激荡起伏的篇章，读《旧约全书》我们就能为它的激烈与严肃感到惊叹。由此看到人性是包含了邪恶、淫乱、背弃、堕落、阴谋、暗算等所有诸恶碎块般的存在。而与之相对，神是绝对而唯一的，其戒律严苛，会对遵守其律法的人予以恩宠、平安和繁荣，而违反者、不遵守者则要招致神严苛的惩罚，会得不到宽恕地人灭身死。由于坚持人性恶说，故必须严苛铁律就成为犹太人的创见。这是与日本的八百万之神信仰完全异质的宗教。

而《旧约全书》中"葡萄酒"到底是怎样的呢？作者浏览市面上贩卖的《旧约全书》（日本圣经刊行会，1974 年新改订版），涉及葡萄及葡萄酒的词汇达到了一百八十一处。

其中，出现了"新酒""浸泡""掺混""兑水""甘甜""酸涩""红色"等各色与葡萄酒相关的词汇。《利未记》中，出现了一百五十名犹太代表及周边国度的人们在宴会桌上饮用"所有种类的葡萄酒"的表述，可见当时已经酿造出各类的葡萄酒，也能从中得知，人们已经可以区分它们的种类。

《旧约全书》谈到栽培种植葡萄和酿造葡萄酒，则有"美丽的良田，果实繁茂的葡萄树""从埃及带来的葡萄树""纯良种的优良葡萄""品质恶劣的杂种葡萄""腐烂的葡萄"等语句，还有"用镰刀修剪枝叶，除掉其葛蔓"及"在所喜好的树嫁接上他国的葡萄枝蔓"这些技术类的语句，可以推断其种植方法已经达到了十分发达的水平。还时常出现用于榨汁的"酒舟"这一词汇，也可以从"足踏""过滤""葡萄酒的渣滓""藏酒的负责人"等词汇获知该地已有葡萄酒专用的酿造场所。

《约书亚书》谈及带着葡萄酒步行需要使用"皮囊"，而《约伯记》中则有"装载新酿葡萄酒的皮囊而今似乎要被胀裂"的记载，从中可以看到后来基督教"旧皮囊无法装新酒"的教示原型。而容器方面使用葫芦也着实有趣。从上下文来看，"新酒"常作为表示品质优良葡萄酒的词汇使用。

相反，"壶"这个词汇却不怎么出现，而"瓮"和"醇熟"的词汇也看不到，由此可见，埃及的葡萄醇熟技术似乎并未传播过来。后来基督教时代时常使用的双耳细瓶，原本是迦南人的发明，其后经过腓尼基传入希腊，但当时并没有普及到以色列，这让人感到不可思议。

《以撒书》中也出现了"千株葡萄值银币千枚"的语句。而在伊拉姆王国的象牙宫殿，国王阿卡布希望扩大王宫的庭园，他发现"果树园里排列有诸多深深翠绿、结出漂亮果实的葡萄架"，国王十分想占有这片果园，就要求庄主农夫那波迭让给他。遭到拒绝之后他十分愤怒，受到他妻子耶洗别鼓动，杀死了农夫那波迭并夺走了葡萄园。知道此事的预言家埃利亚预言，阿卡布国王和妻子、男丁将全部被杀死。这说明当时葡萄园是十分重要的，从中可知国王都要通过谋杀的手段来获得优良葡萄园，可见它在当时十分贵重。

但是学者们不仅尚且无法得知当时葡萄酒的滋味到底如何，而且关于用什么方式饮用它也存在很大疑惑。当时的以色列人大概无论高兴还是悲伤，在各种各样的宴会上都会喝葡萄酒。还有说"葡萄酒会让人生有乐趣"的传播者，大概当时已经有了葡萄酒与其他"烈性酒"（椰子酒？），人们开始加以区别地饮用它们。饮酒而醉的故事大多从诺亚开始。此时还没有形成后来《新约全书》将葡萄酒视为健康之物的观念，相反，出现了如《申命记》那样"索多姆和哥莫拉田地的葡萄是毒葡萄，它酿的葡萄酒是蛇毒"的恐怖教示。

如《以斯帖书》所述，波斯国王亚哈随鲁邀请所有族长和家臣召开宴会，它是夸饰王国富庶和光辉灿烂荣誉的仪式，其中也包括了"用金杯盛酒宴请款待，宴会上款待宾客的杯子各不相同，这里有着大量与国王势力相映衬的王室之酒"这类国王生活的场合。

如《但以理书》所记，巴比伦国王尼布甲尼撒当然也是葡萄酒的拥趸，国王将他自己饮食、宴请以及所饮的葡萄酒，都赏赐给精英以色列少年但以理。为了表明不让如此不洁的葡萄酒玷污其身的决心，但以理拒绝了国王的赏赐。沙伯萨成为国王后，为贵族主办了上千人的大宴会，并在千人面前畅饮了葡萄酒，为了让宾客和家臣们饮酒尽兴，他使用了从耶路撒冷抢夺而来的金银器皿，但突然出现了人的手并在宫殿墙壁上书写了咒怨之语。这说明巴比伦王朝时，葡萄酒成为宴饷中爱饮之物，而对以色列人而言它们还是致使苦难的象征。

英雄大卫因抢夺人妻之罪而受到神明叱责，其在躲避扫罗时所生的儿子暗嫩想方设法地侵犯了同父异母之妹他玛，造成了近亲相奸。他玛之兄押沙龙发誓复仇，在臂力超人的暗嫩饮下葡萄酒喝醉之后，暗杀了他。总之，在《旧约全书》中葡萄酒是以消极负面的样态呈现出来的。

在以色列人中，出现了名为约伯的大富豪，他常与儿子一起开办贺宴又吃又喝，宴会中所喝的就是葡萄酒。像这样的王公贵族、富豪们确实饮用葡萄酒。夸示荣华的所罗门王所建设的豪华宫殿，其绚烂豪华令阿拉伯地区来的希巴女王都感到惊叹（相传该女王与所罗门所生之子成了埃塞俄比亚人的始祖，如今埃塞俄比亚的皇帝还自称"犹大的狮子"）。

该宫殿里定期举办豪华宴会，《旧约全书》中还有详细记述宫殿的豪华及互赠礼品的内容。《列王记》中记载了所罗门国王一天的饮食，需要上等的小麦粉三十古尔，肥牛十头，牧羊二十头，野羊上百头，还有雄鹿、羚羊、子鹿、壮马等。这当然并非国王一人的食量，而是为国王所宴请的所有来宾而准备的。但这些食物中完全没有葡萄酒的踪影。

与之相对，公元前9世纪时，新兴势力亚述的纳西尔帕二世为了庆祝新宫殿竣工，举办了招待约七万人的大宴，宴会中有牛和子牛二千头，羊一万六千头，鹿千头，鸠两万只，家鸭和家雁三千羽，其他鸟类一万羽，达到了相当大的规模；而饮品方面，则加上了一万壶啤酒，葡萄酒液恰好达到了一万袋，它们被装在了皮囊中所以可能是新酒。大概是由于犹太人本质上都属于禁欲和粗食主义者，宴请规模、气派和葡萄酒的豪华程度并不出彩。

相比起来，更为重要的是葡萄酒与宗教的关系。摩西在西奈山接受了神明所授十诫，而实际上他还受命接受了多条戒律。这些成为后来犹太教的律法，而对其进行整理的就是《申命记》。其中，这不能做、那不该做的规定不可胜数，令如今的日本人惊讶到极点。关于食物方面，《申命记》的记载十分详细，它规定可以食用那些蹄子分开、反刍的牲畜，但不得食用骆驼、野兔、岩狸（虽然反刍但蹄子没有分开的猪也不能食用）。而在水中生物方面，它规定不得食用有鳍但无鳞的动物（所以如今犹太人依然不吃猪、海豚和章鱼，也不得食用动物的血液，其判定也十分烦琐）。

虽然犹太人定下了这么烦琐入微的戒律，但令人觉得不可思议的是，这些戒律几乎都没有涉及葡萄酒。仅仅有两处、数行的篇幅提到"在主的面前，不得食用汝等谷物、新葡萄酒和油的十分之一，以及牛、羊所生的第一胎幼畜"，"汝等所拥有的金钱可以换取牛、羊、葡萄酒、烈酒及汝等所愿的东西"。

并非仅限于法律和戒条，犹太教非常重视供给神明的贡品。以西奈山摩西受神明所托为代表，《旧约全书》通篇记载了各处献给神灵的贡品。在多数场合下，它也详细规定了必须上供的品类，还记载已经上供和正在上供的各种事情。在摩西的时代，奉纳的贡品以"金色、银色、青铜色、蓝色、紫色、绯红色的捻绳、亚麻布、山羊毛、雄羊的鞣革，海牛皮"为首，还详细规定了"圣杯规格、预备的家具、烛台上所放置的幕帘，祭坛上的琐碎步骤，祭祀的执勤与装束……"在我们看来，这是什么都需要嘱咐的十分烦琐的神明，甚至达到了令人不满的程度。为了供给祭司，要求以色列人供奉年轻雄牛、雄羊、与黄油混杂在一起的除酵面包以及涂上黄油除酵的饼干。

贡品中也出现了葡萄酒的内容，但并不是作为饮品，仅规定"作为灌注的贡品，灌注四分之一的葡萄酒"。从这些记载中我们或许可以说，大概以色列的神明从本质上无视了葡萄酒。读《旧约全书》令人感觉更加重要的，尤其从同宗教关系上来说，就是它与埃及、希腊不同，并没有把葡萄酒作为"神馔"。

略加思考可知，神明嫌弃自己所创造的人类，仅仅让诚实的诺亚在方舟中生存下来，其他所有人都因洪水而消失于地上。诺亚在洪水之后成为农夫，他种植葡萄，酿造葡萄酒，并在喝了它之后醉倒。他发出哎呀之声，可见饮后以难以应付的局面收场（一般的《圣经》中并未书写，见到酒醉父亲诺亚的裸体而起了情欲之心的儿子含，与失常的父亲成为对手，而后亚伯拉罕时代索多姆的男子们也热衷于此行为，而知道此事的诺亚就对儿子含加以诅咒，并断绝了与他的关系）。

总之，在《旧约全书》中，葡萄酒一贯被视为令人醉倒、让人失常之物。可是，换个角度来说，葡萄酒并不是强词夺理地被视为完全邪恶之物，它大概是向人们发出喝醉之人是蠢货这样的警告。所以从多个角度来看，葡萄酒依然是祝福之物。在《传道之书》中，如"那么，欣喜的你们请食用面包，愉快的你们请饮用葡萄酒吧"所述，留存了如此的观点："面包与葡萄酒"成为对人们而言的重要之物。而《旧约全书》这种观念，在后来的《新约全书》中亦得以留存并发展下来。

阅读通篇《旧约全书》，在西奈和内盖夫荒野彷徨时代的希伯来人，并没有达到想要饮用葡萄酒的状态；而到他们赴埃及生活的时代，已经习惯了葡萄酒。所以到流浪时代里，梦中理想描绘了"流淌着牛奶和蜜汁之地"，而现实中丰盛的葡萄果实就是理想家园的象征。因此，到达该地之后，便开始喝葡萄酒了。这样一来，沉湎于美酒的人无疑额外地增加了，出现了"直至深夜依然不断饮酒，为酒发烧者"，还诞生了"以豪饮为英雄，将浓烈的酒混杂起来喝的勇者"的风潮，当然也有对如此倾向感到苦不堪言的人。

伊斯兰教先知穆罕默德在早期也饮用葡萄酒，后来到了迦南便把它禁止了。因为沙漠和干燥地带的风土会致使豪饮痛饮的民族灭亡的知识，对告诫穆罕默德起了作用。

因此《旧约全书》中，在"创世纪"的以撒祝福篇中，有"神将天上的甘露、地上的沃土、数多谷物和新葡萄酒赐予汝等"的表述，展现出葡萄酒美好的一面，被视为令人生快乐之物。而在另一面，又有"不得酗酒""深夜饮酒、混杂尝酒、醉酒后在海中沉睡、沉睡正酣时被人殴打却并没有察觉、醒了之后依然照样喝"这类禁止之事（箴言）。"饮酒者并非主上之为；寻求饮烈酒者非君子之为；他们喝了酒，忘记了律法和规矩，所有恼怒者皆曲解了惩罚；浓酒会令人毁灭；酒会让人疾苦"，这都体现了葡萄酒的两面性。

最后，在《雅歌》中还有欢乐的诗篇，舞台再转移到《新约全书》，"那位大人亲吻着我说，你的爱比葡萄酒更明快，你的爱与葡萄酒掺杂在一起，值得歌颂和赞美"，"你的肚脐如同灌注了葡萄酒的无敌圆环……你的乳房如同葡萄的果实一般，我登上椰枣树，想抓住它的枝头，你的乳房如同葡萄的果实，鼻息如同苹果的芳香，你所说的话，如同醇美的葡萄酒……"

现今的犹太人中依然饮用"柯歇尔"（kosher）的葡萄酒。"柯歇尔"原本是"端正""严肃认真"的意思，而"柯歇尔"是严格遵守拉比（律师）所定的严苛戒律而酿造出来的。从得到葡萄田到将酿造出的葡萄酒置入热水中，都要求手脏之人（不遵守犹太教的人）不得触碰，这着实十分烦琐。从其沿革上看，它是《旧约全书》时代的产物。

"柯歇尔"原本必须是出自以色列所产，但历经中世纪广泛扩大到欧洲（与犹太人的消费相关），它在逾越节和安息日饮用，便可视为对健康有益之物，即便是严格的拉比也会对这种葡萄酒区别对待。"柯歇尔"颜色有红有白，还有辛烈口感的，现在市面上贩卖的主要是甜口的红葡萄酒，在美国曾一度大为流行（大致相当于日本的"赤玉波尔图葡萄酒""蜂葡萄酒"），除了犹太人之外亦广泛受到喜爱。最近才因为原汁原味的葡萄酒风潮兴起，其影响渐渐减弱。但如今市面上贩卖的"柯歇尔"与旧约时代所喝的是否相同，尚且无法得知。

《新约全书》与葡萄酒

　　《新约全书》是《旧约全书》中亚伯拉罕之子大卫末裔玛利亚受圣灵怀胎而诞生耶稣的言行录。根据《圣经》，玛利亚是自亚伯拉罕以后的第三个十四代，即第四十二代后嗣。而它描绘的舞台自不待言已经到了公元元年前后。在这个时代，以色列人已经饮用葡萄酒了。但《圣经》描绘的葡萄酒以及采纳的方式，与《旧约全书》的旨趣有着相当大的区别。

　　虽然将其一语概括为《新约全书》，但其中内容却划分为多支，《马太福音》《马可福音》《路加福音》这三大福音书被视为正传中最为重要的内容。除此之外，还包括《约翰福音》《使徒行传》和《罗马书》为代表的二十一篇书信，各色内容可整理为两类，最后是具有特别意义的《约翰启示录》。而今所谓的基督教，就是以三大福音书为中心而形成的宗教。顺带一提的是，《约翰启示录》与新约其他内容完全异质，可以说是男子约翰个人的幻想记。中世纪的法国基督教正符合启示录所述的世界，这一点日本人尚未熟知。

　　论及与葡萄酒的关系，四大福音书中，出现葡萄与葡萄酒的词语达到了二十二处。《使徒行传》及各种书信中提到"酒"的地方仅有七处，但其中所指的并非葡萄酒，而是其他种类的酒。但在《启示录》中，却达到了十二处。

它所提到的词汇虽然相比《旧约全书》更少，但其重要性却是后者无法比拟的。葡萄酒成为其教义中占有重要地位之物。《新约全书》中将葡萄酒置于最为感动、最重要地位的，当属最后的晚餐中耶稣教诲的环节。除此之外具有象征性的场面还有两处。

其中有名的就是《迦拿的婚宴》。幼年时代就被视为聪颖过人的孩童耶稣突然消失，而他大概到了连接耶路撒冷与希伯伦之间的深谷以东的荒凉山地，在那流浪修行。根据《马太福音》，"圣灵将他引导到荒野，并历经了四十日四十夜的绝食"。数年后，耶稣的身影突然出现在约旦河畔，毛织的衣服遮盖住经受了阳光灼晒的身体，腰间仅系上皮带。在耶稣诞生之前，受洗者约翰发出预言："总有一日救世主将诞生在远古约定之地与引导民众的约书亚之地。"这也成为被罗马统治且失去希望的犹太庶民们所憧憬的梦想。

然而，突然出现的耶稣发言称：古犹太教律法过于烦琐严苛，而律法学者和祭司的意图也发生冲突，他这番发言引发了其中的矛盾。当然也有人因此而动摇。尽管如此，约翰、安德鲁、西蒙（而后的彼得）、菲利普等人成为耶稣弟子，与耶稣相伴开始了布道活动。

他偶尔进入迦拿的街道时，发现人们代代都在老宅家屋中举行婚礼。耶稣的母亲玛利亚被安排帮助这些人，耶稣也顺便加入到帮助这些婚礼的活动之中。圣母小声对耶稣说："酒水已经不足了。"此时，耶稣经过马厩，此地放着八个石头做的水瓮（该水瓮模型而今馆藏于卢浮宫美术馆），可以容纳大约 20 升用于净化仪式的水。耶稣叫上杂役长，命令他"将水注满这些瓮"。杂役长急忙应对，认为耶稣的命令不可思议，故对此草率处理。耶稣进一步令他"接下来，将水瓮中的水打上来并端给主厨吧"。

宴会有负责提供酒水的主厨，但他并不明白这其中的来龙去脉，稍微试尝了一口，发现这是该地十分难以入手的丰润之酒，于是就叫来了他的女婿。"果然是好东西啊，大多家里一开始都是上美酒，而随着大家喝醉后，酒水的品质就下降了，此时这家又上了更好的美酒……真是十分卓越的款待。"这自然令杂役们瞠目结舌，也让见证了来龙去脉的约翰感到惊讶……基督而后在加利利湖畔的山丘召集了为听闻他教诲而聚集起来的五千信徒，他将五个面包分发给大家并令他们吃饱，还疗愈了各种病症，复活了死者，各地出现了许多奇迹。正是在迦拿的婚宴上，耶稣初次展现了超能力。

如此奇迹的故事到底可信与否可以先放置一边，这种奇迹故事确实给我们提供了一些信息。当时的以色列婚礼的确用葡萄酒来款待宾客，而且存在良酒和劣酒。而基督不仅参加男女婚礼以及为庆贺他们结婚而准备的宴会，而且还在宴会上用葡萄酒予以祝福。从中可以看到，耶稣并未对这些人们的如此行为感到厌烦，反而采取了积极的态度。

另一个场面便是发生在各各他山，被绑在十字架上的基督最后殉难的时刻。炽热天气下暴晒的耶稣，因为苦难而失去了意识时，突然发出"以利！以利！拉马撒巴各大尼"的喊声。这也是《旧约全书》诗篇第二十二篇开头的内容，"我的神！我的神！为什么离弃我"。当时，耶稣旁边的某人（根据福音书的不同，所指代的人也有所区别）拾起滚落的、而今被视为耶稣王杖的芦苇棒，这人将海绵置于棒子一头，用它浸上十分酸涩的葡萄酒令耶稣饮下。这也是《旧约全书》诗篇第六十九章中"当我可怜之时令我饮醋"的复刻。

经历这些之后，耶稣发出"所有的都已完结"（《约翰福音》）、"父啊，我把我的灵魂交在你手里"（《路加福音》）、"请成就我"（犬养道子译）的慨叹，终止了呼吸。描述这一可谓壮烈绝伦场面的名画有很多，而在海顿的弦乐四重奏曲《十字架上耶稣的临终七言》节奏中，即便是表现耶稣"干渴"，也显得庄严肃穆。而到了耶稣的最后时刻，葡萄酒到底是否取代水成为其饮下之物，为何十字架附近放置了方便注入葡萄酒的容器（《约翰福音》），如果还纠结于这类问题的话，说明这属于不信者的邪念。总之，在耶稣展现最初的奇迹和其生命最后时刻都出现了葡萄酒，这包含了某种暗示。

暂且将以上故事放在一边，对于信仰基督教的信徒而言，与葡萄酒关系最为重要的当属《最后的晚餐》。在晚餐座席上的耶稣取出面包，祷告祝福之后将其分给弟子并对他们说："拿去吧，这就是我的肉体。"他还取出酒杯分出酒感谢他们说："这是为了罪行得到宽恕，为了多数人而流的我身上的契约之血"（《马太福音》）；"这杯是用我血所立的新约，是为你们流出来的"（《路加福音》）。

这些言论所表现出的语气虽然有所区别，但都出自《马太》《马可》和《路加》三大福音书（《约翰福音》并未提及）。它们都未提到耶稣所饮下的就是葡萄酒。而接续这些言论之后，耶稣说道："我绝不会喝下葡萄果实酿造之物，直到我与尔等在父的国度里一起喝新酒的那一天"，从前后关联来看，人们都认为这无疑就是葡萄酒。

耶稣如此的言论，对基督教徒而言自然十分重要。饮下葡萄酒就意味着饮下耶稣之血，也意味着接受耶稣所定"新的律法"和"新的契约"（所以称之为《新约全书》）。也就是说，这意味着"皈依"。通过饮下葡萄酒来判断是否皈依基督这个重要的决定，实际上是具有宗教性的仪式。

因此，后来天主教确立教义时，就有啃食带有神圣意义的面包、饮下葡萄酒的仪式，这对基督教而言，已成为具有象征性的重要仪式。随着基督教普及至欧洲，葡萄酒也成了贯穿全欧洲之物。虽然属于空想性的假设，但如果没有耶稣之言，葡萄酒大概就不会像如今这样成为欧洲文明割舍不断之物了，或许葡萄酒也不会成为世界范围的通行之物了。只要从伊斯兰教的角度来考虑，就可以知道耶稣这番话语的作用。

对于并非基督教徒的我们而言，还是心生若干疑问的。为什么如此重要的媒介不是其他之物，而必须是葡萄酒呢？耶稣为何将葡萄酒类比为他的血呢？这应该不会是因为偶尔提供在食桌上的红葡萄酒的颜色好似血液那般简单。顺带一提的是，虽然《圣经》中并未提及，但在大多数绘画中，圣餐上的葡萄酒往往是红色的。

虽属意外，但萨尔瓦多·达利的创作的确是让人们对红葡萄酒留下最深刻印象的绘画。怎么也想不到超现实主义鼻祖的达利居然是虔诚的基督徒。华盛顿国民美术馆所展出的达利的《最后的晚餐》，在通过画作透彻人心方面还胜过了达·芬奇的《最后的晚餐》。画作整体处于白色占据主导的巨大构图下，耶稣与十二使徒的像则是仅仅用黑线描绘出来。只有处在正中央的是鲜红色的葡萄酒，它泛着光辉。达利想要描绘圣餐上的红葡萄酒，难道正是该幅巨大绘画试图体现之物吗？红葡萄酒也会引起人产生它具有神秘性魔力的联想，达利如此的灵感大概是想让人在基督教与葡萄酒之间建立起紧密的联系。

　　基督教为了让教义通俗易懂为大众所接受 —— 与律法方面十分晦涩难懂的犹太教限于祭司和学士形成对比 —— 时常运用"比如"。仔细阅读数量如此多的比喻，会发现它们并非只具有单一指向性。例如，选取"骆驼通过针孔都比富者进入上帝的国度更容易""凯撒的事情归凯撒管""动用刀剑者必死于剑下"等比喻来看，这些都充满了当时人们对于生活的锐利观测、深刻洞察、预判以及针对偏见而表达出抵抗的智慧。如果仅仅是一时兴起而想到的话，葡萄酒必然不会作为引证的例子。

　　通读《新约全书》全篇会发现，葡萄酒的比喻具有一条线索，这从耶稣基督的言论中就可以找到。

　　从有名的"谁都无法用旧皮囊装上新酒"开始，陆续出现了"谁都无法因为喝了老酒而想喝新酒"，"圣徒约翰称不食面包、不饮葡萄酒者必为恶灵所寄居"这类的比喻。通过阅读之前所述的迦拿婚宴，也可以得知虽然当时喝的葡萄酒极为普通，但是其中也有醇熟的良酒，而这些是在结婚庆祝仪式的场合所饮之物。而从"在伤口上绑上涂了橄榄油和葡萄酒的绷带"的传说来看，可以得知撒玛利亚人会将葡萄酒当作消毒药来治疗伤者。而"但愿你们不要像那日的我们那样被放纵和烂醉所捕获"的教诲，自不待言是告诫即便是喝葡萄酒也不得暴饮暴食。

　　不仅是葡萄酒，《新约全书》谈及葡萄之处也有不少。从葡萄园和农民这类的比喻中可以得知，当时已经有需要雇人栽种葡萄的巨大规模葡萄园。面包与橄榄、无花果和葡萄这类的故事时常出现，体现了这些日常之物与庶民之间的亲切感。

　　然而，相比这些，《约翰福音》第十五章出现的葡萄酒比喻则有更重的分量，"我是真葡萄树，我父是栽培的人；凡属我不结果子的枝子，他就剪去；凡结果子的，他就修理干净，使枝子结果子更多……我是葡萄树，你们是枝子"。这些无疑都是涉及基督教教义、信仰和使徒责任的言说，若不是基督教与葡萄树有着重要关联，就不可能使用葡萄树来做如此重大的比喻。

还有并非与基督教直接关联的语句，"致蒂莫西的第一封信"中所体现的，则有"不大肆豪饮，不贪婪小利"，"清廉守自身，从现在起，不专独喝水，为了自己的胃，为了缓和时而发作的痛楚，就去饮葡萄酒吧"，读到这些之后心中顿感释然和喜悦安乐。

在《新约全书》中，完全没有提及王宫里的豪奢餐品和饮品。从而今的遗迹中可以看出当时希律王宫殿的豪华气派，大概他在位时宴会上也饮用奢华的葡萄酒（通过各种调查发现，希律王宫殿绚烂豪华，充满了骄奢淫逸的氛围，在饮食生活方面也并非洗练简约）。然而，耶稣基督则谈到夸饰浮华的所罗门为山野上绽放的山百合的美所倾心，这如同当头棒喝一般，表达了对俗世奢华的厌倦。被引见到希律王面前时，他也对夸饰权势的王采取了无视态度。一言以蔽之，基督教着眼于贫穷庶民的生活。因此，《新约全书》并没有关于王宫葡萄酒的记载。

对比《旧约全书》和《新约全书》二者便可理解，《旧约全书》将人性视为本来邪恶，须通过严守律法而获救；而《新约全书》则认为人的各种原罪都因上帝儿子救世主耶稣之死而获得救赎，只要严守他的教义便可获救（虽然犹太人中浸透了希腊主义思想，《旧约全书》的解释也发生了巨大变化，但大多数犹太人并没有接受《新约全书》的观念）。

与这种观念变化相对应，以色列地区对葡萄酒的态度，也从之前将其视为敌对、邪恶和羡妒之物，转化为极为平常但绝不粗陋，只要不暴饮便可成为人们生活中的重要之物，可以说人们接受它的方式发生了变化。它并非像在埃及那样成为王公贵族的独占之物，也没有像在希腊那样成为卓越的艺术品，而是变成了庶民性的日常、普遍饮品。

从耶稣基督所言"葡萄酒即为我血"的教诲，也可窥见一种时代性的智慧。庶民饮食以面包为主，在那个时代还加上了羊肉。虽然餐桌上也有无花果、洋葱、牛奶和橄榄油等，但整体上明显体现出蔬菜不足。而由于处在干燥地带，饮用水水质相关的诸多方面也并非优良。在如此饮食环境下，葡萄酒自然就成为健康的饮品。尤其是它起到了补充维生素 C 的作用。基督教虽然并没有现代营养学方面的考量，但大概也从本能性的角度察知葡萄酒对人健康所带来的好处。

以色列诞生的基督教而后在罗马帝国中得到发展，最终成为世界性的普及宗教，而它的布教也常伴随着葡萄酒。罗马帝国从希腊输入希腊化思想同时，也输入了它的葡萄酒。而罗马也将以基督教为象征的希伯来思想与孕育希腊文明的希腊思想结合起来，以混杂的形式并存发展下来。两种思想培育下的葡萄酒文化在罗马帝国中占据了世界性产物的地位。至此，我们将葡萄酒的舞台转移到罗马吧。

第五章　葡萄酒的希腊化与希伯来化

葡萄酒文化的熔炉：罗马

波兰作家显克维奇撰写了小说《君往何处》(也译作《你往何处去》)。在该小说中，反复忍受暴君尼禄迫害的使徒彼得想暂时逃离罗马避难，他临近阿庇亚街道时，耶稣基督显现于眼前。感到震惊的彼得追寻问"主啊，你将去往何处"，耶稣回答"你舍弃了我的子民，我将去往罗马，再度背负起十字架"。听到此言后，彼得返回罗马而最终殉教，《君往何处》也正因为以上描述罗马天主教诞生的传说而得名。

小说主题是罗马青年贵族维尼修斯与蛮族女王利吉亚之间的纯爱故事，它曾经三度被搬上黑白和彩色电影荧幕，观众想必也很具规模。相传大正时代的思想家木村毅从欧洲返回时，除了这一册书之外没有带任何文学类书籍和小说。被视为不读恋爱小说的虔诚基督教徒木村，为何被这本书所吸引呢？

实际上，该小说生动地描绘了享乐于现实奢华生活中的贵族维尼修斯因对生于清贫却笃信基督教的利吉亚心生爱意，而产生心灵的羁绊，最终皈依基督教。从这个意义上，该书将构成欧洲思想基底的希腊文化与源自犹太的希伯来文化之间的差异，以及它们之间的对立，以通俗易懂且鲜明具体的方式表现出来，体现出它们拥有的特殊地位。

《君往何处》中也涉及葡萄酒的内容，古代罗马的葡萄酒文化出现了以上两种思想背景的相互合流、冲突和影响，最后固定下来。然而，在混溶的异质文化合流过程中，以上两大板块反而各自对立并性格鲜明地发展下来，形成了"贵族葡萄酒"和"庶民葡萄酒"。罗马社会因日耳曼民族的大迁徙而崩溃，贵族葡萄酒的身影消失，直到近世文艺复兴时代才再度复苏展现出来。而庶民葡萄酒则与基督教布教一同，扩大到整个欧洲。

早期罗马的反葡萄酒派

虽然有后期时代的罗马人沉溺于葡萄酒这样的故事，但早期罗马人无论如何也属于反葡萄酒派。如同罗马诞生故事中母狼用乳汁抚育了"罗慕路斯和雷慕斯"的传说所象征的那样，罗马是牛奶催生的国度。意大利北部的伊特鲁里亚人虽然很早就享受到葡萄酒带来的乐趣，但早期罗马市民过着规矩的生活，对于严肃好战的民族而言，葡萄酒是诱发走向堕落的象征。

早期罗马尤其对女性饮葡萄酒有着严格的禁令。有名的罗马历史学家普利里乌斯在其《博物志》中特别强调，发现妻子喝了葡萄酒，丈夫可以将妻子杀死。他在书中还写到，流传着一种男子亲族中为了确认女人有没有喝酒而与她们亲吻的习俗。葡萄酒研究者休·约翰逊嘲讽地指出，实际上多数丈夫不可能这样做。总之，该禁令正式废止是到了撰写《自省录》的哲人皇帝奥勒留之子康茂德执政时期，进入公元 186 年了。

然而，凭借这也并不能认为直到禁令废止后女性才尝到葡萄酒。

当时，允许女性喝的是用干葡萄为原料制成的轻度酒精饮料帕兹姆（passum）①，她们能喝下这种饮品大概也会愿意接受葡萄酒。而通过留存的史料发现，直到公元前194年还有以饮酒为理由而认可丈夫与妻子离婚的案例。

希腊狄俄尼索斯祭典中女性奔放豪迈气质也借势传入罗马，当时的罗马男子大概也为此感到惊惧（希腊的狄俄尼索斯祭典当初被伊特鲁里亚人称为弗伦兹，罗马人称为莉迪亚，最终被统一称为巴克科斯②）。巴克科斯祭典中的秘密仪式——巴克查尼利亚酒神节在遭到大镇压事件之前曾一度被禁止和压制。到凯撒执政时才解除巴克查尼利亚酒神节禁令，从这一时期开始，巴克科斯就变身为救世主和司职死后生命的女神了。

意大利还发掘出公元前600年北部伊特鲁里亚人使用的早期双耳细瓶，而南部的双耳细瓶则出现在西西里岛和作为意大利版图中爪子最尖端岛屿、被称为马格娜·格雷沙的希腊领地（物理学上有过大发现的阿基米德就出生在西西里岛的锡拉库萨，在锡拉库萨被罗马士兵所杀）。在马格娜·格雷沙，希腊人用柱子栽培葡萄酒，这种柱子被称为葡萄架（在希腊本土，葡萄是攀在其他果树之间培植的，由于它匍匐着地生长，在罗马便使用柱子，使得葡萄得到培育并集约化生产）。

虽然早期的罗马人的南北民族也喝葡萄酒，但中央地区的罗马人

---

① 帕兹姆是一种干葡萄酒（半干葡萄酿制的酒），显然是在古代迦太基开发并从那里传播到意大利，在罗马帝国流行。

② 巴克科斯（Bacchus）（拉丁语：Bacchus），是罗马神话中的酒神和植物神，相当于希腊神话中的狄俄尼索斯（拉丁语：Dionysos）。

却视而不见，强忍着对葡萄酒的钟爱。罗马人改变对葡萄酒的态度要到围绕确立地中海霸权，与迦太基帝国进行三次漫长布匿战争时期，其后，罗马又相继赢得对希腊北部马其顿人和叙利亚人战争的胜利，在这个过程中，葡萄酒在罗马的境遇发生了变化。到了公元前 200 年，罗马人才完全尝到葡萄酒的味道。

葡萄酒贸易与葡萄酒产业的兴隆

罗马完成向巨大帝国转型之后，经济发生了变化。在产业方面，它们倾向于进口贸易和农业。随着领土的扩大，罗马人将占领地的产物作为战利品带回，到了罗马帝国确立统治地位时，作为贡品和进口商品的大批量葡萄酒涌入罗马。转换土地支配形态之后，贵族和大商人拥有大片领地，与之前零散农户的原始性、朴素的耕作方式不同，变成了大规模农业经营。农业成为大型产业后，农作物产品中葡萄酒的利润显现出来，引起了罗马人的注意。总之，罗马城市本身就是巨大的消费地，到了公元一二世纪后，都城罗马的人口上涨到一百二十万人。

当然，在这个过程中，诞生了"生产、流通"的中心。在古代罗马担任这项任务并因此繁荣起来的城市便是庞贝古城。公元 79 年维苏威火山喷发，庞贝古城的街区被摧毁，而今发掘出它的废墟，像活化石一般吸引了观光客。庞贝古城作为温暖的港口都市而得到地利优势，原本还作为军港而繁荣过。在这个过程中，它不仅成为具有强竞争力的本地酒集装船集散地，还是从罗马帝国各殖民地尤其是西班牙东部及南部殖民地输入有名葡萄酒的进口港，所有的葡萄酒都向大量生产且消费的罗马城输出。直到近世，法国的波尔多才成为与之匹敌的大型葡萄酒都市。

庞贝遗址发掘的三十一处宅地中，有二十九处都是葡萄酒生产者的住所，其繁荣程度可见一斑。庞贝的周围是葡萄园，地下贮藏库中贮藏了大量正醇熟的葡萄酒。这里所贮藏的葡萄酒是而今波尔多的"沙托"（château）。庞贝城因为火山喷发遭到毁灭，使得大量运往罗马的葡萄酒供给源被一举中断，令罗马倍感难堪。为了解决该难题，多数人集中起来废掉罗马近郊的谷物田开始种植葡萄，引发了生产和流通的混乱与大变革。

为了满足商业性葡萄酒的生产，人们的目光聚焦于葡萄的生产形态尤其是生产技术上。虽然迦太基人玛哥撰写了农业书，但闻名于罗马的还属老加图所著的《农业志》。曾是农民出身，作为军人的反希腊派政治家，由于撰写了《罗马史》而名垂于世的马尔库斯·波尔基乌斯·加图（通称老加图，其曾孙是反凯撒派的小加图）也是文人。他于公元前160年所著的《农业志》是现存拉丁语中最早的文学性散文，该书也是当时商业性葡萄酒生产由原始、粗放式栽培转向集约型量产的指导书。

《农业志》内容上关于农业经营方面诚然详细，而涉及葡萄酒领域，管理人的妻子通常必须备齐好几种类型（到底是怎样的尚且无法得知）。从葡萄酒贮藏处标出"在浓缩葡萄汁中浸泡酿造七灶花楸、无花果、干葡萄、榅桲和葡萄酒所榨取的渣滓，将葡萄装入瓮中埋入地下"等文字可以看出，葡萄本身被视为是重要的直接食用物。

《农业志》在酿造葡萄酒方面，不仅记载了葡萄的栽培方法，而且还谈及榨取之后的葡萄渣可以作为耕牛的饲料，指出葡萄颜色开始发生变化时施加药剂则可令其恢复元气（所施加的药剂是蜕皮蛇壳粉、斯佩耳特小麦粉、百里香粉、盐末和葡萄酒混合在一起的涂抹物）。在葡萄园工作的奴隶们的待遇也值得人关注，待遇的规定细致到他们所吃的面包和粥。

《农业志》指出从深耕开始就须增加面包食量，还指定了每月酿造葡萄酒的数量（根据月份和作业量而变化，一人平均每年大概酿造生产七到十个双耳细瓶）、质地（收获期之后使用两度榨汁的葡萄酒）等，实在细致入微。实现大规模生产开始之后，形成了与各家农户朴素、原始的葡萄农业栽培场合不同的葡萄酒，确立了为实现葡萄栽培而雇用大量劳动奴隶的生产形态，生产方式发生了结构性变化。以奴隶为中心的罗马帝国从后期开始至末期，由于奴隶的效率降低，导致产业衰颓，这也牵连到罗马贵族社会的崩溃，而与之相应的是，罗马帝国转向使用效率或收益率高的农户或农奴。如此量产的葡萄酒多数都滋润了市民（包括庶民）的喉咙，伴随着对栽培、酿造技术的关注及发展，虽然数量稀缺但却为贵族享用的优质葡萄酒，逐渐被生产酿造出来。

野蛮好战的罗马人在形成大帝国、实现了经济繁荣和生活富裕之后，想要在文化上有所建树。罗马人模仿并贪婪吸收的正是希腊文明。而与重视理想化的希腊知识分子不同，秉承现实主义追求实利的罗马人，将希腊文明脱胎换骨，变成囊中之物。虽然希腊诸神转成了带有罗马名称的各神，但是罗马人的宗教心并不牢靠，因此并没有解决精神上的烦恼。罗马的多数神灵不过是保障现世利益的守护者而已。希腊的酒神狄俄尼索斯就被变名为巴克科斯，丧失了神秘性的性格而化身为陶醉于爱的神明。

贵族的葡萄酒

王公贵族和新兴的商人们达到富裕后，往往夸饰自己的豪华与奢侈，过着竞相攀比现世享乐的生活。葡萄酒自然也成为这些富裕阶层追求的对象。《特里马乔的宴会》当属描绘这种罗马上流阶级的生活、餐饮及葡萄酒的象征性宴会的古典文学作品。这是《君往何处》中第二主人公、审判官佩特洛尼乌斯所写的讽刺小说《萨蒂里孔》的其中一部。由于《特里马乔的宴会》在文学上闻名于世，在描述奢华样态时常被拿来举例，而它还只不过是罗马上流社会的一个例子。在《特里马乔的宴会》之前，记载罗马贵族飨宴生活的还有贺拉斯所著《歌集》，它描绘了保持节制又享受营造了奢侈美食和幽默俏皮对话环境的贵族生活。

而举出美食方面优良例子的还有卢库勒斯·伊壁鸠鲁。公元前66年举行豪华凯旋仪式（召集市民大集会进行了招待），而后隐退过着与政治无缘生活的名将伊壁鸠鲁被视为将樱桃引入意大利之人，他不仅过着穷奢极欲的优雅生活，还把自己宅邸作为学者和艺术家汇集的场所，不仅交流深奥的希腊哲学议题，同时也埋头于研究烹饪术。其《食桌欢谈集》中展现出这些美食样态，普鲁塔克的《名人传》中也记载了卢库鲁斯的博学与美食样态。因此，在欧洲称"卢库鲁斯一样"指的就是过着奢华日子。

亚力克·沃在撰写现代葡萄酒名著《论酒》（原题为《葡萄酒颂》）时，将篇末的篇章以"1958年的卢库鲁斯"为题节选描述出饮用葡萄酒的饷宴情景，也是基于以上奢华的缘故。连日本餐厅都要用他名字命名的阿比鸠斯，在食桌上曾花费数百万塞斯特帖姆

（sestertius，古代罗马的货币单位），结果导致他因为借债而自杀，对他的评价也并不高。

　　罗马历史所夸饰的克里奥帕特拉与两位英雄之间的故事里，也没缺少葡萄酒的内容。一开始就计划用美人计令凯撒迷失的女王，初次见面时就在华丽的宫殿里开办了极为欢乐的饷宴。所有美食全都盛放在黄金餐具上，灌注到镶嵌有宝石的大杯中的并不是埃及产葡萄酿造的酒，而是高贵的法伦葡萄酒[①]。它虽然名为"法伦"，但是当时却贮藏在古代埃塞俄比亚的麦罗埃，它是需要经过两三年时间的发酵，矫正改变原本的顽固特性，达到醇熟状态。

　　凯撒遭到暗杀之后，罗马进入屋大维和安东尼争霸的时代，克里奥帕特拉采取了怀柔安东尼的计划，她同样使用了色诱这一武器，同时也没有忘掉衬托色诱的大饷宴。女王的船只装饰得非常豪华气派，当时甚至有传说向四面八方散播，称阿弗洛狄忒（维纳斯）为了亚细亚（中近东）的幸福而到达了酒神狄俄尼索斯之处，与之和睦相处而巡访至罗马。女王为招待安东尼和他友人所开设的宴会，比起招待凯撒时更为高级。在宴会上，女王的床都用蔷薇铺盖起来，人们一直畅饮至黎明，使用的豪华酒杯都作为赠予参加者的礼物，但令人遗憾的是，并没有记录下当时到底喝的是怎样的葡萄酒。

　　实际上，与其说罗马人将在文学、美术和音乐等领域突出的希腊

-----

① 法伦葡萄酒是罗马最著名的白葡萄酒，原产自拉齐奥（Latium）与坎帕尼亚（Campania）之间，采用艾格尼科（Aglianico）白葡萄品种（也有说是 Greco 格来克葡萄）酿造的。这种酒使用晚采收加短暂冷冻或霜冻的方式采收来风味浓郁的葡萄，并会在陶土罐中陈酿 15—20 年之久。最终得到的酒液颜色呈琥珀至深棕色，酒精度在 15%—40% ABV。当时，将一份葡萄酒兑入 4—5 份水，才是喝酒的正确方式。

文化作为榜样，不如说罗马的上流阶级更沉迷于希腊文化。柏拉图在希腊所作大著《理想国》中就撰写了"饮酒论"，亚里士多德在希腊诸城邦旅行时还详细记述了旅途中的食物（尤其是鱼类和葡萄酒，包括西班牙、马赛、西西里、意大利、希腊诸岛屿甚至是腓尼基地区的葡萄酒）。暂且将葡萄酒放置一边，当时对食物烹饪方法的讲究程度是令人不可思议的。公元前 4 世纪后半叶西西里岛的阿切斯特拉图撰写了大型叙事诗《美食术》，成为美食学的鼻祖。尤其值得注意的是，希腊是将餐饮与葡萄酒分开的，而阿切斯特拉图则成为提倡边进餐边饮酒这种饮食文化大变革的功臣（巴黎就有以他命名的知名餐厅，阿切斯特拉图对希腊来兹波斯岛的葡萄酒盛赞不已）。

到了公元二三世纪，阿忒纳乌斯撰写了他的名作《餐桌上的健谈者》（其中仅鱼的名字就有五十种）。这种美食烹饪术自然为罗马人所继承。具有追求安逸享乐志向的贵族与庶民们不同，前者无疑创造了华丽多彩的美食烹饪术。而像加图那样，虽然是贵族却安乐于平稳的田园生活、过着清贫的饮食生活的人也并非没有。

贵族们创造如此奢华美食的同时，在与之相应的葡萄酒方面，也用心追逐高品质的酿造方法，标榜豪华的葡萄酒开始出现。在《特里马乔的宴会》里，从奴隶之身解放出来并得以晋升的特里马乔，媚俗地接二连三地烹饪出各种奢华的珍奇美食。

在特里马乔所做出的美食中，出现了被精致封存在玻璃制大瓮里的美酒，在大瓮的罐首贴着写有"法伦美酒，卢修斯·欧皮南铭柄，百岁"的标签（欧皮南在公元前 121 年成为罗马执政官，这一年也正值葡萄世纪之年，因此就和他的名字关联起来命名，而盛装该酒的容器并非通常所使用的双耳细瓶陶器，它到底是否是玻璃制容器尚且存

在疑问，有专家对标签上所写存放百年以上的酒是否处于良好状态也
持有疑问）。

　　由于《特里马乔的宴会》十分有名，后世文学家都把法伦葡萄
酒视为古代意大利最豪华的葡萄酒并加以描述，但实际上当时的优质
之物并非只有法伦葡萄酒。罗马贵族所喝的名酒也不是只有法伦，还
有千里迢迢从希腊科斯岛及罗德岛运过来的高级葡萄酒。随着意大利
南部大葡萄园的拓展，从特定的葡萄园摘取酿造的极奢品种就作为名
酿而被特别对待加以量产。知名的博物学者普利尼乌斯言及意大利各
地的杰出优质葡萄酒，包括最南端的卡拉布里亚，它在古希腊时代曾
是希腊的殖民城邦，还进一步扩展到利古里亚、安布利亚、艾米利
亚、维罗纳等地。其中人气最高的，当属罗马与索伦托之间地区所产
之酒（诞生出如今基安蒂干红的意大利名酿之地托斯卡纳，当时尚属
于森林，故《特里马乔的宴会》并没有提及）。被认为是最豪奢的品
类，大概就是用称之为阿米勒慕的希腊品种葡萄所酿造之物。热爱葡
萄酒、充满热爱并歌颂它的贺拉斯诗歌中，继法伦之后，相继涌现出
马西库斯、塞提亚、加莱斯、卡古本（caecubum）、阿尔巴之丘（历
经九年的陈年酿造之物）等名字（与威伊和萨比纳等廉价酒区分开
来），但是却无法清晰得知它们到底是怎样的葡萄酒。

　　直到罗马帝国晚期，被视为优质品类的皆为白葡萄酒，并且它们
都属于甘甜口味，可见浓烈并极为甘甜之物在当时得到重视。由于自
然的酿造方法并不能造出如此浓烈的甘甜口味，罗马人便使用了蜂蜜
让它变甜（将它放入冰冷的清水中贮藏，饮用时覆盖上一层薄雪）。
我们往往用如今的眼光去思考事物而造成误解，认为直到近世，才出
现高级的甘甜品类的白葡萄酒；在砂糖普及之前，欧洲的甘甜饮品中

就有蜂蜜加持的白葡萄酒。

当时的罗马也并非没有品质上等的红酒。在贺拉斯的《讽刺诗集》中，乐于美食之道的男子卡蒂乌斯认为浓烈的马西库斯红酒有必要放置于户外一晚上，在潮湿夜晚的寒冷空气下冷却。这种红酒到底具有怎样的味道，也无法得知。卡蒂乌斯认为让低酒精度的葡萄酒沉淀可以消除其苦味，另外，他还谈到可以通过加入其他葡萄酒和鸟蛋的方式来降低其苦涩程度。但这些到底具有多大的可信度也并不太清楚。总之，此时的葡萄酒似乎与如今我们印象中的葡萄酒并非一物。

庶民的葡萄酒

与上流社会希腊化追求享乐型的葡萄酒不同，在罗马还有属于庶民的葡萄酒。罗马初期依然以农耕作为其经济生产的主力，庶民的生活、饮食也处于朴素状态，当时也并没有普遍的庶民饮品。自中期至后期，罗马帝国强大后拥有了许多附属国，支配统治殖民地，当时世界各地的文物、食品以及它们的材料等，都输入到罗马城。

受此影响，罗马市民的餐桌也变得丰盛起来。《古代罗马的饷宴》详细介绍了罗马繁荣时代的市民饮食生活。擅长神秘推理的知名作家于贝尔·蒙泰耶（Hubert Monteilhet）在他的著作《内罗波利斯》中令人惊异地详细撰写了罗马庶民的饮食。

本书以葡萄酒为主题，不对上述著作进行详述，而从它们反映的具有特征性的方面来看：首先，罗马庶民的主食是大麦粥或用大麦制成的质地松软的蛋糕（这种大麦制成的食品后来被玉米粉制品取代，成为波伦塔①），而后小麦制成的面包逐渐占据了优势。到罗马帝国后期，市民已经在自己家中烤制面包，还出现了专门的面包店，面包（包括点心式面包）的多样性令人感到惊讶。

有趣的是，像通心粉（macaroni）、意大利细面（Spaghetti）这样的意式面食（Pasta）当时还没有出现。不过，各种豆类（大豆和兵豆）占据了主要地位。大概是因为它们便于保存和搬运，营养价值高且十分美味，受到罗马人的青睐（凯撒的军队就以常食豆子而闻名）。在主食中，有肉类（牛、仔牛、羊、猪、家禽）、多种鱼类（包括海产品和腌制食品）、各类蔬菜（尤其是洋葱、大蒜、卷心菜）、水果（尤其是无花果），它们都加上奶酪。调味料也各种各样，它们都属于罗马人所喜好的加尔姆鱼酱（Garum 鱼酱，它的次等品是穆利亚鱼酱，类似于日本酱油），除此之外还有橄榄油。

随着以上饮食生活的变化，葡萄酒成为市民、庶民的日常饮品。与贵族所饮不同，庶民喝的必然都是廉价之物，它们并不珍奇稀有、洗练华丽，而是素朴简单、朴实无华。在罗马帝国国力与经济发展过程中，葡萄酒这种饮料的接受方式呈现出了现世物质享乐和精神愉悦两个方面。

关于前者最直接的证据是庞贝遗迹。在这一废墟的街道上还遗留了近百座酒馆和酒食铺（兼具居酒屋和小卖店的功能）。在公共浴场

---

① 波伦塔一般指用玉米淀粉煮制而成的糊状食物。在意大利，有种以波伦塔为主要原料的甜点，叫波伦塔蛋糕（Polenta cake）。这是一款传统的意式蛋糕，源自古老的西西里。顾名思义，这款蛋糕是用玉米面制成的。西西里除了盛产马萨拉酒和橄榄油，玉米、小麦的产量也很可观。Polenta cake 就成了最经典的传统甜点之一。这款蛋糕重油，口感扎实，与常见的戚风蛋糕差别很大，因此热食更好；放凉了食用口感较腻，适合搭配咖啡或者酸奶。

周边，还有八座酒庄，沿路都有大理石制的箱状柜台，大瓮仅只有瓮口显露于表，其瓮身皆内藏于台内（柜台内部是中空的，可注水以冷藏葡萄酒），墙壁之间的陈列放置了双耳细瓶，还发现了在墙上写出葡萄酒价格的酒店。

葡萄酒也有着上、中、下的价格差别，人们在沐浴放松之后到店里休憩，有的人喝着玻璃杯装的葡萄酒与同伙们打成一片，有的葡萄酒商人趁此机会做着买卖，这种光景仿佛就在眼前。喝葡萄酒让人变得阳光，数千年前在南意大利明媚阳光照射下享受着充满活力的闲暇生活的罗马人，与如今意大利餐厅里那些熙熙攘攘的意大利人并无二致。

与这种具有阳光面的葡萄酒生活不同，还有另一种表现阴郁踌躇的葡萄酒喝法。基督教徒就采用了后一种喝酒方式。到4世纪康斯坦丁大帝承认其合法地位之前，基督教的布教都遭到禁止和镇压。即便如此，还不断有静悄悄、不公开的信徒。虽然享受着夸饰荣华但时常受精神不安威胁、已经厌倦空虚心灵生活的人们，被基督教所吸引。《君往何处》生动地描绘了夜晚信徒悄悄集会的状况，如今的罗马市地下还留存着当时的地下墓所，而这也是基督教徒秘密集会的绝佳之地。

达·芬奇的绘画《最后的晚餐》十分著名，明显能看出它的原型是而今留存于罗马地下墓场的壁画。原画描绘了七位男女坐在放置了葡萄酒、面包和鱼的餐桌上，其中一人正在分面包。其他餐桌上也描绘了相同的情形，要求以"爱"与"和平"命名的使者拿出葡萄酒。宣讲教义的集会结束后，教徒们加以祈祷，而后带上面包和水，向主说出表达感谢的言语，这种形式逐渐被仪式化。原本犹太教的意识，也为基督教所摄取，尤其在《最后的晚餐》中"面包是吾之肉，葡萄酒是吾之血"的话语，也作为象征被仪式化。

　　据说如今基督教所重视的弥撒也是这样形成的，13 世纪的圣贤托马斯·阿奎那对此进行了清晰地概述。"举行圣餐仪式必须用到葡萄酒。该仪式选择了葡萄酒被视为是奉耶稣基督之意……而葡萄酒作为该仪式之物，也起到了示范效果。如我所言，此灵为喜悦之灵。因为有书称葡萄酒是体现人类心中喜悦之物。"（《葡萄酒物语》）

　　这种饮酒方式与希腊化的思想有别，被认为是以希伯来思想为基调的，它与享乐型的饮葡萄酒方式不同，被视为是神圣的饮酒方式。葡萄酒被看作神秘之物 —— 但并非令人感到可怕的魔性之物 —— 没有令人亢奋，而是在静谧的氛围中，作为神为了让人类生命与心灵健全而赐予的饮品，是需要怀着谦虚的心和态度来饮用的。

　　而上述饮酒方式就从葡萄酒本身所具有的两个侧面（适度饮用的话令人身体健康消除忧虑，而烂醉的话则会导致狂乱），生出健康且美好的方面。它与追求安逸享乐型的饮葡萄酒方式完全不同，但二者并行不悖，深刻浸透于罗马社会。它也随着基督教的普及扩大至全欧洲。

作为罗马军团必需品的葡萄酒

　　在罗马，葡萄酒成为日常之物也可以从军队的粮食这点明显得知。爱德华·吉本的《罗马帝国衰亡史》中记载了公元 363 年罗马皇帝奥勒里安努斯远征比利时之际的情况，其中"唯严禁葡萄酒"的句子时常被误解引用。该文之后还接续着"士兵们忘乎所以地大量消耗着食用醋和干面包之类的食物"的描述，而此处所写的"醋"，实际上是"酸味十足的下等葡萄酒"。在军中，禁止饮用高级奢华的葡萄酒，要求将校与士兵一样喝大众性的葡萄酒。

这里所述的"酸葡萄酒"（吉本把拉丁语中所指的醋误解了）成为军队的必需品。而这一点，在后期皇帝传《哈德良传》、维吉蒂乌斯的《军事论》、历史学家阿庇安的记述中也频繁出现。罗马征战到而今成为法国的高卢，甚至远征至而今成为英国的不列颠尼亚的过程中，满足征服军队的粮食供给是其取得军事成功的重大课题。从凯撒《高卢战记》中也可看出，是否能确保粮食供应时常能够决定胜负。

葡萄酒与面包、肉类一起被纳入罗马军队的粮食中。在留存了罗马士兵粮食和供给的详细记录（如前所述，凯撒曾因令他的士兵食用豆子而闻名，当时大概已经具有了豆子营养价值高的经验）中可以看出，基本的食品由谷物、熏肉和奶酪，还包括蔬菜、酸葡萄酒及盐与橄榄油组成。在难以确保饮用水的地方，葡萄酒就成为取代水的必需饮料，这也是避免水土不服的必要之举。谷物、肉类能够在征伐的当地征收，但葡萄酒却没法做到，故这些葡萄酒都是从距离远征队最近的地方运输过去的。在远征高卢时，还运输到了南部高卢和西班牙，这些都是从远在其外的地方搬运过去的。

如前所述，军队中所饮之酒分为"上等葡萄酒"和"酸葡萄酒"。前者供将校所用，在补给充分的情况下，也会赏赐给士兵。各地发掘出的双耳细瓶刻有区别葡萄酒种类的文字，"十分成熟的酒类，产自南意大利的索伦托（soluntum）"，"西西里岛墨西拿（Messina）产酒"，"香味沁人的着色红酒"，除此之外，还有"林巴（庞贝附近）""VIN[VM]（葡萄酒）""GLVK[VSOINOS]（甘甜美味的葡萄酒）""AMINE（上等葡萄酒）"等记述。问题在于，它们到底是如何被搬运到战场的呢？根据后述内容，搬运的酒器逐渐从陶制双耳细瓶转变为酒樽。

出人意料的是，在高卢的罗马普通士兵还喝啤酒（大概是葡萄酒难以入手的时候）。而高卢的叛军，在有的场合下都训示要求无论将校还是士兵都不得饮酒，这点着实有趣。这大概是认为饮酒可能致使士兵们怠慢松散，而从相反的角度来看，也证明反叛的高卢军士兵饮用了大量通过某种手段而获得的葡萄酒。总之，罗马军行进过程中，在开创为了方便军粮运输的"通往罗马的道路"同时，也将饮用葡萄酒的习惯传播到周边民族。

运输大宗货物时，当时重要的搬运手段当属水路与船只。潜藏于河岸森林里的高卢人攻击罗马船只，为此感到棘手的凯撒令人将河岸森林全部砍伐，之后在该区域种上葡萄，而这也成为法国开始酿造葡萄酒的传说起源。如今法国的部分地区大概符合该传说的描述，但有的地区从年代上看与后述内容存在矛盾。高卢全体普及栽培葡萄还要推迟到更晚的时代。

罗马和平与葡萄酒的普及

相当于而今法国与德国一部分的高卢地区，逐渐由自东向西移动的日耳曼人迁徙居住。日耳曼人一时攻占了罗马北部，其势力甚至扩展到爱尔兰。日耳曼人分成许多部族，展开群雄割据，部族之间也相互交恶。凯撒征服强大好战的高卢人时，正是利用了他们部族间的矛盾才达到目的。各部族在维钦托利的整合之下于阿莱西亚发起最后的抵抗，令凯撒也陷入苦战。如此一来，高卢种植的葡萄逐渐消失，也不再酿酒。但是，这并不意味着高卢地区不再饮酒。

实际上，希腊的葡萄酒引入高卢地区尚在罗马帝国隆兴之前。马赛（当时的马赛利亚）是葡萄酒的中心。如今成为马赛小艇停靠处的旧港码头埋藏了一块青铜板，上面刻写着"公元前 600 年，希腊船只自福西亚（phocaea）来到这里，建设了马赛。此处是西欧文化的发祥地"。福西亚人移居马赛已经成为饶有趣味的传说，这里暂且先不展开论说。以马赛为中心而逐渐迁徙移居的希腊人种植栽培了葡萄，并酿造了葡萄酒（而今的普罗旺斯成为巨大的葡萄酒产地要到罗马人占领之后了）。随着时代的变迁，以马赛为中心酿造的葡萄酒，沿着罗讷河而上输送到高卢。

1953 年，法国东北部的小村维库斯发掘出公元前 5 世纪之初的王妃墓，令研究欧洲史的历史学者感到惊讶。它里面的随葬品极为豪奢，其中有一座高达 1.6 米的巨大青铜壶，这是将葡萄酒用水兑解的混酒器。它的设计和成造技术十分精巧，重达二百八十千克，容量达到一千一百升。到底如何搬运这个希腊制的大壶已经成为留给大家的疑问，而注入的葡萄酒到底从哪里来、如何带来的，也成为尚待解决的问题。

实际上，这个偏僻的小村庄（邻近名酒沙布利干白的产地）就位于自英国运输锡矿至地中海的路线上，与它同处于该路线上的还有德国莱茵河畔的鲁特斯海姆以及美茵河畔上游的马林贝格，在这两个城市中发掘出的哥特王侯墓随葬品中也发现了希腊式葡萄酒杯。这些都述说着广大的高卢地区早已开始饮用葡萄酒。

维库斯的葡萄酒以马赛为中心，作为南部法国所产的酒随罗马商人溯流而上，经索姆河运输出去。到了德意志地区之后，大概进一步沿着摩泽尔河运到其他地方。交易的价格大概是一壶双耳细瓶葡萄酒可兑换一个奴隶。对哥特王族而言，葡萄酒因贵重而成为夸饰权势的奢侈品，他们因为一年之中部族间反复斗争也拥有相当数量的奴隶。

　　当凯撒到达这些尚且饮用葡萄酒的生疏地之后，发现了他们的常饮之物。罗马军队为支配高卢建造要塞，以要塞为屯驻地，使得军队常驻化，而后罗马整备要地与要地之间的道路，无论哪里发起叛乱都可迅速派遣军队（令而今香槟成为大产业的地下大洞穴，就是在使用白垩岩铺设道路时发掘出来的）。常驻的士兵渴望喝到葡萄酒，但从远处搬运并非易事，于是就想尽办法自己酿酒。更何况，罗马军进攻成功后，高卢安定下来，进入到所谓的"罗马和平"时代，多数退役军人居住在高卢各地，推动了葡萄酒的落地生根。

　　种植栽培葡萄扩大至高卢全境，形成了一个巨大的网络。也就是说，自希腊人将葡萄带到马赛以来，栽培葡萄扩大到包括如今的普罗旺斯和朗格多克的法国南部全境。这些南法地区品种在寒冷地区难以培育良好。在法国中央高地以南的赛文高地北部，种植栽培葡萄着实困难。在里昂以南的多菲内地区（而今的维埃纳省周边）居住的阿洛布罗基人[1]种植了耐寒性品种的葡萄，并将其扩展到法国的北部地区。而这已经是公元二三世纪之后的事情了（大普林尼《博物志》）。

　　成功种植栽培葡萄后的高卢人对其倾注的热情并非寻常。在短时间之内，葡萄酒扩展到而今的勃艮第、巴黎周边、德国的摩泽尔溪

---

[1]　阿洛布罗基人（古希腊语：Ἀλλόβριγες；Ἀλλόβρυγες；Ἀλλόβρογες）是古代高卢人的一支，生活在罗讷河和日内瓦湖之间的地区。他们的城市建造在现代的安纳西、尚贝里、格勒诺布尔、伊泽尔省和瑞士一带。

谷，向西到达波尔多，扩展至高卢全境。但是，这些葡萄酒与如今我们喝的并不完全相同。曾是当时朗格多克地区葡萄酒聚集地而繁荣起来的贝塞尔，也因产葡萄名酒而知名。当地产的是一种黏稠、浓密之酒，带有一种不可名状的类似于树脂的奇妙味道，大概像放了杉树芽而煎出的草药的味道。总之，虽不能说所有葡萄酒都是如此，但它们多数大概都放了药草、芦荟、苦蓬等各种植物。

罗马时代的一个著名历史事件标志着法国酿造葡萄酒产业成长起步。这就是《图密善皇帝的禁令》。公元 92 年，图密善禁止罗马新栽葡萄树，同时命令高卢地区拔出葡萄树。许多历史学家围绕着该禁令进行考证，它到底达到何种程度，甚至还有观点认为除了法国之外其他地区到底有没有严守禁令是存在疑问的。

考察该禁令目的，它是因为高卢迅速栽培葡萄，对罗马而言已经威胁到其主要谷物的供给，在如此危机感之下颁布的。葡萄酒经济在此时已经成为政治问题。一位勃艮第酿酒的老师傅说，这是因为罗马酿酒同伙们嫉妒勃艮第产酒所致（但勃艮第酿造出葡萄名酒是很晚的事情了）。

该禁令大约持续了近二百年，到 280 年普罗布斯皇帝时候废止。他身为军人，统治时间仅有六年，但该皇帝不仅废弃了图密善皇帝的禁令，而且奖励酿酒。在他统治时期，罗马各领地开拓了葡萄园，为此甚至将士兵投入栽种事业中。如今德国葡萄酒产区的莱茵河南部流域法尔兹、巴登巴登、符腾堡就是在那时成为葡萄酒主要产地的。甚至，如今在当地还举办着盛赞普罗布斯皇帝的节日。法国也重新恢复了葡萄园，在不到十年的时间里，葡萄园扩展到不列塔尼半岛。

葡萄酒与木樽的完美结合

到 11 世纪大开垦时代之前，高卢地区森林繁多（覆盖了而今法国三分之二的森林）。被称为"森林居民"的人们大量居住于该地（如今以杜波依斯为姓的法国人依然很多）。在这个地区，砍樵、拾柴和烧炭等燃料采购者与打铁匠一道居住在森林附近，还有陶匠和搬运工。因此，该地也有很多伐木工、造车工、刨树皮工等木匠职人。

喜好豪饮的高卢人大量饮用的是啤酒 —— 还有少许蜂蜜酒（可是他们喝的啤酒并不像今天的那样带有啤酒花，而用苹果酿造出苹果酒，则是相当之后的事情了）。高卢人虽然大量饮用啤酒，但由于酒精度数较低，量没喝足的话一般就不会喝醉。可饮用水自然就成为当时的必需品，当时，高卢人贮藏、搬运时会大量使用到木樽（当时的高卢人从希腊引入了木樽，而哲学家提奥奇尼斯被关在木樽里也成为知名逸闻，凯撒的《高卢战记》中也谈到高卢人将松脂放入樽中燃烧并搬着它当作武器使用）。

罗马人贮藏、搬运葡萄酒所用的是自埃及时代以来就业已使用的双耳细瓶。到了后期，其形状有所变化，转变为底尖细长的样态。关于它为什么会转变成这种样态，有各种各样的解释，终究还是为了满足贮藏和搬运目的。它运输起来便利，囤积在船底时，将它横放可以让它安稳，某种程度上起到堆积效果。即便是将它竖着放，由于它身形细长不占地方而能够密集堆放。而且它的塞栓容易密封，密封起来就难以变质。它具有各种长处，但缺点是十分笨重，并且由于是陶制器皿也易于被损坏（空的双耳细瓶与注入其中的葡萄酒重量相当，而木樽的重量只有盛装葡萄酒的十分之一）。

20 世纪 50 年代，在勃艮第地区的索恩河畔沙隆（Chalon-sur-Saône）进行疏浚索恩河道工程时，出土了两万余件双耳细瓶碎片，令人感到惊叹。从马赛沿着罗讷河溯流而上与从里昂沿着索恩河溯流而下的船只，到了这附近的狭窄河道，由于吃水量变小，就需要从船上卸下双耳细瓶，而后再走陆路运输。

罗马军团攻占高卢时关注到了高卢人所使用的木樽。它们可以滚动故搬运十分方便，无论怎样都不易损坏，这着实帮了大忙。罗马人逐渐地也开始用木樽来贮藏和搬运葡萄酒。在短暂的时间内，罗马人逐渐留意到，在不长的时间里（半年或一两年以内），存放入木樽内的葡萄酒变得美味起来。虽然罗马人不了解葡萄酒在木樽中发生了令其醇熟的化学反应，但他们凭着经验知道了这带来的结果。木樽工匠致力于打造理想的易于搬运的形态和结构，并考虑到木樽的材质而挑选好的树木。工匠使用了金合欢树、白杨树、栗树等，最终集中到了栎树上（顺便一提的是，栎树在日本被翻译为樫已成为定说，实际上应该更接近于楢）。从这以后，葡萄酒与木樽就建立起难以割舍的关系。

进入近代，罗马人才具备成熟的酿酒专业知识，从葡萄酒成熟和影响的角度出发，开发出各种木樽的使用方法。而分析引起其变化的化学作用（缓慢地氧化、吸收木樽材料的成分以及木樽本身成熟的界限），积极且有意地采取方法令木樽醇熟，则要到了 20 世纪了。总之，木樽的利用对于葡萄酒而言引起了革命性变化。在木樽使用之前与之后，葡萄酒的世界发生了巨大变化。而再度引发变革的则要是到非常晚近之后普及的细颈玻璃瓶了。

第六章　卫生与信仰的葡萄酒

—— 多样化的中世纪

葡萄酒并没有缺席的中世纪

卢浮宫美术馆有一幅《农民进餐》画卷。这是 1642 年，法国写实派代表画家勒南兄弟所画，描绘了穿着穷酸服装的三名农夫围坐在白布包裹的餐桌前的情形。整个画卷呈现出深褐色的晦暗画面，位于中央、主人模样的男子手持玻璃杯，倒入其中的葡萄酒闪闪发光，它处于画面中心，抓住了周围人们的心，人们对此羡慕不已。该画暗示了中世纪葡萄酒被饮用的情况，看到它就止不住联想。

公元 400 年，日耳曼民族开始迁徙，他们的侵夺致使"罗马和平"崩溃，从此之后，欧洲进入暗黑中世纪。圣希罗尼穆斯慨叹"因为劫掠，罗马帝国各处都被荒废与死亡所统治，贵族成为饵食，他们的夫人和女儿成为邪欲的牺牲品，教士和祭司被抓住死于剑下，教会遭到掠夺，祭坛成为饲料桶，到处都是殉教者的坟地"。日耳曼民族迁徙的实态到底如何呢？后世对真正的罗马社会被破坏到何种程度并没有定论。

近年的研究表明，日耳曼侵袭并没有带来上述巨大的破坏，甚至论及日耳曼人被比自身优越的罗马文化吸收同化。历史著述中并未谈及欧洲人在侵袭之后到底如何复兴的，故本书也无法对其进行探究。而后历经萨拉森人（Saracen）与诺曼人的进攻、东西罗马对立、法兰克人的兴起、查理曼大帝统一欧洲及而后的分裂、罗马教皇与诸主教的确立、商业的发展与城市的兴隆、代表欧洲出击的十字军东征，以及百年战争、文艺复兴和宗教战争，欧洲终于走出了中世纪。政治、经济、社会的变动也对葡萄酒文明带来各种影响，本书也难以对其进行准确翔实的论述。

整个中世纪人们能够继续饮用葡萄酒，但此时所喝的与之前时代的并不相同。本书以历史的时代变迁作为横轴，以贯穿时代的葡萄酒文明作为纵轴，一直追寻至绝对主义王权的时代。葡萄酒文明是在它的饮用者手中所形成的，故在中世纪，"教士、祭司等僧侣和修道院"以及"城市的市民与农夫"就成了本书分析的焦点，让我们来看看中世纪各类葡萄酒到底是怎样的。

王侯贵族的葡萄酒

法国的统一与查理曼大帝

5世纪末，法兰克人中诞生了英杰克洛维一世。他统合了原本分裂为十几个区域的法兰克人，开创了"墨洛温王朝"。他击败曾令匈人领袖阿提拉损兵折将的罗马将军之子，连续击破阿勒曼尼人、勃艮第人和西哥特人实现统一，是如今法兰西的鼻祖，相当于日本神武天皇般的存在。而他用葡萄酒来庆祝法国诞生，就成为法国人最为喜爱的传说。王妃是虔诚的基督教徒，劝说推进国王改宗。实现统一的最大强敌是阿勒曼尼人，在与该族的战役中陷入危机险些败走的克洛维一世，想起了其妻子的话并向基督祈祷，突然战局发生变化，最终奇迹般获胜。战役结束之后，国王与三千部下一同在兰斯大教堂接受了大主教圣莱米吉乌斯的洗礼，他看到受礼时所用的葡萄酒而得到灵感，与部下一起成为喜好葡萄酒之徒。

先把当时克洛维一世喝的葡萄酒是真是伪放到一边。克洛维创立的法兰克王朝已经取代古代罗马帝国，诞生出成为欧洲政治、经济、文明中心的法国原型，它还实现了王权与基督教的结合，葡萄酒也成为被国王和宗教公认的饮料。自此以来，香槟地区中心城市的法国教会，也因为克洛维的故事成为历代国王举行即位、戴冠仪式的场所。其中最大的教堂有着与巴黎圣母院不相上下的威容。

在这里，基督教被神圣化，国王获得国民信仰，成为法兰西统一的象征（圣女贞德在取得奥尔良战役胜利后，奉而后的查理七世之命远征至朗斯）。法国在这之后取得了经济上的繁荣，香槟地区的大市也作为举办地发展为中世纪欧洲经济的要塞，与此同时，它也成为商业性葡萄酒的生产地，为如今发泡葡萄酒——香槟的诞生打下基础。在法国种植葡萄有其北方的边界，在该处恰好有一座巨大的葡萄酒生产地，之所以如此，是其历史与经济的原因所致。

克洛维开创的墨洛温王朝，由于陷入王室的悲惨内斗，历经淫乱、残虐和血腥抗争之后逐渐衰弱，自751年起，王宫大臣查理·马特开创了"加洛林王朝"，权力完全实现了转移。加洛林王朝时期诞生了杰出的查理曼大帝。查理曼一生致力于征战，最终统一了德意志、法兰西和意大利北部，形成了如今的欧洲主要文明（他在德国被称为卡尔大帝，在法国被称为查理曼皇帝）。他将德国靠近法国国境的亚琛置为首都，召集贤能的官僚，确立起政治机构，再整备法令，振兴学术，努力实现基督教真正的国教化。由于他对基督教的真挚态度，查理曼大帝在晚年被罗马教皇授予罗马皇帝的冠位。

查理曼大帝十分重视在基督教布教过程中起到关键作用的葡萄酒。他修改整理的萨利克法典中，就包含对致使葡萄园荒芜者进行处罚的规定。查理曼与葡萄酒的故事不在少数。例如，他在莱茵河畔亚琛宿营时，关注到对岸冰雪最早融化的山丘，便令人在那里种植葡萄。那里种植的葡萄酿造出了而今德国最高级的葡萄酒约翰内斯堡。勃艮第地区也有优越的葡萄生长地，它寄进于索利厄的教堂，该地已经成为而今的"可登–查理曼"顶级葡萄园，生产着勃艮第最高级的白葡萄酒。

大概是从卫生方面出发，酿酒禁止用脚踏碎葡萄，禁止用兽皮的袋子装酒，这些命令都被要求严格遵守。还因为喝酒会令美丽白胡须变得不洁净，大帝下令禁止群臣饮用红葡萄酒，致使当时只能饮用白葡萄酒。根据其他史料记载，查理曼大帝在饮食方面并没有遵循喝酒养生原则，他十分嫌弃喝醉，故不怎么喝酒。相比葡萄酒，查理曼大帝更加喜好苹果汁。

而今，维也纳街头以在新酿酒馆的欢乐氛围烘托下饮酒而闻名，这是因为查理曼大帝允许了葡萄酒生产者在新酒完成后用树的绿枝像招牌一样打出广告，开始承认这些酒馆可以直接向造访的人们贩卖，此后，神圣罗马帝国的每一代皇帝都持续认可了酒馆的这一项权利。

查理曼大帝殁后，他的几个儿子围绕继承人问题发生纷争，最终，依据《凡尔登条约》，欧洲一分为三，分为如今法国西部地区、相当于德国的地区以及中间自北海延伸至意大利贯穿南北的带状区域。中间向北的地带处于日耳曼民族与勃艮第人混居状态，而后成为勃艮第（英语称 Burgundy）王国。

10 世纪对法国甚至欧洲而言都属于悲惨的时代。其东部德意志所在区域遭受马扎尔人（匈牙利人）的骑兵进攻，南部地中海沿岸被萨拉森人（伊斯兰教徒）占领。给它带来更为恶劣遭遇的是维京人，他们是居住在挪威、瑞典尤其是丹麦的部族，乘船利用河道神出鬼没，在整个欧洲横行肆掠（其中一支统治了英国，同时还定居于法国北部的诺曼地区）。在战乱中，强者罗贝尔和其子厄德（Eudes）因成功组织了巴黎防卫战而成名，987 年，他们建立了卡佩王朝，一直持续到 1328 年。

其后，他们的旁系菲利普六世建立瓦卢瓦王朝取代了卡佩王朝。瓦卢瓦王朝统治期间，历经了多次政治、经济改革，而随着天主教会与修道院的兴起，十字军东征，以及法国西南部被亨利二世纳入英格兰版图并导致爆发百年战争，这些历史进程与葡萄酒都有十分重要的联系。

就王朝与葡萄酒的关系而言，《凡尔登条约》与路易七世同埃莉诺王妃离婚都实属重要。将而今法国的葡萄酒分布地区画出一条横轴的话，它东起勃艮第，西至波尔多。法国境内此二地之所以诞生了葡萄酒名产地，是以两个事件为远因的。由于中世纪的法国东部与西部都是最具实力的公领，至百年战争终结，国王势力开始衰颓，失去了之前的威势，在葡萄酒方面它也就没能占据王座位置了。

封建制度与诸侯领地

欧洲各地遭受日耳曼民族攻击致使罗马统治崩溃，在这一过程中，各地域都依靠强力领主来实现自我防卫。由此，还形成了以大小领主为中心、自身领地内自给自足的经济体制，农民受到领主庇护，取代了过去隶属制下的农奴。与不从事农耕的领主一样，专门致力于戍守的士兵成为骑士，领主（僧侣）、骑士、农民的身份逐渐固定化。小领主依靠大领主并受其支配，承认其一定领土的统治权，大领主则从属于国王。以一定程度的效力来换取国王或领主对其一定领土支配权的承认，这就是封建制开始的标志。而有趣的是，世界上除了欧洲之外，拥有与欧洲社会所建立的"封建制"相同历史的，唯有日本了。

随封建制而兴起的领主阶层中的大领主，被授予公、侯、伯、子、男等爵位，他们的势力和财力有时还超过国王。其中法国地广且强力的领主，当属香槟伯爵、勃艮第公爵、安茹伯爵、阿基坦公爵、图卢兹伯爵，特别是这些领主一旦成为公爵，就可在国王的家族中拥有王位继承地位。在中世纪，存在着以公爵为首的领主之间相互抗争以及围绕王位继承而展开的各种斗争。那么，就从这里来探究其与葡萄酒的关系吧。

金雀花家族与法国西南部

论及葡萄酒与法国的关系，首先要了解的便是亨利二世。曾为诺曼公爵的威廉于 1066 年募集臣下与志同道合之辈征服英国，成功做上英国国王。法国国王路易七世于 1144 年同阿基坦的埃莉诺结婚。而当时被视为法国国王领地的仅有自卢瓦河至巴黎的小块地带。与之相比，阿基坦公爵拥有自法国中央至西南部广大的领地。在巴黎圣母院主教的撮合之下，路易家族与阿基坦家族成功联姻，这也意味着法国王室版图扩大、家国安泰。

以南部首都普瓦提埃为中心的地区成为文化发达地带，宫廷集中了游吟诗人，为奢华的文化氛围所包围。与之相对，北部的法国王室却贫穷阴郁，此时的国王被称为圣徒路易，在人们眼中是位一本正经、毫无趣味的人。埃莉诺王妃慨叹"我以为嫁给了一个国王，其实却嫁给了一个僧侣"，为了解闷，她成为十字军远征的同伴，在远征之地表现出热情奔放的态度（法国人还留存着埃莉诺王妃拥有很强嫉恨心的传说，真实的情况却并非如此）。国王路易回到巴黎之后便与王妃离婚。

而这却引起了更严重的事态。离婚之后的埃莉诺王妃对比她小十一岁、精悍且具吸引力的安林·普兰塔琪纳特一见钟情，迅速于1152 年再婚。由此，安林成为安茹伯爵，同时也成为诺曼底公爵，按当时的继承法，随着时间推移，他继承英国王位成为亨利二世。如此一来，法国西南部的土地都成了英国的领地。

法国为了收复失地与英国展开了百年战争，从该历史大事件中渔翁得利的是波尔多市。原本波尔多地区，自罗马时代就经由图卢兹引进移植了葡萄，成为葡萄酒产地。而出身于波尔多的奥索尼乌斯曾在罗马出人头地当上议员，最后晋升到高卢东北部防卫据点特里尔的总督。他在摩泽尔葡萄酒庄园时，咏诵了憧憬、崇拜波尔多葡萄酒的诗歌，虽然这里的庄园而今被视为在波尔多以外，但该地已发展成为生产如今波尔多最高级酒类之一的欧颂酒庄。

波尔多当时成为英国领地，因此迎来了绝好的发展机会。并且波尔多还获得免除繁杂进口税的特权，在此基础上，波尔多市为英国王室所青睐，与周边地区相比，它获得了可最早发货葡萄酒的特权。如今看起来这好像并非怎么了不得，但这对葡萄酒和波尔多市来说都很重要。当时的葡萄酒都用木樽密封起来，过了春天之后味道就会变酸。因此，所有人都期盼新酒出炉，新酒的价格也随之抬高。为了竞相竞争最先到达伦敦，波尔多港熙熙攘攘地停泊了各类英国船只，如同如今博若莱新酒品尝会一样热闹，它们往来于伦敦和波尔多之间。直到百年战争结束，属于英国领地的法国西南部普瓦捷成为政治中心，而致力于葡萄酒贸易的波尔多则成为经济中心。

勃艮第贵族与法国中东部

对葡萄酒起到重要影响的还有曾经是法国王室的强敌，在中世纪留下浓墨重彩一笔的勃艮第贵族。查理曼大帝统一了欧洲，而后又因《凡尔登条约》一分为三。当时的欧洲大陆在如今法国与德国中间存在一个勃艮第王国，自高卢时代起就居住着勃艮第人，形成了独自的文化圈。该王国继承了瓦卢瓦家族血脉，由勃艮第家族统治。

该家族涌现出大胆菲利普、无畏的约翰、好人菲利普、大胆查理等杰出人物，其势力逐渐增强，尤其在大胆菲利普时代，他迎娶了弗兰德伯爵的继承人玛格丽特，将弗兰德伯爵的领地纳入自身统治之下。当时，弗兰德伯爵领地建立起以布鲁日、根特、伊普尔、安特卫普等诸城市为中心的北海贸易，是中世纪欧洲最为繁荣的地区之一。

拥有丰裕经济实力的勃艮第家族十分重视他们的威势，无论在现金收入还是文化程度上，都远远胜过法国王室。勃艮第首都第戎因为繁荣而极尽奢华，黄金骑士团簇拥着勃艮第家族，其宫廷也是中世纪最为豪华奢侈的，为其他大领主所艳羡。他们举办的宴会也非常奢华，供宴会饮用的葡萄酒都是精选佳品。没有文化程度高、要求高尚的饮酒者，也无法诞生如此卓越的葡萄酒。

然而，勃艮第产葡萄酒之所以杰出的原因，还在于后文所述的修道院。这并非因为勃艮第贵族对葡萄酒品质毫不关心，大胆菲利普就青睐伯恩的红酒，他从 1375 年诞生的诺瓦良葡萄（而今的黑皮诺葡萄）中选取优等品种，将其命名为皮诺。他还指责酿造出如今博若莱葡萄酒的多产系佳美葡萄是"品质极恶属于背叛者类的植物"，命令将这些葡萄树全部拔除。禁止种植佳美葡萄一直持续到大胆菲利普之孙好人菲利普时代（之所以得出这一结论，是因为几乎没有从农夫那里听到任何关于佳美葡萄的事情）。

与中世纪决裂的人文主义者，撰写《愚人颂》并刊行希腊语版本《圣经》，成为而今出版业鼻祖的伊拉斯谟，他的个人生活与其业绩却并不吻合，属于享乐主义派。虽然他为寻求庇护而流浪于欧洲各地，但他一直垂涎于勃艮第葡萄酒，晚年安居于勃艮第实现了自己梦寐以求的愿望，最终客死他乡。

如今的第戎市还留存着勃艮第贵族王国昔日荣华的余韵，在葡萄酒方面，伯恩市的伯恩济贫院[①]酒庄起到了重要作用。它留存了中世纪城堡古都中心的影子，因保留了弗兰德风格的奢华屋顶建筑和弗兰德派巨匠罗吉尔·维登的"最后审判"画而吸引着顾客。距离比利时遥远的街区居然留存了如此艺术，正是勃艮第王国的领地扩大至弗兰德地区所导致的。

该济贫院是由好人菲利普的财务长官尼古拉·洛兰在其妻子吉戈·萨兰劝说之下建设的，为了处理维持运营费，他将选出的葡萄园

----

① 伯恩济贫院（Hospices de Beaune）位于法国勃艮第（Burgundy）产区的酒都小城伯恩（Beaune），是该产区内著名的重要酒庄之一。如今，伯恩济贫院已拥有葡萄园面积达 60 公顷，其中 50 公顷的土地种植着黑皮诺（Pinot Noir），余下的 10 公顷土地种植着霞多丽（Chardonnay）。济贫院有 85% 的葡萄园分布在伯恩丘（Cote-de-Beaune）的"一级田"和"特级田"中，除了伯恩市（Beaune）附近的土地，在如阿历克斯-科通（Aloxe-Corton）、蒙蝶利（Monthelie）、波玛（Pommard）、沃尔内（Volnay）以及默尔索（Meursault）这些勃艮第举世闻名的村庄中也有分布。此外，伯恩济贫院还拥有一些位于夜丘（Cote-de-Nuits）的特级园，如马兹-尚贝坦（Mazis-Chambertin）、罗什园（Clos de la Roche）和依瑟索（Echezeaux）；还有部分地块位于马孔（Macon）市的普伊-富赛（Pouilly-Fuisse）之内。

划拨给济贫院，从此之后，臣下相继模仿，寄进葡萄园。而今，当地每年十一月举办葡萄酒竞拍会，来自世界各地的买家从业者云集，该竞标价格也成为该年度葡萄酒价格的晴雨表。由此，伯恩市区成为世界葡萄酒爱好者和从业者的中心聚集地。田边保撰写的《在伯恩死去》就是详述该济贫院的名篇，为我们介绍了其文化与历史。

法国王室与大巴黎区

法国王室领地东部被勃艮第王国、西部被英国阿基坦领地所左右包夹，囊括了而今巴黎周边与卢瓦尔河所覆盖地区。巴黎在中世纪便作为城市崭露头角，而在其发展初期，王室宫廷都十分素朴（埃莉诺王妃也因此逃离）。法国王室以卢瓦尔河为中心，创造出华丽的宫廷与文艺复兴式王朝文化，还要等到百年战争结束，合并勃艮第王国领地之后的弗朗索瓦一世时期。

在餐饮领域也并不讲究，尚处于炫耀食量阶段。当时用餐者的餐桌上摆着肉类，把它与又硬又平淡无奇的面包一同用手夹起来吃掉（大概也有吃完肉之后，再吃点蘸了果酱的面包）。虽然每人手持切肉的小刀，但叉子还是王室的妻子从意大利美第奇家族那里带来的，而这已经是很晚近的事情了。

进入中世纪，希腊、罗马时代的烹饪方法已被忘却了，材料的加热方法显得比较单一（至少在当初）。直到 13 世纪，人们还不知道使用烹饪烤炉，主要的加热手段还是使用巨大的炉子。人们先在大炉子前将肉串好再放到炉子内部，接着再用钩子吊起来的锅烧野菜（13 世纪结束时，烹煮和酱料的技术因为使用烤箱加热而被再度发现）。

国王当然也举办了盛大的贺宴（一年大概举办了 150 回，三天举办一次）。宴会上使用了巨大的银（或者锡）器，在里面装有畏牛、鹿、猪肉制成的丸子，其周边再摆放上鹅肉、岩雷鸟肉、鱼子等堆积如山的食物，呈现出极为奢华的气派。在王室组织的大餐中，鱼与肉一起食用已经普及。精心制作的食物，并不止于在食材本身味道上下功夫，还用各种造型进行修饰。在这些基础上，加上不断使用香料，它就成为奢侈食物的象征了。

而今，以美食见长的法国能够呈现出高档的食物，但这要在意大利佛罗伦萨美第奇家族的女儿嫁给法国国王，带来了意大利文艺复兴式的烹饪术以后了。虽然知名厨师吉尔·帕莱昂厌恶查理六世而到勃艮第的好人菲利普处任职。而同时供职于菲利普六世（1338—1350年在位）和查理五世（1364—1380）且较为知名的泰勒文成为宫廷御用厨师，令法国的宫廷料理声名鹊起，而这已经到了中世纪末期14世纪之后了。

王室的餐桌与葡萄酒

在这种餐桌文化下，葡萄酒不仅自然成为彰显国王威仪之物，更可将它视为宴席上业已普及之物。一方面国王为了体现出他作为虔诚基督徒模范的样子努力倡导节酒，另一方面他又必须举办令所有人都艳羡的盛大宴会，让葡萄酒在其中大显身手。饮用葡萄酒不仅是宗教性的象征行为，同时也成为炫耀权力的道具。

中世纪初期，从国王直辖领地到各地的运输手段并不发达，国王协同宫廷一族到隶属于他的各领地巡游，在吃完业已积攒好的贡租粮食后，转而再巡游到下一个领地。如此状况下提供的葡萄酒大概并没有那么高级。然而，国王定居巴黎之后，葡萄酒也发生了变化。虽然用餐尚且没有那么讲究，但到了卡佩王朝时期，自艾格莫尔特到美男子菲利普四世，历代法国国王都持续不断地对葡萄酒予以关心。因此，葡萄酒也就成为他们彰显权力的一大手段。

当时，王室消耗的葡萄酒主要来自大巴黎区（这称之为"法国葡萄酒"），通过塞纳河、约纳河与马恩河从勃艮第地区（如今产出沙布利葡萄酒的金丘 Côte-d'Or 当时并不是名酒产区）运输过来的，以及奥尔良地区。巴黎东北部的巴黎圣母院也拥有广大的葡萄庄园，蒙马特修道院长阿德莱德·狄·萨伏依则在巴黎周边地区建造了所谓的"赤色堡垒"（这里的葡萄酒被称为克雷尔，是一种色淡酒精度低的红酒）。

虽然尚没有达到豪华奢侈的程度，但毕竟是国王，不仅能得到法国国内的酒，而且还能获得痛饮各国赠送葡萄酒的机会。而这些信息是从亨利·丹托利的著名韵文诗《葡萄酒的战争》中获知的。创作于1225 年左右的该诗，得到对饮食和奢侈都十分注重的"尊严王"腓力二世的追捧，他命令英国祭司担任法官并通过三天三夜对各类葡萄酒进行品鉴，决定了各品类酒的优劣和与之相对应的等级序列（例如法王对应的是塞浦路斯葡萄酒）。

为了达到押韵效果，葡萄酒的名字五花八门，总之，命名似乎多多少少都偏向于国王和北部骑士们常喝爱喝的那些。大巴黎区的葡萄酒居于榜首（塞浦路斯、马拉加其次，巴黎市内的古得多 Goutte d'or 居于第三位），香槟、奥尔良、欧塞瓦（接近沙布利葡萄酒）等也处于高级位置，来自南方的酒类波尔多、圣埃美隆（Saint-Émilion）、穆瓦萨克（Moissac）、卡卡颂（Carcassonne）、索本（Sorbonne）、贝塞尔（Bézier）、蒙彼利埃（Montpellier）则榜上有名。

总之，通过该诗歌可知，在中世纪的法国，各地已经出现了颇具声名的葡萄酒。而希腊的塞浦路斯岛也因为盛产名酒而受到关注，虽然获得的数量十分有限，但也偶尔成为王室餐桌上所饮之物。当时法国各地名酒虽然已经颇具声名，但实际上也并没有时常被饮用，以巴黎大区为中心的葡萄酒因为便于搬运至巴黎才成为常饮。

然而，当时产自伯恩的葡萄酒是除了巴黎大区之外最高级的酒，继之的是圣普桑（Saint-Pourçain，卢瓦尔河最上游）、埃佩尔奈（Épernay）、沙布利、欧塞尔（Auxerre）地区的葡萄酒。当时，伯恩的葡萄酒因稀少而成为高价之物。法国南部教皇新堡（Châteauneuf-du-Pape）的名酒产区阿维尼翁也因为历代国王想获得伯恩葡萄酒而专供饮用。而当时伯恩所产的属于色泽显白的轻度红酒。

一直到近世，王公贵族们爱饮的主要为白葡萄酒（而且属于甘甜口味，在没有砂糖的时代，蜂蜜与白葡萄酒的搭配就成为当时奢侈的甜口饮料）。而后，红酒逐渐崭露头角。在今天的科特多尔红酒尚未诞生之前，沃尔奈所产之酒（也可以称为伯恩产酒）也为贵族们所爱。它是被称为带有覆盆子色（oeil de perdrix）的轻度红酒。

领主与骑士

中世纪欧洲各地都有领主，按大领主、中小领主等规模划分而各式各样。细小零散的领主无法维持自身领地，被附近的大领主所吞并吸收，这类人成为骑士。另外，骑士之中也有自由农民通过发挥他们自身实力出人头地的晋升者。领主让骑士居住在距离自己城堡近的城中，骑士逐渐与领主之间形成了高隶属度的关系。在骑士拥护之下，领主将包括自身家族和家臣家族在内的大规模人员聚集在城中。中世纪包括领主与骑士在内的统治者为了显得阔绰慷慨，就必须坚实地维持他们的地位。为了抓住骑士家臣们的心，他们就必须屡屡赐给他们武器、护具、银两等，以彰显自身势力。

为了创造统合人心的机会，他们必定会张罗宴会宴请许多好友与家臣。骑士们平时的饮食一般都单调质朴，遇到饷宴的时候都会十分享受这个过程。尤其在授予骑士资格仪式后以及十分重要的宾客造访时，往往就会伴随盛大且边吃边喝喧闹的宴会。在那种场合下，浪费成了美德。此时，餐饮中重要的是分量，提供葡萄酒讲求的也是它的多少。换句话说，那是一个暴饮暴食的时代。葡萄酒以各地方酿造的本土酒为主，没有高级上等之物。只有更为重要的宴席，才会拿出远方运来的贵重葡萄酒。即便如此，它也与而今宴会中提供的葡萄酒大相径庭。而且此时已不再是陶坛贮酒，而是到了木樽存酒的时代了。

教会·僧侣·修道院的葡萄酒

罗马和平崩溃之后，罗马的世俗行政官员失去了权力，维护市区与村庄秩序的是基督教教会。随着领主的勃兴并掌握了支配各地的统治权，修道院、教会与领主一道成为中世纪社会的统治阶层。最初被罗马压制的基督教得到公认后，逐渐扩大到高卢全境，早期基督教的普及主要还仅限于城市。正因为在城市中布教，圣职者的地位得以确立，教会也建立起来，奉行祈祷和祭典，基督教仪式逐渐融入人们的日常生活中。

然而，从城市向外移动一步，此时的农村还仅限于古代凯尔特人之后的土著信仰，祭祀着自远古以来熟知的众神，农村的人们结合万物有灵思想，忠实地恪守着这种迷信与信仰。在基督教徒看来，将依然追逐这种邪教般土著信仰的农村从暗黑的世界中找寻回来，成为热衷于布教活动的传教士们的必然使命，这与现在的传教士有着区别。当时活动在农村的都是来自埃及至巴勒斯坦传教区域的修道院僧侣，他们在清贫和流浪中继续着传教活动（这与之后的修道院活动有着明显区别）。

　　而关于基督教普及到法国，则要从罗马奔赴高卢各地的七位传教士说起。其中，以自己被斩首却依然抱着头前行的巴黎圣丹东尼最为知名，还有将威士忌传布到苏格兰的圣尼古拉斯以及后文中所提到的图尔圣徒马尔丹。通过他们的传教活动，欧洲被染成了基督教（天主教）这种单一色彩。不用说大城市，无论是多么偏僻的小村庄都建有十字架屋顶的小教会，它们成为各村落的中心，这种风景也成为欧洲特色。

　　在基督教普及过程中必然经历了克服异端、内部统一的阵痛，其中还存在一个大的问题。那就是基督教奉行唯一尊神，耶稣是抽象的、观念性的存在。为了适应异教徒所信奉的多神教、原始的万物有灵论，就需要一种媒介将朴素蒙昧的大众融入基督教中。媒介就是看得见摸得着、令人所熟知的日常之物。看得见摸得着的媒介起初以耶稣像及圣像崇拜的形式兴起。虽然也有破坏圣像的骚乱，但经过罗马主教认可后，破坏圣像问题总算得到了解决。

　　而后发挥巨大作用的便是教会的雕塑。"中世纪人们将所思考的最为重要的东西都刻在了石像中"，这是维克多·雨果撰写《巴黎圣母院》的领悟之语，对于不识字的人们而言，见到装饰教会的各色雕塑，便可以从中领悟到基督教使徒的生涯以及他们传奇式的受难故事。

如今我们大多数人所知道的基督教教义主要以《新约全书》的马太、马可、路加三大福音书为中心（因此而今的基督徒并不熟知《旧约全书》）。然而，中世纪基督教教义却并非如此。中世纪是约翰所撰《默示录》的世界。我们时常空想出美丽的天堂和惊悚恐怖的地狱，但耶稣却并未直接言说这些。

中世纪的基督教信仰完全无视如今的基督教教义，是由狂热的虔信者约翰从他幻想式的思想出发撰写出《默示录》开始的。而它又通过可视化媒介将基督教转化为大众之物（从这点来看，与拒绝一切带有偶像性、具象性的伊斯兰教形成鲜明对比）。在这些雕塑中，就有许多葡萄模样象征的圣树形象。

当时修女、圣徒、殉教者的偶像崇拜是基督教的最大特色，也构成传教布道的第二大问题。对于大多数拥有俗世烦恼的人们（例如渴望治疗疾病，渴望得到恋人等）和期望获得某些利益的人们（例如希望获得战争胜利或事业成功）而言，耶稣是十分遥远的，他们只是带着世俗的欲望去敬畏基督教。

当时的信徒希望在自身与耶稣之间存在靠近身旁、平易近人、遇到任何问题都可以倚靠和依赖的人。这种想法并不是有意图的谋划，而大概是自然发生的，故中世纪天主教会传教时，玛利亚崇拜、使徒崇拜、殉教者崇拜以及守护圣徒的崇拜就成为重要媒介，并非是耶稣。日本是信仰八百万众神的国度，无论有多少神社都不会觉得不可思议，从拥有绝对性一神教性质的基督教教义来看，这种偶像崇拜显得极为怪异，然而对于扩大基督教信仰而言却十分必要。

尤其是守护圣徒，在当时是人们生活中无法割舍的存在。即便是现在，巴黎以"圣"命名的广场就达到一百八十座以上，这些都是根据守护圣徒名字而取的。从法国全境来看，以守护圣人名字命名的地区、村庄相当之多。不仅如此，各团体、个人都有自己的守护圣人，人们无论任何时候都可以向守护圣人祈祷。当时的法国三百六十五日之中有多个与守护圣徒相关的祭典节日。这就说明了当时是以圣徒之名来传播基督教的。

鹿岛茂在《法兰西岁时记》中指出上述现象，认为人们随着季节和生产方式的循环，自然而然记住圣徒的名字，圣人也就成为连接大众日常生活的人物。在数不尽的圣徒名单中，也可以看到与葡萄相关的俗语、格言，例如"到了圣宝莱（Saint Honoré）祭典日，已经降霜之时，收获葡萄也减半"，"圣约翰祭典日降雨会夺去葡萄酒的味道"，"圣梅达尔（saint Médard）祭典日之后开始降雨，而后将持续四十日连绵不绝"，"八月十五日开始圣母玛利亚将令诸事顺遂，或者令所有事情付诸流水"，"一月二十二日的圣芒萨祭典日太阳将会变得与旗帜一样大小，这一年可以收获盆满钵满的葡萄酒"等。

而今几乎所有教会的名字都带有圣人名字。其中与葡萄酒关系密切的是圣马丁和圣芒萨。圣马丁（315—395 年）是法国最具影响力的圣徒，如今法国的村庄以圣徒命名的达到四千五百个，其中有四百个村庄和集落以圣马丁为名，一千六百个以上的教会都供奉着圣马丁。在整个西欧，它的人气仅次于圣徒尼古拉。

该圣人的纪念日是十一月十一日，过去到了这一天人们须缴纳年贡、付清赊账，并且更新与佃户和租佃地的契约，相当于过去日本的除夕夜。冬天里小阳春天气被称为"圣马丁之夏"，酒精依赖症也被称为"圣马丁病"。生于匈牙利的马丁曾经是康斯坦丁大帝的近卫兵，他在梦境中接受基督的启示而成为修道士，以法国卢瓦尔河畔主要城市图尔为中心进行传教活动。其活动虽然称为传教但是十分激进，破坏了过去基于万物有灵论而建的异教徒神殿。此举自然在当时招致农民的反抗，但他以伟大的人格、诚意和说服力令农民心服，运用民众的力量成为教士。

关于圣马丁有许多其具有奇迹般魔力的传说，其中最有名的是，他关注到驴子所啃食的葡萄树所结果实能够酿造出优良葡萄酒，在葡萄修剪方法上进行改进，并令该技术得以普及（修剪葡萄是从基督教罗马时代开始的，该技术在当时并没有传播至高卢）。不知道是否得益于圣马丁，整个中世纪图尔的葡萄酒十分著名。查理曼大帝所居亚眠宫廷的核心学者阿尔昆（实际上是英国人）也委托图尔的主教给他运送自己所饮的葡萄酒。如今勃艮第地区辛辣口味白葡萄酒"莎布利"，就是诺曼人进攻时图尔的教士们到达莎布利地区把技术传播过来的。

与圣马丁相比，圣文森（圣文森提乌斯，英语称为文森特）在传教方面的业绩并不凸显。他在西班牙瓦伦西牙令众人反抗总督，即使遭受各种严苛的拷打也没有屈从，最终被处死，因这一壮举而被广泛传颂。圣文森作为西班牙最早的殉教者，受到史上最残酷的拷问，"基督徒以雄雄姿态战死"而被圣人化。然而，此时他与葡萄酒完全没有关系。但不知从何而起，他被建构为葡萄栽培者圣徒。也有人指出这大概是在法语中文森与圣物葡萄酒 vin saint、象征耶稣之血的葡萄酒 vin sang 谐音，而将其混同起来所致。总之，在勃艮第地区，每年一月二十二日举行的圣文森葡萄酒节十分有名。

仅以法国为例，这里有不计其数热心于栽种葡萄的教士。以香槟地区兰斯的圣雷米、里昂的勒·拉蒂乌斯（新建可以买卖葡萄酒的教会）、巴黎的圣日耳曼（塞纳河两岸开垦了葡萄田，因为观光客而得到人气的圣日耳曼教会也与该圣徒之名有着因缘）为首，这些地区正印证了中世纪历史学者简·狄隆所述，"中世纪的圣徒们不遗余力地开垦葡萄田，以至于不留剩余的土地，使得在法国境内必须要彻头彻尾搜寻才能找到土地开垦"。

教士认为葡萄酒是必要之物，因为它是圣徒交流的必需品，而接受旅行者、巡游者、病人也是教会的义务。王公贵族在旅行时，大多会寄宿在安全的教堂主教宅中，为了向宾客表示敬意，就必须用充足的葡萄酒来招待他们。教会若要足够气派，就需要大额的维持费用，故向王公贵族寻求保护和寄进也自然在理了。

上述已经列举出欧洲中世纪葡萄酒与基督教相结合的象征有罗马式雕塑和守护圣徒传说，而随着历史的发展观察其社会实态，则更为生动。天主教会确立起以教皇为顶点，下设主教、神父和修道士的身份等级结构制度。因此，就产生了针对该制度的功罪与优劣的评说。在城市、街道和乡村中还有世俗百姓，在那里通常会设有与社会生活、经济密不可分关系的天主教教堂，它与远离喧嚣偏远地区的修道院完全不同，即使它们同属天主教教堂。

从社会、政治、经济方面来看（葡萄酒也涵盖其中），主教（和大部分神父）成了问题所在。在中世纪社会，居于首位地位的领主因为世袭制而获得身份，原则上奉行长子继承制。如果没有继承人，他的地位就要被剥夺，为了维持领主的家业，就必须要生养多名男子。与此同时，长子如果成为继承人，二子、三子则不得争夺其位；不甘于被冷落的地位，他们就变成阻挠长子继承的存在（相似于日本的大名、旗本的二子、三子）。如此，为寻求继承者就需要寻求养子，否则就只能成为教会教士。

一方面，城市尤其是大城市的教会因为经济和社会的繁荣而得到发展，那里的主教、神父也因地理位置的优势而取得地位。即便是领主，也会将自己的子嗣送到教会，由此教会成为城市的一大势力，甚至大教会也会将其作为关系到生息发展的亚支配性存在。知名的"卡诺莎之辱"象征着中世纪占重要位置的国王与主教围绕着权力继承而展开斗争，英国采取独立的国教化政策，也是围绕国王是否具有任命主教、教士权力的地位展开争夺战。

这样一来，被任命的主教、教士中出现对基督教传教完全不关心、难以胜任该神圣职务的人也不会显得不可思议。按照天主教教会的宗旨，需要的是毫无差别传达上帝宗旨的圣职者。然而，当时无法阅读拉丁语圣经的祭司（尤其是村落里的祭司）不占少数。由此还产生了与其身份不匹配的所谓伪教士，这也是当时人性的一大反映。《十日谈》中就栩栩如生地描绘了欲望横流、贪图女色、尸位素餐、暴饮暴食的教士实态。

当然，也存在虔诚且具有强烈信仰的主教和教士，为了维持和发展城市教会，他们不仅传教布道，还卷入经济、政治、社会问题中，在这些世俗旋涡里无可避免地体现出人性的世俗面。他们也忘却了葡萄酒是神圣基督教的象征，而把它视为提供享乐的工具。此时教会里的人们与其说是用希伯来式不如说已经转化为用希腊式方式来饮用葡萄酒了。

而修道院对待葡萄酒则与这些教会完全不同，其中以西多会教派尤为明显。原本世俗化圣徒根据宗教界俗化原则，为了保存宗教的纯粹性，在公元529年于意大利的蒙特卡西诺由圣本尼狄克创设修道院，以养成清贫且具有强烈虔诚之心、拥有修养的新时代圣徒。修道院进入法国后，尤其在各乡村建设起来，向这些教区的人们传播基督教教义，进行日常性的宗教性活动。它与普通的教会、教堂不同，为了避免俗化而选择在边远的偏僻地区建设起来，发展出与教会相比属于另一个体系、完全经营自给自足生活的修道院。

到了公元 910 年，阿基坦公爵吉姆在勃艮第地区马孔以西的腹地，远离人烟之地克鲁尼荒地建设了修道院，历代教皇赋予该修道院持有各种特权，促使信仰者拥趸寄进于它。这种结果致使其在建立仅不到五十年的时间内，就引起全欧洲的瞩目并引领了富庶潮流，使得这一地区在 12 世纪之初成为基督教世界未曾有的大型宗教主都。直到罗马的圣彼得大教堂建立起来之前，它是全欧洲拥有最大的教堂建筑和一千五百座分院的大修道会。

随着规模的扩大，教会经济得以发展，高级教士们都享受这种豪奢且安逸的生活，有虔诚之心的教士见到这种堕落的样态，痛斥批判"一盘盘菜肴被搬上来，甚至还端上了不顾肉食禁忌的两盘鱼肉，即便是吃饱了还要继续赴宴，因为使用调料可再度激发食欲……虽然就餐完毕，餐桌立起，但由于他们痛饮了多到足可以洗澡的葡萄酒，而令他们头重脚轻"。

为了抵抗这种潮流，遵循原本禁欲、冥想、清贫、苦行的修道生活，1098 年，罗伯特·多·莫勒斯米在勃艮第的夜圣乔治以东荒地建起小型修道院（由于该地青苔茂盛而被称为西多会），知名的圣伯纳德使其得到发展（他是第二次十字军东征的倡导者，还致使阿维达尔与海洛伊丝之间发生纠纷）。西多会的修道士自身过着清贫生活，但他们并没有停止酿造葡萄酒。他们反而磨砺葡萄酒品质而酿造出精品，由于献给上帝的葡萄酒应该是至高无上之物，故该派为了追求这一教义而必须炼就出纯粹之物。

由此，修道士分成了两类。其中一类为了经营纯粹感而栽培种植最卓越的葡萄，于是出现了西多会酿造的葡萄酒以及延续这种思想在勃艮第酿造出霞多丽白葡萄酒、黑皮诺红葡萄酒（这一点可以与多数品种混用的波尔多形成对比，原本红葡萄酒完全不用白葡萄酿造，一直到法国大革命之后才开始改变）。

还有一类为了感谢上帝的嘉许而选择最优良的土地。西多会修道院由于其管理的土地并不适合种植葡萄，便谋求西丘陵斜面上的土地来种植葡萄。而今，该地已经发展成为培育世界上最好葡萄酒的金丘。修道士所做的并不仅限于选择栽培场地。他们还对斜坡各部分进行调查并加以细致区分（命名），并决定出其中的优劣。因此，还有说法称他们甚至到了"品尝斜坡葡萄田的土壤"的调查程度。

世界上的葡萄酒、葡萄产地，尚且没有其他地区像金丘这样将土地细致区分，确定出其优劣等级。德国知名的莱茵区摩泽尔庄园虽然也对葡萄田进行区分、命名和评级，但并未像金丘这样彻底地严格细分化。勃艮第的名酒正是在这种希伯来主义思想的指导下诞生的。

勃艮第地区最卓越的葡萄酒得益于修道士们的努力（波尔多则是商人与贵族），修道院所属的领地培育了金丘，为散在各处的勃艮第葡萄酒提供了品质提升的机会，但这些土地到了法国大革命时期被收为国有，通过竞拍移交到农民和市民之手。土地到了市民和农民手中后继续延续了贤明的培育方法，将葡萄酒特色作为其文化遗产加以发扬，并予以重视，进一步精进。该地对传统的尊重，使得葡萄酒并非浪得虚名，在蓬勃的发展中生生不息。

城市与市民的葡萄酒

欧洲中世纪的亮点还在于它使与罗马时代不一样意义的"城市"得到勃兴。原本的城市是作为王侯和领主的城下町 ① 和大型教堂和修道院门前町 ② 而得到发展的，其中贸易便利的地区（尤其是河流沿岸）会自然推动城市发达起来。值得注意的是，欧洲中世纪城市的发展也是与王权扩大并行的。

城市成为军备品到生活必需品乃至奢侈品在内的生产工场，王公贵族与大型教堂也十分欢迎其周边形成街区。但对一般领主而言，则不一定如此。中世纪城市是在各种各样固有复杂的社会环境中发展起来的，以贸易为中心的商业城市在同各领主的抗争过程中，确立起越过领主得到国王直接庇护的各种特权（自治权）。起初，国王先是将其视为财政收入的巨大来源，各个地方领主都将力量倾注于此，以达到一石二鸟的目的。当时还有"城市空气是自由的"名言，许多农奴身份的农夫就好像被砂糖吸引而聚集起来的蚂蚁一样，被吸引到城市里。随着城市的繁荣，包含奢侈品在内的消费经济逐渐发达，而中小领主则因为经济的破败而没落。这与德川末期日本大名的境遇相似。

罗马、佛罗伦萨、威尼斯以及法国的巴黎、英国的伦敦、西班牙的马德里、北海沿岸的汉萨同盟所组成的诸城市同盟等，在当时自然都是大城市，而各国的中小城市因为商人的贸易活动而变得活跃，这

---

① 城下町，是（日本）以城郭为中心所建立的城市。中世纪时代，在领主居所的周边所成立的聚落、町场（市集），称为堀之内、根小屋、山下。近世之后，则普遍称之为城下。

② 门前町也包含信徒在寺院、神社的近邻形成的集落——寺内町、社家町。规模大者也定义为宗教城市。

些城市不仅自己饮用葡萄酒，还将各国的葡萄酒作为商品来进行买卖。因此，作为"商品"的葡萄酒诞生了。像巴黎一样从其周边巴黎大区获得葡萄酒的城市，在当时就应运而生。自身并不产葡萄酒的伦敦和北海沿岸城市在当时则必须从其他地方入手葡萄酒。

伦敦人起初喜好甘甜的德国葡萄酒，于是大量从德国进口，而后逐渐转变为从卢瓦尔河沿岸地带（直到上游的奥尔良）、拉罗谢尔和波尔多这样靠近英国的地区率先进口。另一方面，随着北海沿岸城市和意大利威尼斯之间的贸易繁荣，其中的香槟大区成为中世纪最大的葡萄酒贸易中转站。如今，以伦敦为中心每年举办七次大型定期集市，极为盛大。所有国家的商人都云集于此，进行所有商品的买卖，为了进行结算还采取了汇款单和汇币交换处等革新性的支付手段（搬运金、银十分笨重且不安全）。人的聚集还滋生了消费。而消费的增加自然促使葡萄酒买卖大幅增加，为顺应这种需要，进一步开发扩大葡萄园（而今的香槟就是大型公司主导型，它得到全世界顾客的青睐，这种传统是自香槟大区时代开始的）。

拥有莱茵河这一绝佳的交通手段，被称为"欧洲的十字路"的阿尔萨斯，在葡萄酒贸易方面也是极佳之地。原本是啤酒地带的阿尔萨斯，在凯撒所率罗马军团进攻之后，从法国南部纳博讷（Narbonne）运来了葡萄酒，但无法满足当时的葡萄酒消费，在公元前后运来葡萄苗木开始种植。葡萄种植由此扩大，到图密善时期十分幸运地没有被列入限制令所在的对象区域，到普罗布斯执政时因为葡萄酒奖励政策使得葡萄酒产业得到急速发展。虽然莱茵河区域相比其他地区在种植葡萄方面处于落后状态，但到了 15 世纪，莱茵区已经上升为最大产量地和出口地。直到中世纪结束时，上百万升葡萄酒向北边通过斯特拉斯堡市场大量出口到德意志地区、汉萨同盟和英格兰，向南边则大量输出到自科尔马至瑞士的广大地区。

城市经济致使葡萄酒产业发达是有原因的。首先是水渠和下水道这类基础设施并没有顺应人口的增长，而卫生概念也未得到普及。当时大概也没有污染会导致细菌滋生、疾病蔓延的观念。与日本不同，中世纪的欧洲人没有沐浴泡澡的习惯，并且随意排放粪便尿液（将粪尿系统性活用为肥料的大型城市，在当时世界上有日本的江户、大阪和京都，难以置信的是，一直到凡尔赛宫时代，法国还没出现厕所，即便是淑女也得在庭园深处方便）。每一个城市都饲养了家畜，在羊、猪所经过的地方，它们会转来转去随意排粪。积攒在马桶里的排泄物就随意从二楼扔出去，从这里经过时说洗个粪尿澡也并非虚言。

繁华都市巴黎在实施奥斯曼的城市计划之前，市内经营买卖水生意十分兴隆。这些被买卖的水取自塞纳河（凡尔赛宫中的水也是从巴黎塞纳河引导过来的，为此还专门在塞纳河畔设计了巨大水车）。总之，饮用水被污染了。虽然当时尚且缺乏卫生观念，但对于水可能会致使健康受影响还是有所了解的。与之相比，当时人们都认为葡萄酒是对健康有益之物。对于不生吃蔬菜的北欧人而言（吃生鲜沙拉是二战之后才出现的），喝葡萄酒就起到了补充维生素 C 的效果。葡萄酒的消费量也随之膨胀。虽然并非是准确数据，但可以看到在酝酿法国大革命的 1780 年左右，拥有七十万人口的巴黎就消费了九万公升的葡萄酒。

整个中世纪——甚至追溯到过去高卢时代——在日常饮料方面，欧洲北部和南部的情况各自有别。受到地中海文明影响的南部地区，葡萄与葡萄酒已经渗透至大众之中，它们已成为与日常生活深切相关之物。无论其多么朴素、质朴，农民、市民多多少少 —— 虽然因地方和阶级有所差异 —— 应该都喝过葡萄酒。然而，在无法栽种葡萄的北部则是啤酒的世界。使用啤酒花酿造啤酒大概发祥于 8 世纪的巴伐利亚，而它到 17 世纪之后才在英国得到普及，无论穷人还是富豪都可以肆无忌惮地喝啤酒。

然而，自高卢时代起，欧洲北部的人们就强烈渴求喝到葡萄酒。由于蔬菜稀少，只能获得苹果、野生草莓、野生蓝莓等水果（柑橘类都属于贵重品），因地方不同，就连这些水果也并非能够简单入手。中世纪后期静物绘画成了一种风格，依据写实主义所描绘的水果画逐渐增多，从中能够看出它是人们渴望水果的象征。在德国，烹饪野鸟野兽尤其是鹿肉菜肴都需要添加草莓等果酱，这成为这一时期留下来的传统。如此一来，葡萄酒在全世界变得贵重起来。甘甜白葡萄酒是砂糖还没出现时代的上等甜品，红葡萄酒则被视为与水果相关联的活水。

因此，北部将葡萄酒视为重要的贸易对象。能够喝到正宗优质葡萄酒的仅限于市民阶层中的富裕人士，贫穷人士只能喝到粗杂之物。总之，在中世纪的城市，葡萄酒作为健康、卫生之物而得到普及，这就是为什么在所有的节日里都要向公众供应葡萄酒。

农村与农民的葡萄酒

中世纪是农业经济的世界。虽然各种金属用具、日用家居、装饰用品的生产在城市得到发展繁荣，但基本上没有脱离家庭手工业的范围。具有近代意义的产业出现在 12 世纪之后的尼德兰地区，最早为羊毛纺织业，而其原料产地（输出地）则在英国，这也是英法百年战争的原因之一。由此，英国农业逐渐特殊起来（因为毛纺织业出现了"圈地运动"，致使工业革命时诞生出流浪农民）。而将法国从百年战争与宗教战争的持续疲敝中拯救出来并加以恢复的，正是亨利四世的财政长官萨利坚持了"农业和畜牧业是供应法国的双乳"的产业振兴政策。

　　进入11世纪，欧洲社会由于进入"大开垦时代"而面貌一新。在这之前，而今依然留存于德国的"黑森林"覆盖了欧洲全境。耕地与农户都只是星星点点般的存在。到了11世纪，人们开始向森林发起挑战开拓出田地，形成了而今我们见到的田园风光。普及用铁斧砍伐使得开垦成为可能。关于这类民众的能源发生大变革的原因及样态有诸多说法，总之结果是欧洲人口实现了爆发性增长（也有说法认为因为增长而进行开垦），田地的耕作形态也发生了变化。所谓的"三圃制"得以普及（田地分为耕作地、休耕地和畜牧地，每年轮换耕种），农民集中于村落，而农具（铁制锄头致使深耕成为可能，重量级的有轮犁发挥出威力，而使用这些农具的家畜也从马转变为牛）和种植技术（小麦、黑麦等冬麦与燕麦、大麦等春麦的栽培）得到改良，农业生产得到飞跃性的提高（从小麦本身的收获量来看，一穗收获不到十粒提高到一穗二十到三十粒）。生产的提高令农村逐渐丰裕，而这也与当时城市的繁荣关联起来。巴黎圣母院的建立则象征了都市的富庶繁荣（如今欧洲大多数教堂的建立也都始于那个时代）。

　　在这种农村变化中，农民的地位也缓慢发生改变。中世纪也见证罗马时代的庄园制逐渐解体。中世纪的人们认识到罗马时代的奴隶制经济效率低下，同时又受到基督教影响，因而奴隶制就逐渐消失了。取而代之的是农奴制。为寻求领主保证个人的安全，人们抵押并承担起封建性的负担。虽然身份从属于领主，但他们并非奴隶。从公元1000 年至 12 世纪中叶，以领主辖地为中心的小型自给自足集约型农场逐渐消失，这也导致了人口增长。

当然，直到中世纪晚期，领主辖地周围往往居住了提供农业附属品、饲养牲畜和从事农耕的农民，与之相符的部分小规模耕地、牧场和葡萄园也就将辖地围起来。农民因耕作领主的土地建立起牢固的人身关系，原本成为沉重枷锁的各种赋役逐渐减少了。依照古老习惯，原本每周须三日到领主家提供劳动力的义务减少，农户可将劳动力倾注在自身土地上，这使得农业生产得到提高。而领主则要求农户缴纳免除赋役的税金。起初农户提供的是实物，随着货币经济的引入，逐渐转变为货币支付。所以，农民的生活并没有看起来那样简单快乐，因为除了向教会所管教区缴纳十一税之外，还必须从各种生产物中（麦子在内的诸谷物、蔬菜、鸡蛋和牛奶）抽出一定比例向领主缴纳租税。

到法国大革命初期，1789 年 8 月 4 日晚"废止封建制"宣言公布时，人们都为之前承担的大大小小、有形无形的封建负担而惊异。执行该决议时，贵族所独占的各种特权 —— 不仅是狩猎权、赋税、裁判权 —— 都被废除，其中所谓领主所拥有的"处女初夜权"和"为不妨碍夫人安心睡眠，禁止青蛙夜晚蹦入池塘，整夜敲打池塘令环境安静"的权利都在废止的行列。

令农民负担减轻的原因还有人口相对的增加，这在某种程度上减少了农民赋税。对其影响最大的是黑死病。在一些地方，出现了农民死亡几乎导致一些村落荒废的情况，即便不是如此也致使数量大量减少。多数内战时期成为战场的农村受到直接打击致使村落崩溃，而战争终止后被解雇的雇佣兵成为流浪集团窜到荒村破坏。另一方面，城市的兴起给多数农民带来了从村庄逃亡、流入城市的诱惑和机会。由于前述原因致使耕作农民减少，为了阻止农民集体性流失，领主就不得不做出减轻赋税的承诺。

如此农村经济结构性变化中，引人关注的是法国尤其是其北部地带的葡萄园反而增加的现象。在罗马统治的时代，高卢人业已热衷于种植栽培葡萄，到公元 90 年左右，虽然颁布了图密善皇帝禁止高卢境内新栽葡萄禁令，但是该禁令到了普罗普斯皇帝时被废止，栽培种植葡萄进而势不可当。法国南部过去就是栽培地区，到这一时期进一步扩大到其北部，越过了卢瓦尔河。如今，除了卢瓦尔河以北一部分例外地区之外葡萄种植地都消失了，但是 19 世纪之前法国人（与其他国家相异）因葡萄酒热而蠢蠢欲动，在所到之处都栽种了葡萄。

如今，巴黎周边的大巴黎地区几乎都没有了葡萄园，而过去这里的确是大型葡萄栽种区和葡萄酒生产地。它承担了巴黎人巨大胃囊的消费。整个中世纪，不仅形成了波尔多、卢瓦尔河流域沿岸地带、勃艮第香槟地区这些大型葡萄酒产地，而且在法国全境都栽种了葡萄。到了 14 世纪，法国各地农村出现了地籍册，索恩-卢瓦尔省莫旺地区小村落的地籍中还细致记载了此地有无葡萄园，也就是说，没有种植葡萄园的村落在当时地籍里属于特例。

但是，葡萄种植的普及与农民日常能够喝到葡萄酒之间没有直接关联。农民的饮食生活依然质朴清贫。然而，食物本身却发生了巨大变化，变得更为丰富，鸡蛋、肉、奶酪、炼乳、豌豆、蚕豆、胡萝卜、洋葱、蔓菁、卷心菜都进入餐桌。形成了用牛奶煮小麦的热粥，用面包、混合粉制成的曲奇等主食。即便在很晚面包才成为日常食物的地区，多数也能够喝上麦粥。偶尔能吃到用盐腌制的鱼，猪肉和鸡肉却很少进入到餐桌。这样的饮食生活中虽然也加入了葡萄酒，但是如果不是生活在葡萄酒特产地的农户，仍无法喝到它。与日本的中世一样，这些农户属于"饮水百姓"，葡萄酒是领主和教士所专享之物。

但并非一点机会都没有，一些差役在领主的宅邸工作的话，大概就可以喝到葡萄酒。而到了某些祭典节日祝宴时，农户就找到了喝葡萄酒的难得机会。虽然无论男女都无法喝到品质好的，但是可以随心所欲咕嘟咕嘟地大口喝到烂醉如泥。勃鲁盖尔所描绘的村落众生相栩栩如生地实写了当时人们的情景，显得十分有朝气。榨取葡萄酒所剩下的葡萄渣淬兑水后，可制成类似于葡萄酒的饮料，常常被饮用（直到近世，巴黎贫穷的市民喝的还是这种饮品）。往汤中加入葡萄酒的夏布罗尔和面包，最近已经成为奥尔良地区农民的主食。因此，葡萄酒的饮用方式多种多样。

这一时期无论多么贫穷的农民都能喝到葡萄酒——只要想喝的话——的确成了事实。这种葡萄酒当然是朴素的，农村里的人们并不是因为享乐和出于宗教虔诚心去喝葡萄酒的，而是因为相信它是健康之物。这也是葡萄酒文明的一种新姿态。

第七章　知识与理性的葡萄酒
—— 近代前的变革

从神到人

而今，我们极为想当然地去考量市民社会生活 —— 包括葡萄酒的饮用方式 —— 而这是法国大革命帷幕拉开之后政治、经济、社会的革新性激变所带来的。社会身份因习惯和传统而固定的闭锁的封建社会，在法国大革命的作用下崩溃，构筑起法律平等与契约自由的市民法政治结构，并诞生出如今的资本主义经济社会。而西欧社会则在大革命处于胎动阶段，历经文艺复兴、宗教改革、绝对主义王权的时代，率先脱离中世纪进入近代社会。

在这种历史的变迁中，葡萄酒的社会姿态也发生了变化。从形态、现象性来把握的话，就是从神明的葡萄酒以及神秘性存在的葡萄酒转变为知性、技术性及由人创造的葡萄酒。发现微生物的巴斯德彻底查明了葡萄酒的发酵现象，而直到揭开它的神秘面纱之前，葡萄果汁变为酒浆的不可思议的自然现象，被视为神明倚靠神秘力量赐予人类的奖品。如果没有列文虎克显微镜的发明，巴斯德则绝对无法发现微生物，而发明列文虎克显微镜则是自伽利略以来用理性眼光观察并诞生出的创意。

从中世纪向近代过渡过程中，人们不再将葡萄酒的诞生单纯视为神明恩宠而对其产生敬畏之心，通过长期严密观测自然现象进行思索而改变了酿酒结果，由此掌握了技术。委托于神明的农业依据人类的知识和理性得到改良——虽然其原因尚未究明——而进入新时代。正如大仲马所言，此时已经进入到"神创造了人，而人创造了葡萄酒"的时代。

文艺复兴、宗教改革

百年战争结束后，勉勉强强得以保存权威的法国瓦卢瓦王朝，历经查尔斯七世的狡猾计策和路易十一世的政略等，以卢瓦尔河流域为中心，坚实地巩固了其地位。其间，富裕的上流市民阶层、商业资本家也因为与国王有着政治、经济性密切接触，通过与世俗政权的合作扩张其势力。从结果而言，路易十四顶峰时期确立了绝对主义王权，而法国的这种旧体制在 16 世纪形成，17 世纪达到最盛，到 18 世纪进入解体。

欧洲社会从中世纪蜕变的转换契机就是文艺复兴和宗教改革。经济得到复兴和发展，王权得到强化并推动国内的统一进程，文化方面亦出现了新现象。伴随着政治、经济的发展，虽然也存在外交争端与战争（与哈布斯堡王朝的抗争和意大利的战争等），到了弗朗西斯一世（1515—1547 年）时，在意大利业已达到繁荣的文艺复兴思想与文化到法国进一步开花。而今被称为"法国花园"，吸引世界各地观光客陆续前来的卢瓦尔河流域建起了许多华丽的城堡——布洛瓦城、舍农索城、香波堡都是在这个时代营造的。达·芬奇所绘《蒙娜丽莎》并未放置在意大利而是展览于卢浮宫美术馆。这是因为达·芬奇晚年受弗朗西斯一世邀请居住于昂布瓦斯的克洛·吕斯城堡并终老于此。

在中世纪，所有知识、思考的源泉都必然出自基督教，必须通过上帝来观察世界，根据上帝旨意思考，按照圣经所言生活，不允许脱离这种生活状态。知识分子除了这种思考方法之外，也没有其他知识活动的途径。

从文艺复兴呈现出的诸多文化来看，它具有各种思考方式，而最重要的就是从上帝那里脱离进入"人的发现"。借用盐野七生所言"想要见证、了解和理解的欲望爆发，后世的人们将其称为文艺复兴，体现出精神活动的本质"。而文艺复兴时常与回归古典放在同一意义上进行说明，就本书主题而言，具体到葡萄酒文化就是从希伯来思想脱离而转化到希腊式思考方式上。如今我们英语所称的"科学"一词science，其语言源头来自意大利语scienza，是知识与理解的意思。

法国也引入了文艺复兴思想，在葡萄酒方面无论是在栽培还是酿造上都转变为现实主义的思维。这就是通过不断冷静、严密的观察，对诸多现象提出"为什么"的思想方法。从而今意义上来看，就是"理性的、合理的"思考得到普及。可是，虽然这种思想已经诞生，但在当时也只是十分稀有的一部分。一般的农户、葡萄酒生产者要到20世纪才真正学到普及知识。总之，文艺复兴的精神活动，必然要经过数百年才得以动摇坚固的天主教城堡的根基。天主教有各类思想，它的特点是将上帝的意志、上帝的言论仅通过教会、神父（主教、司祭）传达教义，教派以此特征为基干。除了专职的天主教教士以外，其他人不得随意解释教义（为了排除异端、宗教性思想主旨为了谋求社会性统一所采取的必然手段）。

文艺复兴的思想方法与印刷术的发展，成为撼动天主教思想体系的铁斧，其结果就是催生出新教。经宗教改革的新教滋生出伊拉斯谟，培育出马丁路德，伊拉斯谟等人耗费大量精力对圣经的印刷普及做出巨大贡献。这致使当时人们思考真正的基督教教义到底是什么，即通过读基督教言论集成《圣经》来指导人的行动。

此时，诞生了真正的教徒只需要信仰基督教教义而无须教士传达的思想。天主教与欧洲王权和社会有密切关联，在王权和贵族的对立、贵族相互间的利害对立的过程中，天主教都有密切参与，争夺十分激烈。而新教则不尽相同，在德国、西班牙、英国的争夺过程中，它并未参与其中。以圣巴托洛缪大屠杀为代表的血流满地事件，地区战争当时相继在欧洲各地上演，法国由于亨利四世才给内乱打上休止符，通过"南特敕令"承认了信仰自由。

从之后历史来看，宗教战争扫除了贵族的力量（多数贵族死亡），法国王权得以扩大和强化，诞生出绝对王权，法国王朝从卢瓦尔转移到巴黎，巴黎也就成为法国的首都。

从宗教战争时代转移到绝对王权时代的过程中，最为显著的便是贵族阶级的没落，取而代之的城市富裕阶层转变成为产业的主要承担者。随着战争进入高潮，贵族相继负债，他们对奢侈贵重品（这成为贵族保存威信的必需品）的渴求促进了其消费。如此一来，贵族离开农地，成为无根之草一般的存在，为了谋求与其地位相匹配的利益，就意味着贵族需要成为王权的寄生虫（从地方贵族转向宫廷贵族）。城市市民中的富裕阶层不仅仅满足于在城市里经营商业，还将手伸向周边的农业。

话题集中到葡萄酒上的话，要复兴荒废的葡萄田就需要农业资本，而提供这种资本的就是城市的富裕阶层。就勃艮第而言，即便在修道院绝对支配下的黄金丘陵地区，相比归属于修道院的伏旧园

（Clos de Vougeot），此时第戎富裕阶层专属的香贝丹酒庄的葡萄酒也更为出色。而就波尔多地区而言，波尔多的大商人已经执掌高等法院、王朝财政会计、税务官等官职，他们不仅拥有了土地和宅邸，还通过买卖和婚姻将贵族的称号也揽入怀中（从带剑贵族转变为法袍贵族）。这些贵族也使得波尔多地区的葡萄酒为之一变。

如今法国成为美食王国，但在文艺复兴之前，法国王公贵族的餐饮并不值得夸耀。彰显王侯权势的餐宴，在当时虽然已经十分气派，但还仅停留在食量方面。在进入文艺复兴之后，相比味道人们更加关注食品的外观。孔雀舌头之类的食品受到珍重，在宴席上为了凸显奇特开始用各种装饰物对食品进行修饰。

从象征物来看，法国宫廷使用而今已经十分普通寻常的餐用叉子，是意大利美第奇家族的凯瑟琳嫁给亨利二世以后的事情（即便是贵妇人也是用手抓肉进食）。以国王为中心的长桌，为彰显国王地位，贵族配合并排而坐，而搬上餐桌的则是大盘装盛的肉和鱼。

餐桌上摆放出宴请每人的美味菜肴，但贵族和贵妇人却不能自己动手取菜，需要随行的仆从伺机切菜肴取给他们。不机灵的男子直到宴席结束都无法吃到自己所中意的菜肴，不得不忍住咽下口水（而今米其林三星餐馆的服务员数量都须商榷讨论，就是这一时代的产物）。

虽然此时已然饮用葡萄酒，但普及使用玻璃高脚杯尚且要等到而后很晚的时代，不过可供咕嘟咕嘟地大口喝、类似于如今无柄杯的酒器已用玻璃烧制。而在玻璃杯中反复回旋再品尝的习惯要到很晚之后才形成。

这一时期贵族和富裕阶层到底饮用什么样的葡萄酒，到底采取怎样的饮酒方式，能够将这类问题清清楚楚教给我的，当属拉伯雷所著的《巨人传》。从该著本身来看不过是关于巨人的荒唐无稽故事，但连美国说大话的讽刺幽默小说也难脱离其影响，它是关于赞颂人类达到相当高度的诙谐虚构小说。纵观全卷出现了十分详细的关于食物和葡萄酒的篇章。其中谈到当时暴饮暴食被视为理所当然，看不到讽刺这种举动的言论。这种大口豪饮的场景虽然是虚构的，但也令人感到惊讶。而葡萄酒在当时已经多种多样，所谓的名酒也出现在该著之中，但也只能想象当时这些葡萄酒是什么口味。

在灰暗的中世纪社会，描述业已觉醒凡人思想的意大利文艺复兴文学代表作当属但丁的《神曲》和薄伽丘的《十日谈》。与前者是凡人的精神生活记录相比，后者是写实性地描述了凡人鲜活生活的人间赞歌。其内容为逃离黑死病的人们用十天时间讲述的故事，王公贵族、教士、商人、农民这些阶层人物的生活状态，毫无保留地以喜剧性诙谐方式被介绍展现出来。其中当然也有关于葡萄酒的篇幅。"葡萄酒樽"讲述了从事石匠工作的贫穷男子之妻寻花问柳的故事，从中可以看到虽然石匠十分贫穷但家中也有酒杯。贵族饮用的是上等葡萄酒，虽然全篇都能感受到葡萄酒香的氛围，但几乎没有提及葡萄酒是何种味道。所有阶层的人们都是为了享受现世快乐而饮酒，这已经进入希腊主义式的葡萄酒世界。

与《巨人传》相提并论的中世纪文学作品，还有英国乔叟的《坎特伯雷故事集》。其内容为前往坎特伯雷教堂做礼拜的二十九名信徒各自相互讲述的自身有趣体验，包括骑士、教士、修道士、医生、商人、船夫等所有阶层，与《巨人传》相似。它不仅是英国的国民叙事诗，也写实性地撰写了当时人们的风俗与生活样态，具有无法代替的史料价值。

《坎特伯雷故事集》所体现出的人们饮用葡萄酒的方式像极了《巨人传》中的情形，也是现世享乐的。然而，它带有劝诫人们不要因将酒全部喝完而豪饮进而导致烂醉的教训基调，而这也是因为当时豪饮现象频繁发生。英国本土并不产葡萄酒，以往葡萄酒都是从其他地方输入的进口品。红葡萄酒基本上从波尔多、拉罗谢尔输入，而白葡萄酒则从德国莱茵高地输入。《坎特伯雷故事集》中船长还提及了意大利的玛尔维萨酒和维罗纳酒（不知道到底是何品种），除此之外还喋喋不休地谈到了可作为免罪符的西班牙乐贝葡萄酒。

根据亚历克·沃的《酒的咏赞》（日本译名为《葡萄酒》），他从作者不明的 14 世纪诗篇中列出当时人们喜好的葡萄酒清单。从清单来看，列出了"罗姆勒、马尔梅……"等酒的名称。其中大概有推测之物，它们的真实面目难以得知。能够清楚知道的是，作为海洋民族的英国人在很早就已经喝到了来自世界各地的葡萄酒。

文艺复兴的时代也是大航海时代，西班牙和葡萄牙已经打开通往亚洲和美洲的窗口，其贸易利益引起了欧洲经济发生地壳性变动。而航海的必需品中就有葡萄酒。此时，水质易腐坏，葡萄酒对健康有利。但当时没有令葡萄酒保存得更好的方法。虽然无法清楚得知到底用了什么方法，但是他们却有令红葡萄酒变得更为甘甜的智慧（秀吉和堺市商人从西班牙、葡萄牙传教士那里买到并饮用的，就是使用了这种方法的葡萄酒）。与之相反，英国人热心于在保存酒品质方面下功夫，这就是而后的雪莉酒和波特酒（莎士比亚也饮用雪莉酒）。从理性的角度来看，当时主要产业依然与农业相关。

整个中世纪粗放、原始的农耕逐渐从二圃制转向三圃制，分散的农户集结于一处，形成而今我们所见的欧洲村落，以村落为单位开始经营集团性农业。铁斧在 11 世纪的普及为大开垦时代提供了助力，森林被大规模采伐，开垦地得到飞跃式增加。在三圃制的休耕地放牧家畜可以增加土地的肥沃程度。因为当时的人们已经留意到家畜粪便可以成为土地的肥料，并在观察之后产生了积极利用的想法。铁质农耕工具（犁）的改良也令深耕成为可能（此时人们已经知道深耕是提高生产力的必要手段），农业生产力进一步提高。

因为城市的发展而形成的大消费地区扩展到其临近的农村，拥有剩余生产品也可以拥有顾客，刺激了农户。这也促进了城市周边地区农业的发展，使得城市商人的目光转向农村。如此的变化也使文艺复兴时代人们的精神活动受到影响，领主、商人、知识分子们也将目光投向农业方面。因此，农业也转向"知识"时代。葡萄的种植、葡萄酒的生产当然也受此余波影响。

意大利最早出现了农业方面的正式学术书籍，1303 年博洛尼亚属于加图派的学者皮特鲁·德库拉山德罗出版了《农业地带便览》，该书历经数世纪反复再版。医生、拉丁语学者、考古学者（以及出版业者）夏尔·艾蒂尔出版了著名的《农业生活》，此书长年是农业书的楷模，书中包含了葡萄酒的情况。继之而起，在复兴农业方面崭露头角的奥费尔·多·赛尔出版了《农业的舞台与获得的田地》，倡导在农业中导入理性观察而起到了划时代的作用（有必要定期的深耕，要把消耗土地的植物与并非如此的植物根本性区分开来）。该书分为八个部分，其中一章就是《葡萄酒和其他饮料》。而该书推荐，于耕作之前，在葡萄园撒布硫黄、燃烧后的草木灰以使土壤更为柔软。赛尔还提出五六种不同的葡萄品种以供种植。历经中世纪之后，越来越多的农户学会为了酿造优质葡萄酒而选择葡萄园，这种务实的淘汰制造就了如今为酿造葡萄酒而专门培育的葡萄，而当时农户是在追求能够量产的种类中逐渐发现的。尽管如此，依然无法准确得知当时的葡萄到底是哪些品种。

使用硫黄消毒原本出自古希腊《荷马史诗》，罗马时代的学者加图和普林尼也谈及硫黄的使用。但是，中世纪人们却把使用硫黄忽略了。到 15 世纪末，德国在对木樽（不只是酿葡萄酒所用的木樽）消毒时就用到了硫黄（到 18 世纪，波尔多普及对木樽采用熏蒸法）。赛尔关注到硫黄在除虫、杀菌方面的效用，于是形成了将硫黄这种化学物质普及推广到栽种葡萄和酿造葡萄酒领域的想法，也为而后百科全书派理论对其加以证实打下了决定性基础（顺带一提的是，德国于 1487 年颁布了可在葡萄酒中添加硫黄的敕令，而法国则要到 18 世纪才得到官方许可）。

时代稍许推后，勃艮第地区的历史学家、第戎大学的加斯顿·卢布内尔研究 17 世纪勃艮第地方史，对这个时代葡萄酒种植的实态，尤其是城市资本到底如何促使周边农业改变并加入如今产业形态进行了说明。虽然他没有明确指出直到 17 世纪葡萄酒酿造技术的实态和改良发展状况，但在葡萄种植栽培方面留存了有趣的资料。《贝里公爵的豪华时祷书》（1413—1416）这本带有绘画的时令书，描绘了有名且实际存在的城堡庭园和狩猎情形，还包括了农耕风景，技法十分细致精密。在三月的路西尼亚城和九月的梭缪尔城绘画中，城堡前面的景色就是葡萄园，绘画还交代了三月剪葡萄枝，九月收获葡萄。

从该著中可见，给葡萄树添加一个攀附的梁柱可以达到高架蔓延生长的效果（在描绘巴黎西堤岛六月景象的绘画中，背景是城堡内的庭园有类似于管道一样立起来的格子棚上覆盖了葡萄）。葡萄不规则地散列于园地，尚且没有密集栽种。希腊与法国南方部分地区都是而今看到的景象，葡萄以自由蔓延样式生长，可想而知需要用相当多时间对其进行修剪。书中也可以看到此时使用"分枝法"（将从葡萄主株伸出树枝埋入周边的土壤，让这一树枝长出根茎）增加其产量。这相比原始的栽培种植方法已经有了进步，但如而今一样整个主株攀在墙根上的样态尚且没有出现（采用该方法要到而后葡萄蚜虫泛滥成灾时全面移栽的结果）。

虽然葡萄的栽种方法已经上了一个层级，但是葡萄酒的酿造方式还没有导入而今科学性的技法。只是在中世纪后半叶开始对木樽采用硫黄熏蒸，因具有破坏性的杂菌繁殖造成无法饮用的葡萄酒逐渐减少。整个中世纪，葡萄酒酿造领域的发展还表现在葡萄压榨器方面。在压榨器被开发之前，葡萄都是放在浅木槽中被脚踏碎的（而今波尔多的杜罗地区依然残留了这种方法，另外勃艮第极小部分地区也在沿用），压榨器得到各种改良，从之前利用杠杆原理转变为利用螺丝原理。与其说它单方面提高了葡萄榨汁效率，不如说它弥补了用脚踏碎来不及在短时间内大量生产葡萄酒的缺点。

用压榨机榨出酿造的葡萄酒，相比无压榨自然流出的葡萄酒在品质上或许有些差距，但它们富含单宁，酿造出的红酒颜色更为浓艳。而这一时期的人们发现将无压榨和压榨的两种酒混合起来，就可达到作为保存剂的效用。制造大型压榨机需要投资，因此，当时大型压榨机的所有者为贵族和教会（也有强制使用压榨机的领主）。古登堡的印刷机似乎也是得到这种葡萄压榨机的启发后发明的。

葡萄酒这种饮料对人体有着影响，适度饮用的话就会有益于健康，而人类在起初饮用葡萄酒时就有了该经验。对它进行科学性论证（尚且处于原始阶段）的是阿诺德·诺瓦及其所撰写的《葡萄酒之书》。

这位西班牙的加泰罗尼亚地人于 1300 年之初，进入法国南部的蒙彼利埃大学研究医学。蒸馏的原理虽已被古希腊亚里士多德所记述，但并没有用于实践。到了十字军东征时，欧洲人才从技术高度发达的阿拉伯人那里学到蒸馏技术。将其运用到葡萄酒领域的阿诺德·诺瓦，是发明如今白兰地和威士忌的始祖。此人为了发现不老不死的灵药而反复实验，在这一过程中尝试着对葡萄酒进行了蒸馏。该著作为医书将葡萄酒纳入治疗疾病的药品行列，视其为处方。它基于实证性的研究对葡萄酒展开分析，考察了葡萄酒的实验方法，还对香醇度不够的葡萄酒提出了处理方案（将葡萄酒从一个木樽转移到另一个木樽再进行沉淀的方法）。因此，该书可被视为科学性论述葡萄酒的先驱性著述。

绝对主义王权与该时代的葡萄酒

法国的绝对主义王权与这一时期的葡萄酒

使法国恢复、获得新生的王牌人物当属深受法国国民爱戴的"好色之徒"亨利四世，但他却在完成该使命途中死于凶徒刺客之手。继承其遗志的路易十三令铁腕名相黎塞留活跃于政坛，巩固了王权基础（达达尼昂和三剑客的时代），年幼继位的路易十四任用黎塞留后继者马萨林为宰相，在其辅佐下——平定了投石党运动和内乱危机——构筑起绝对主义王权。此时，贵族蜕变成为视国王脸色而喜忧的寄生虫。厌倦了巴黎生活的路易十四将宫殿转移到凡尔赛，以

"太阳王"的名号君临法兰西。其权倾一时,凡尔赛宫成为法国繁荣的象征,也是欧洲文化集合、结晶的展示场。在路易十四长年治世之后,短暂出现了与尊重威严、大兴仪式完全相反的,注重浮夸的"摄政时代",而后进入路易十五执政时代,文化进一步进入灿烂成熟期,它也是蓬帕杜夫人的时代。

自 17 世纪到 18 世纪,法国确立了绝对主义王权,成为欧洲文化的核心。而围绕在法国强大王权周边的,则是拥有强大权力的西班牙、葡萄牙、奥匈帝国、荷兰和英国各王朝,各国以其为中心争夺欧洲的霸权。与欧洲各国王朝确立、地位得以巩固相同,葡萄酒的世界在这一时期也进入论座次、排等级的阶段,形成而今的各等级葡萄酒版图 —— 波尔多、勃艮第、莱茵、摩泽尔、托卡伊、波特等 —— 它们以各自的地理、政治、经济、社会情势为背景而确立各自的地位。

就法国而言,在凡尔赛的宴会上,不仅宫殿的装饰、王公贵族的服饰都渲染华丽,餐桌也十分豪奢。而今可以看到国王一人进食时的菜单,菜肴的数量之多令人惊叹(国王和家臣自然不会全部一点不剩地吃完),而庆祝性宴席则成为国王炫耀权势的政治个人秀。然而,依然无法准确知道当时各阶层到底喝了什么品种的葡萄酒。继承路易十四血统的路易·德·波旁在巴黎近郊的苏镇公馆拥有与其王国规模相当的葡萄酒地下储藏室,法国大革命时代的 1793 年,在其死亡时还残留了所藏的葡萄酒目录。

此时木樽装藏的葡萄酒,红葡萄酒有波尔多、勃艮第、教皇新堡(Châteauneuf-du-Pape)、埃米塔日(Hermitage)、罗讷河谷(Côtes du Rhône)、昂布瓦斯,白葡萄酒则有香槟、汤尼尔(莎布利的邻村)、昂布瓦斯等。而瓶装葡萄酒也多种多样,达到 5000 多瓶。香槟的发泡酒就有 760 瓶，非发泡酒也有 125 瓶。波尔多的奥比昂有 270 瓶，教皇新堡 2 瓶，格拉芙（Grave）524 瓶，苏德纳（Sauternes）38 瓶，巴萨克 28 瓶。而勃艮第的伏旧园（clos de vougeot）260 瓶，伯恩白葡萄酒 480 瓶，默尔索干白 590 瓶，蒙哈榭（Montrachet）干白 450 瓶。罗讷河地区的露迪山麓（Cote-Rotie）46 瓶，埃米塔日（Hermitage）592 瓶，塔维尔干白 146 瓶。还有朗格多克-露喜龙（Languedoc-Roussillon）地区的麝香葡萄酒和布朗克特·利穆白（接近法国南部卡卡颂发泡酒）。

除了法国以外，还有马拉加产 970 瓶，塞浦路斯的麝香葡萄酒 58 瓶，莫瓦西亚白葡萄酒 93 瓶，莱茵葡萄酒 13 瓶，托卡伊 13 瓶，南非红酒 18 瓶，雪莉 340 瓶。除此之外，还有大量的蒸馏酒和利口酒（liqueur）。拥有令人头晕目眩的种类和数量，从其种类和瓶数来看，大概就可以勉强知道当时的流行和嗜好。而凡尔赛的酒库——至少在数量上看——并不逊色。

成为国王所属的勃艮第葡萄酒

相比这些葡萄酒的种类，凡尔赛酒宴还有许多精彩且具有象征性的逸事。其中之一就是香槟地区和勃艮第地区相互争宠。二者相争的结果是确立了勃艮第红酒的王位，而诞生出新品香槟。香槟艾伊（Aÿ）地区的葡萄酒名声很大，为欧洲各地的王侯所垂涎（艾伊也成为香槟的代名词）。亨利四世也是艾伊葡萄酒的狂热追求者。原本艾伊地区还产非发泡的红酒。这一时期，红酒主要用黑皮诺（Pinot noir）来酿造，这与勃艮第地区相同。但由于气候寒冷，其色泽偏淡，酸味自然也很强。而原本勃艮第的红酒也并非像今日这样带有如此浓厚的色泽。

从二者关系来看，提供给太阳王路易十四喝的葡萄酒到底选哪一家，就成了问题。当时，双方各自的拥趸学者、文人组成声援团，反复对此进行大论争。从结果来看，以健谈著称、活到七十岁的路易十四，在晚年还是为疾病所困扰。此时，勃艮第方面向国王提出其葡萄酒对健康有益，因此勃艮第葡萄酒作为国王爱饮之物成为国王级酒，确立起在葡萄酒中的王者地位。

被视为而今世界上极致红酒故乡的金丘，是索恩河平原以西呈东西方向平缓延伸的丘陵斜面的葡萄地，原本与该斜面山麓相连的各个村庄都处于克吕尼修道院的支配之下。其中，西多会开垦的伏旧园、第戎贝斯教堂的酒庄（产香贝丹）、圣丹尼修道院的大德酒庄、圣维凡修道院的圣维旺酒庄等都崭露头角。

令曾是中世纪享乐主义者的知识分子伊拉斯谟迷恋的伯恩红葡萄酒，不仅栽种在而今伯恩市西部斜坡的 AC（原产地管理名称）伯恩红酒葡萄园里，还生长在更广阔范围的园地上。起初供王公贵族所饮之物，就是栽种在而今沃尔奈（Volnay）村的葡萄酒。该酒也被称为"山鹑红酒"（Oeil de Perdrix），呈现出较为淡雅的色泽。其中，第戎附近金丘北半区所产酒逐渐崭露头角，以"夜丘"（Côte de Nuits）为名的葡萄酒占据优位。第戎市也因此受到影响，带来经济上的繁荣，而酿造该北半区葡萄酒的人们擅长酿出色泽浓厚之物，所以人们也逐渐嗜好饮用这种浓艳的红酒。这也成为致使第戎社会经济发生变化的原因。

进入 16 世纪后半叶，集中于金丘北部的修道院葡萄园，由于修道士逐渐耕种和栽培自耕地而荒止，开始让农户来管理和耕耘。涉及而今罗曼尼·康帝酒庄的记录称，1584 年，修道院院长颁布了出价最高者可获得该葡萄园永久租借权的公告。虽然土地还没有被买卖出去，但已经公开买卖小型土地的永久租佃权。竞拍成功者都是第戎王室的土地管理人，后来不久还获得了第戎市市长职位。如前所述，城市的经济发展使得周边近邻的农业——修道院的田地——都纳入其支配之下。原本在修道院管理支配下，葡萄酒作为献给上帝的神圣饮品，在这一基调之下提高品质，当时洗练的勃艮第葡萄酒逐渐转变为现世享乐奢侈品，成为王公贵族、富裕商人主动索取之物。

路易十四所饮勃艮第葡萄酒"夜丘"，被评价为当时所供给国王的酒品中品质最高的。到了路易十五的时代，田地买卖的情报也流入凡尔赛宫。当时围绕着土地落入谁手的暗流涌动和归宿趋向，有许多真伪难辨的插曲。总之，从结果来看，这些土地最终趁路易十五宠妃蓬帕杜夫人意想不到之际，落到一直盯上它们的康帝亲王手中。这最终招致蓬帕杜夫人的嫉恨，产生了康帝亲王因此而失去外务大臣官职的传言。也就是说，葡萄酒甚至成为牵扯到了政治的话题，此时已经到了在凡尔赛宫认知下左右葡萄酒地位的时代（这一葡萄园地到法国大革命时被命名为罗曼尼·康帝酒庄而竞拍）。从这一意义上看，凡尔赛的影响还可放在后文中继续谈。而给勃艮第葡萄酒带来影响的，便是香槟的诞生和波尔多干红葡萄酒的进军。

起泡沫的葡萄酒 —— 香槟的诞生

曾经在与勃艮第葡萄酒争宠中一败涂地的香槟地区，此时也在谋求卷土重来、东山再起的机会。到摄政时代，新开发的起泡香槟得以成名且获得了巨大成功。如今我们所饮的发泡性香槟传说是出自奥特维耶（hautvillers）教会的唐培里浓（DomPerignon）修道士之创意。但这值得怀疑。在寒冷的香槟地区，秋天收获的葡萄，其发酵会因为初冬的寒冷天气而暂时中止，到春天再继续发酵。因此，人们就把酵母菌处于休眠状态的葡萄酒装在瓶里，到春天再进行发酵，他们很早就发现了葡萄酒已经带有发泡性。但这种发泡的葡萄酒被视为失败之作。

圣·埃弗雷蒙这样的人物，当时是凡尔赛宫的时髦男子，因得罪路易十四，亡命到当时恰逢复辟拥立查理二世的伦敦，也成为伦敦的受欢迎者。他还向曾是其旧友的西耶里侯爵（勃艮第地区的领主）赠送了香槟地区的名酿葡萄酒，并介绍给英国宫廷。埃弗雷蒙由此开发了发泡香槟。这发生在唐培里浓在香槟传说里登场之前。作为起源论，埃弗雷蒙开发的发泡香槟还成为军用配给，其原因是英国人喜好啤酒，没有抵制发泡的葡萄酒。

另一个值得注意的地方就是葡萄酒瓶。由于英国玻璃工业发达，致使玻璃瓶罐装的啤酒和葡萄酒得到普及。但直到而后很晚的时代，法国才从英国输入玻璃瓶。暂且抛开封存气泡的埃弗雷蒙起源论不谈，在嗅觉和味觉上具有优势的唐培里浓混合香槟各地区各村庄葡萄酒，最终成功酿造出洗练、稳定的葡萄酒，这一点是不容否认的事实。而根据当时技术，要用红葡萄来酿造白葡萄酒，无论如何都会有淡淡的红色，导致其色泽浑浊。而用大型压榨机高速运转大量榨汁的话，就可以得到透明（不着红色）的葡萄酒。致使这一技术成功的则是佩里尼翁，他与路易十四生活于同一时代，晚年致力于开发发泡酒，故而今也被视为"香槟之父"。

如今作为在发泡葡萄酒领域主导世界的香槟，其生产成长为巨大产业是多种经济、社会要素结合的结果。香槟地区接近葡萄栽培种植的北边极限，由于日照不足，每年收获的产量不多。当地就把丰收、质量上乘年份酿造的葡萄酒与产量不高、质量欠佳年份酿造的葡萄酒混合起来，以此保证每年均质的制成品出口。而这就需要拥有极大的库存，也就无法立刻转化为收益。也就是说，香槟的制造需要巨大投资。现今香槟产业为巨型葡萄酒公司独占也是出于这一原因。香槟地区作为中世纪的大型集市达到繁荣，存在着能够进行大量投资的企业家。

香槟还有酒瓶和气压方面的问题。发泡致使瓶子内的气压升高（与承载伦敦双层巴士的胎压几乎相同）。玻璃制造手工业只能造出玻璃厚度不均一的瓶子，而用它来装发泡葡萄酒需要反复承受气压的冲击，一些瓶子也会因此而破裂。由于这一原因，初期经常有因大量瓶子破裂而导致破产的从业者。"压强比重计"的发明致使瓶内的气压能够调整——借助工业与科学之力——克服了生产上的障碍。

香槟诞生于凡尔赛宫引起骚动的"摄政时代"可谓幸运。在继之而起的路易十五时代，对勃艮第地区葡萄酒充满怨恨和嫉妒之心的蓬帕杜夫人扶持了香槟。甚至还出现了"不损害醉态美的唯有香槟"这种商业广告的鼻祖。然而，凡尔赛宫并不是香槟唯一的销路。拿破仑也十分关心产业的成长和获得外资，鼓舞香槟产业发展。随着拿破仑的失势，到了维也纳会议上，法国全权大使塔列朗展开宴会外交，这一时期香槟起到了"会议中跳舞，致使对法和议内容无法进展"的效果，也引起了世界各国上流阶级的关注。

拿破仑三世举办"世界万国博览会"，世界各国人们云集于巴黎，这些赴巴黎的观光客被香槟所俘获，香槟进一步推广到世界。在效仿法国的俄罗斯宫廷，香槟也大受欢迎。普法战争中胜利的普鲁士（德意志）人占领法国时，对在库的香槟进行了全面搜刮和侵夺，使得他们也成为香槟的爱好者。新兴的美国也大为欢迎这种珍奇并代表了新趋向的发泡葡萄酒，成为它的主要客户。也就是说，如今香槟的世界性霸权，是自君主制时代以来，各种政治、经济、社会情势综合作用下发展确立起来的。

波尔多干红葡萄酒的进军

在凡尔赛宫与这一时代背景的影响之下，法国作为世界上最为卓越的葡萄酒生产地雄飞于世界，而促成这一成就的还有波尔多干红葡萄酒。波尔多葡萄酒的发展是以英国人为主要顾客的，它曾是英国人的葡萄酒，而并非法国之物。百年战争以来，法国与英国并未建立友好关系，宫廷和贵族也并不饮用波尔多葡萄酒。与其说是嫉恨，不如说他们对波尔多葡萄酒并不知晓。蓬帕杜夫人没有成功得到康帝酒庄，为了在追求名酒上不输于康帝，她盯上了波尔多干红。

讽刺的是，从事波尔多干红销路工作的正是蓬帕杜的后盾，流放到岛上的黎塞留男爵（《三个火枪手》中黎塞留宰相的侄子）。男爵曾经赴任之地便是波尔多，他居于当地并很快就被该地葡萄酒所俘获。当时，他有意服侍凡尔赛宫，在得到国王允许而拜谒宫廷时，国王向健康的男爵询问其秘诀——长寿活到八十岁并结婚三次——男爵便把秘诀归于波尔多所产拉菲葡萄酒。这个故事的真伪尚且不知，到 1755 年它得到蓬帕杜夫人赞赏并成为其爱饮之物。而这其中还有其他的时代背景。

波尔多在属于英国领地时代，曾与英国国王缔结各项契约并拥有各类特权（有利的税制和葡萄酒提早出口），而回到法国领地之后，也努力从法国国王处获取这些特权。因贸易而致富的波尔多商人控制着城市的管理，也就是所谓的法袍贵族。因撰写《随笔》而出名的蒙田在宗教战争的时代，巧妙利用新旧两派势力而获取均衡，使得他在任期间波尔多市毫发无损，拥有了知名市长的履历。他出身于大酒商之家，晚年搬到稍微远离波尔多市的卡斯蒂隆，买了当地土地，经营起以葡萄酒为中心的农业。堀田善卫在《米歇尔城堡的人们》中就栩栩如生地描绘了蒙田的生活状态。他本人醉心于书斋埋头写作，从事经营的是他的夫人。他本人喜好葡萄酒，且认为应该保持适度饮用的习惯，故将其写在了自己的《随笔》中。

原本从波尔多输出的酒是市区周边葡萄园所产混合加龙河上游葡萄酒产地所产，再用瓶子装盛的无名无姓之物。在这过程中，酒商蓬塔克（Pontacq）家族严守自家所酿制葡萄酒的品质，并以自己家族名字命名出口销售，逐渐崭露头角。蓬塔克家族考虑到葡萄酒商业运营成功需要与饮者沟通，他们便在伦敦开业经营了"蓬塔克总部"的酒馆。该店在英国大受欢迎。撰写了《格列佛游记》的斯威夫特、著有《鲁滨逊漂流记》的笛福以及书写了《人类理解论》的约翰·洛克等人都是该店的常客。不仅如此，蓬塔克家族还开始在自己购买的宅邸庄园里贩卖自家所产的葡萄酒。而这就是"奥比昂酒庄葡萄酒"（Château Haut-Brion）。

其日记被视为世界奇书的塞缪尔·佩皮斯于 1663 年 4 月到该店饮用了葡萄酒，其在日记中盛赞该酒拥有之前从未品尝过的美味。这既是最初关于庄园葡萄酒的记录，也是葡萄酒推广中成功的商业化记录（而后的 1855 年对红酒进行评级时，被分为六十个等级的庄园葡萄酒都是来自梅多克产区，该地还出现了仅仅一座墓地的土壤都酿造了奥比昂葡萄酒的事情）。

如今作为知名葡萄酒酒庄故乡，波尔多市的梅多克地区，在当时由于远离市区十分不便，曾是不适合栽种谷物、满是沙砾的荒芜之地。借助荷兰人之力，其开发逐渐便利起来，波尔多市大商人和新贵族们开始在梅多克建造别墅宅邸。由于远离波尔多市，这些宅邸不得不经营自给自足的生活，宅邸周围全都栽种了供自家消费的葡萄园，葡萄酒产业也自发地发展起来。波尔多市输出的葡萄酒只关注产量，在品质上不怎么留意，但梅多克贵族宅邸的葡萄酒由于供自己饮用，故努力提高酒的品质，诞生了特级的庄园葡萄酒组群。

在这个过程中，热心于酿造葡萄酒的是拥有而今拉菲酒庄、拉图酒庄、凯隆世家庄园，具有"葡萄酒公"外号的塞格尔伯爵（Ségur）。侍奉于国王的宫廷财政、自己也聚敛蓄财的莱斯托纳克也因为其经营的玛歌酒庄而闻名。这些名门名家成为庄园葡萄酒的富裕酒商，还在1709 年克服了巨大寒潮给葡萄园带来的灾害（由于投资而得以复兴），形成了凌驾于其他葡萄酒之上的梅多克高级庄园葡萄酒组群。其名声惊动了凡尔赛的宫廷贵族，为了维持其资格和名声，这些葡萄酒自身就必须不辜负其盛名。因此，各酒庄竞相在种植葡萄和提高酿造技术上比拼、提高。

选择合适土地、限制产量、推迟收获、选择甄别葡萄种类、除枝、延长发酵时间、限制使用压榨类葡萄酒、选择木樽材料、使用新木樽、增加沉淀的次数、整备储藏库以及聚集整合（为了调整多数木樽贮藏酒、成熟葡萄酒的品质而进行混合）等，这些酿造现今上档次酒庄葡萄酒的大多数技术，都是在这一时代被开发和积累出来的。也就是说，离开神秘性与神圣性之后，成为现世富庶象征、旨在代表高级志趣的葡萄酒，已经与一般日常消费的葡萄酒有所区别，而且其产量也十分可观。

商人的现实主义精神与智慧是促使其成为可能的要素，另外，还要得益于葡萄酒商业和广告的发展。相比酒精度低的波尔多干红，此时人们的嗜好已经转化为喜好酒精度更为醇厚之物（法国南部埃米塔日所产的酒也被混合进来，成为拉菲·埃米塔日这样的葡萄酒）。虽然波尔多一流酒庄所产的酒也逐渐为巴黎上流社会所饮，但并没有普及到普通市民中。一般家庭出身且土生土长的巴黎人喝上波尔多葡萄酒还要等到很晚以后，直到波尔多和巴黎之间开通铁路。

英国人创造的雪莉和波特

英国并不酿造葡萄酒，他们原本是啤酒酒徒。但是，它后来却发展成对葡萄酒情有独钟的喜好国度。从与葡萄酒关系来看，英国具有两大特征。首先，英国政治很大程度上左右了葡萄酒饮用方式；其次，英国人对葡萄酒具有很强的比较判断能力。一般来说，世界上葡萄酒生产国的人们都只饮用自己当地所产酒。然而，英国人因为喝到了多种多样的外国酒类，形成了比较、判断葡萄酒优劣的资质。其结果是，英国人根据自己喜好，利用国外所产之物进行了新创造。现今上档次的葡萄酒种类中深受喜爱的雪莉和波特，就由英国人创造。

伊丽莎白女王时期确立了英国的绝对君主制。女王有着与其他国王不同的深厚慈爱，十分在意国民的幸福，她在位时期抑制了面包、啤酒和葡萄酒的价格，并没有将这些作为税收的来源。

女王的时代——也是莎士比亚创作戏剧的前半阶段——除了葡

萄酒商人、拥有经营执照的酒馆老板或土地贵族，其他人只能在自己酒庄里贮酒和卖酒，自产自销。以伦敦为首的城市拥有数多酒馆，在这些酒馆里人们都可以自由地喝到啤酒和葡萄酒。当时普通市民的居住情况十分糟糕，从忙碌工作中回到自己家里，尚且无法缓解一天的疲惫。一家子上班族在下班后往往在附近酒馆驻留，在那里畅饮啤酒和葡萄酒，并与朋友度过数个小时。

当时的人们相比如今而言拥有更多的闲暇时间，但与此同时，夜间的娱乐却较少。不仅没有电视、电影、晚报，连电灯也没有。因此，与他人交谈就成了比什么都要有乐趣的事情，酒馆也就成了智慧和信息的宝库。他们会毫不吝惜地饮用葡萄酒，因为此时酒价便宜。醉酒是不被允许的。在莎士比亚的喜剧中出现的约翰·法斯塔夫虽然都是夸夸其谈的大话王，但他们都不是醉汉。

到了詹姆斯一世即位时，情况发生了变化。与女王不同，詹姆斯一世废除了价格限制，葡萄酒在自由市场竞争中买卖，他不仅允许自己家臣参与葡萄酒买卖，而且颁发了小规模贩卖葡萄酒的许可，允许谁都可以用现金进行买卖。此时，葡萄酒并不是被充满纯粹热爱之人所零星拥有，而仅仅为赚取利润的投机性金融借贷者所有。国王甚至为了获得税金，租赁王室管理者的职务。与这个职务相关联的下级从业者们，也在国王权威保护伞之下，令葡萄酒出口者、小买卖商人和酒馆老板蒙受压榨之苦，因自己的私利而上涨葡萄酒价格，这种影响也波及了普通大众。

人们不再像以前那样轻易点单并畅快痛饮，为了谋求日常生活的安慰，他们开始入手廉价的蒸馏酒。正如一时流行于伦敦的贺嘉斯的著名版画《杜松子酒巷》所描绘的那样，民众的生活状况陷入悲惨境地。

　　目前还能找到了解伊丽莎白女王时代的酒馆到底准备了何种葡萄酒的有趣资料。那份资料就是 1612 年伦敦名为"马耳他旺斯"酒馆的盘存表。其中的内容，列出了以下葡萄酒（全部都不是瓶装而是大型木樽或中型木樽装酒）：

　　　　白葡萄酒（出产地不明）、格拉夫、古格拉夫、红葡萄酒（出产地不明）、法国干红、古格拉夫干红、罗谢尔、奥尔良（红与白兼有）、马里戈特（玛歌？）、阿利坎特、玛姆奇、古玛姆奇、马拉加、雪莉·沙克。

其中的法国干红、格拉夫、罗谢尔、奥尔良都是法国所产，玛姆奇来自希腊，阿利坎特则是西班牙地中海沿岸地区所产。马拉加和雪莉也自不待言是西班牙所产之物。

　　作为海洋国家而崛起的英国，能够通过各种航行、归港和运输将各国各地的葡萄酒输入运到国内，然后逐个品尝饮用。尽管如此，但北海地区和大西洋另一端并没有产葡萄酒（而后发现了朗姆酒，朗姆逐渐成为海军常饮之物）。

　　此时英国的葡萄酒除了从法国入手之外，主要还从地中海沿岸其他地区进口。其中，具有人气的是希腊所产的玛姆奇和塞浦路斯所产的葡萄酒（法国南部朗格多克和意大利、撒丁岛的葡萄酒因为政治原因，英国人基本上不喝）。而后加那利群岛的葡萄酒在英国也颇有人气。而因为与西班牙之间的政治斗争，西班牙方面的船只虽然无法进入英国港口，但马拉加所产葡萄酒因为甘甜浓烈在英国依然具有很高的人气。其中人气急速飙升的则是雪莉葡萄酒。

纳尔逊提督指挥的特拉法尔加海战，击败了法、西联合舰队，其地点则位于直布罗陀海峡以西的加的斯港湾。该港曾是西班牙大航海时代的重要军港。1587 年德雷克船长曾袭击该港，发生了"烧掉西班牙国王胡子"这一具有世界性历史意义的事件。德雷克对加的斯港的掠夺之所以得到英国人的拍手喝彩，这是因为港口内堆满贮存好的葡萄酒足以让英国人喝个够。加的斯港口背靠着葡萄酒大型生产地赫雷斯，所以与其说加的斯、与其说是葡萄酒，不如说是雪莉酒的大型出口港。马拉加酒不受英国与西班牙之间复杂政治斗争的影响，很早就成为出口到英国之物。

这个过程中，赫雷斯所产的雪莉也逐渐为英国人所钟爱。最初，人们称它为"沙克"，而后赫雷斯被英国讹传为"雪莉"，逐渐就用"雪莉"来称呼它。它受英国人喜爱这一点，从莎士比亚《亨利四世》第二部第四幕第三场中约翰·法斯塔夫用大篇幅台词来礼赞雪莉酒就可以明显地看出。虽然不能说当时的沙克酒与如今的雪莉酒相同，但它们都是葡萄酒中的异类，与一般的葡萄酒相比有着不同颜色。也就是所谓的酒精度增强酒。雪莉酒是在葡萄酒酿造过程中（发酵结束之后）添加酒精（从葡萄酒中提炼出来的白兰地）。从葡萄的发酵果汁中可分解出糖分，与酵母作用就可分解为发酵酒精和碳酸气，进而转化为葡萄酒。酵母完全发酵之后就会增加浓烈辛辣口感。在糖分残留之际加入酒精，则会令葡萄酒变得甘甜。

如今提到雪莉酒，淡黄色辛辣口味的"菲诺酒"（尤为有名的是缇欧·佩佩）在市场上占有统治地位，除此之外，还有浓茶色兼有甘甜和辛辣口感的"奥罗索酒"。英国人将菲诺酒和奥罗索酒混合起来创造了各类雪莉酒（例如知名的布里斯托尔奶油葡萄酒就是人气商品，它还因为奶油表示的是虚称而遭到长久的法律诉讼）。雪莉酒是用西班牙土地与风土培育的葡萄酿造出来的，但将雪莉酒作为一种典型类型加以酿造的则是英国人，从这个意义上来讲，它属于英国人的葡萄酒。它与普通葡萄酒自然成长发展不一样，并非属于上天创造的产物，而是饮酒者根据自身喜好而设计出的具有独创性的葡萄酒。

英国人创造的另一种葡萄酒是波特酒。英国很早就从波尔多进口葡萄酒，但它并不太符合英国人的口味。比波尔多更近则有波特酒庄，它所产的葡萄酒品质优良，因此就没有必要再舍近求远饮用波尔多葡萄酒了。而随着英法之间出现政治纷争，进入难以入手波尔多葡萄酒的时代，英国方面为了改进与波尔多地区的关系签订了"门兴协定"，缔结通商条例，政府奖励输入进口波尔多葡萄酒。纽芬兰港湾的鳕鱼被英国人捕获之后出口运输到波尔多，再在波尔多交易葡萄酒返回英国，形成了一条贸易航线。自此，进口波尔多葡萄酒再度恢复活力。

在进口波尔多葡萄酒过程中，英国人也像雪莉酒一样在其中添加了酒精，使得它变成英国人喜爱的甘甜浓厚口味的红葡萄酒。注入波尔多港的杜埃罗河上游地区被大量开垦，当地的葡萄酒也运输销售到波尔多市，被冠以"波特"之名，这里也成为在波尔多港从业工作的英国人聚居之所。如今生产波特酒的企业也几乎都是英国公司。

日本人对波特酒有着误解。这种误解大致就是，他们混淆了波特酒分为红宝石波特酒（Ruby Port）和年份波特酒（Vintage Port）两大种类，实际上两者完全不同（二者中间还有各种变体）。红宝石波特酒是普及的葡萄酒，如其名所称，该酒通体透红。而年份波特酒则是只用上了年份的葡萄酿造出来的陈酒，它需要用瓶子装起来发酵两到三年，再用瓶子储藏至少二十年，待其醇熟之后再饮用。其颜色为茶褐色，也并不完全是甘甜口味。红宝石波特酒是庶民之物，而年份波特酒则为上流社会所专有。

这种二十年以上才醇熟的年份波特酒（当然也不会便宜）是十分卓越之物，在世界葡萄酒中都是具有独自特色的存在。从这个意义上，它还跻身进入所谓的"高级葡萄酒"（葡萄酒中的杰出佳作，是葡萄酒中的理想形态）行列，成为其中一员。因为这种异色的葡萄酒由英国人创造，所以它虽然在类型上也属于波尔多葡萄酒，但却是英国之酒，饮用它的也几乎只有英国人（虽然是波尔多葡萄酒，但喝的人却属于特殊人群）。该酒与其说是天然之物，不如说是人为创造的葡萄酒之一。

非洲海岸边的马德拉群岛所产"马德拉葡萄酒"，尽管也属于波尔多葡萄酒，但同样也是英国人所创。它类似于波特酒，用特殊的制法（在热带地区航海环境下让它醇熟）酿造，口味也异于其他种类。马德拉葡萄酒非常长寿（还有超过百年的），这种古酒也是高级葡萄酒中的一员，但如今由于它的荣光时代过去而不再具有人气。

贵腐葡萄酒的诞生

德国与奥地利（包括匈牙利）被视为欧洲的北国，自古以来就是啤酒的国度。虽然日耳曼民族过去主要大量饮用啤酒，但是他们和高卢人一样并非不知道葡萄酒，双耳细瓶所装的葡萄酒曾经作为贵重品从遥远的罗马运送到日耳曼地区，仅非常有限的一部分人才能够喝到。德国最早酿造葡萄酒始于摩泽尔河流域（摩泽尔河的上游是法国境地）。皇帝普洛布斯执政时代，他的奖励促使如今普法尔茨到莱茵黑森地区发展为葡萄酒的一大产地。由于迫切需要种植谷物，平原的田地用于种植小麦，而葡萄园则被排挤到种植在多石的山坡上。其结果反而使得该地能够产出品质优良的葡萄酒。

位于寒冷地区的德国从秋天开始至初冬都很严寒，秋天收获的葡萄在酿造过程中，到了这一时段酵母常常在发酵过程中活性降低。果汁中的糖分由于没有被酵母消解，葡萄酒变成甘甜口味。在甘甜口味受欢迎的时代，德国的酿酒者注意到了这种自然现象，便开始人为地酿造甜口的葡萄酒。

流淌于德国西面的莱茵河，在河流作为重要运输方式的时代，曾是欧洲经济的大动脉。16 世纪初期，德国作为欧洲北部的葡萄酒产地得以繁荣（阿尔萨斯的斯特拉斯堡也成为葡萄酒的大型集散地）。多数用木樽装盛的葡萄酒通过船只运往欧洲各地，英国人也将德国产的葡萄酒与波尔多干红并列，成为其爱饮之酒。自 15 世纪末到 16 世纪初，德国遇到了不可思议的温暖气候，这进一步为葡萄酒产业的发展提供了助力。然而，到 17 世纪德国进入寒潮的时代，葡萄酒产业的发展被气候拖住了脚步。

不仅如此，德意志地区当时还是诸侯群雄割据状态，是欧洲实现国家统一进程最为迟缓的（欧洲中部的奥匈帝国是大型帝国，以普鲁士为中心的德意志在扩大之前尚属于奥匈帝国领地）。而以宗教论争为导火索的"三十年战争"（1618—1648），令德国的境况更为糟糕，欧洲邻近国家的军队纷纷侵攻德国，使其卷入战乱旋涡，大多数城市和农村遭到破坏而成为荒废之地。带领德国从这种悲惨状态中脱离，从而复兴葡萄酒生产的是当时的大型教会。以教会为中心，各地栽培种植葡萄，葡萄酒酿造业也开始复兴。而引领该复兴事业的主要是西多会和本尼迪克特派的修道院。

在这个进程中十分重要的是，教会废除了之前对杂多葡萄品种的栽培种植，以强制的方式推进种植莱茵白葡萄。于是，德国就成为复苏酿造甘甜口味莱茵白葡萄酒的国度。而诞生优良品质葡萄酒的地方自然也受到了关注。如蛇形一般蜿蜒曲折的摩泽尔河南面的斜坡，以及莱茵黑森的部分地区在此时崭露头角。无论其他地方怎么受关注，其中最耀眼的明星产地还是莱茵高地区。向北流淌的莱茵河到美茵茨之后向左发生 45 度转折，转向西流，到宾根地区后又改为向北流。该河流流向贯穿东西，就意味着其右岸处于纬度的南面（摩泽尔河的左右岸是从上游角度而言的）。

这一块狭小的地区，即"莱茵高"以南的大斜坡，由于背靠的陶努斯山脉阻挡了自北而来的寒风，莱茵河面受太阳光照射的热量与从河流蒸发的水蒸气，带来了使气候温暖化的适度湿气，这成为葡萄栽培种植的绝好条件。于是，莱茵高地区就密集分布了各教会、领主经营的知名葡萄园。其中最出名的有约翰纳斯堡（johannisberger）、埃伯巴赫修道院（Eberbach）、马可布恩（Marcobrunn）、吕德斯海姆（Rudesheim）等。这些酿酒厂推动了葡萄栽培技术的进步，将高品质葡萄和完全熟透的葡萄分别进行酿造，并对其进行精心储藏。橱柜葡萄酒由此诞生。

在用完全熟透的葡萄酿造出极为甘甜口味葡萄酒并受到热烈追捧时，发生了一项重大事件。在查理曼大帝以因格尔海姆为居城时，他关注到对岸山峰冰雪最初融化的样态，便命令人在那里栽种葡萄，这便是约翰纳斯堡葡萄园的起源传说，而约翰纳斯堡也成为著名的葡萄

园（根据如今的研究，实际上似乎并非如此）。在中世纪，摘取葡萄
须经过领主的许可。在这个地方，执行传达许可任务者是富尔达大修
道院的院长，而因为某种原因（有数多种说法），传达领主许可的使
者迟迟未能到达葡萄园，周边葡萄地的葡萄都已经采摘结束。推迟采
摘的葡萄已到了将近腐坏的程度，在这种情况下，酿酒者们冒险用
它们进行酿造，就诞生出与之前口味完全不同的新型葡萄酒。而正是
1778 年，德意志地区发现了这种"贵腐葡萄酒"。

　　当时，贵腐葡萄酒产区尚属于奥匈帝国领地，该葡萄园在当时也
归奥匈帝国宰相梅特涅家族所有。于是，之前属于奥匈帝国而今成为
德国名酒的逐粒枯萄精选酒（Trockenbeerenauslese，简称 TBA），在
当时成为奥匈帝国维也纳宫廷餐桌中凸显名贵的装饰，最终以冠绝世
界的极品甜口葡萄酒的名义，确立了其"高级葡萄酒"的地位。诞生
贵腐葡萄酒的极品葡萄园在当时隶属于大教会，而莱茵高地区当时是
与确立欧洲绝对主义王权的法国争夺霸权的奥匈帝国哈布斯堡王朝领
地。在维也纳宫廷的庇护下，贵腐葡萄酒名声得以确立，可以说它是
奥匈帝国绝对主义王权的产物。

　　如今与德国所产齐名的贵腐葡萄酒名酿地，还有法国波尔多苏玳
地区。该地自 17 世纪起开始用熟透的葡萄来酿造甜口葡萄酒并大量
出口。但有意识地酿造生产贵腐葡萄酒并进行成交贸易，已是十分晚
后的 20 世纪 30 年代。作为贵腐葡萄酒顶端的吕萨吕斯酒（Château
d'Yquem），也与德国产的酒一样，在街头巷尾流传着因迟缓采摘而
诞生的传说。该酒的拥有者吕西尼昂伯爵却否定了这种说法。历史学
家推测，很早以前贵腐葡萄酒就已经被酿造生产，但由于当时人们隐
瞒这是从腐坏的葡萄中酿造的事实，故没有关于它的记录。

　　苏玳地区的葡萄酒自 18 世纪中叶起就如同"香甜酒"（liqueur）一样甘甜且品质优良，它也受到了与其他白葡萄酒不一样的好评。1660 年的诉讼记录中记载了提早收获葡萄的佃户与不允许其采摘收获的吕萨吕斯领主产生的争执。从该诉讼可以看出，在这一时期吕萨吕斯地区都强制农户推迟采摘葡萄。吕萨吕斯的贮藏库记录中，记载了1802 年该地所产的贵腐酒不仅献给了处于鼎盛阶段的拿破仑一世，还送往欧洲其他宫廷。塔列朗在维也纳会议上展开餐饮外交时也提供吕萨吕斯贵腐酒。在法国大革命前夜的 1788 年，尔后成为美国总统的杰斐逊正在波尔多旅行，此时，他肯定了吕西尼昂伯爵家所产的吕萨吕斯最高级白葡萄酒，并订购了 250 瓶。到了 1847 年，贵腐葡萄酒还被沙皇之弟康斯坦丁大公以破格的高价购买，当时成为欧洲的最大新闻，这也达到为世界最卓越的甘甜口味贵腐酒提高名声的效果。

　　谈到贵腐酒，如果不谈匈牙利的托卡伊葡萄酒大概是不公平的。在中世纪，匈牙利不仅是欧洲大国，也是葡萄酒的一大产地。该地贵腐酒的生产不仅由教会主导，而且贝拉四世和马提亚这些启蒙君主还奖励意大利人来种植、培育。于是，该国各地都开拓了葡萄田，出现了名酒产地，逐渐成为欧洲东部大型葡萄酒产地。其产酒出口到北欧诸国，尤其是北海沿岸城市，其北边邻国波兰也成了大主顾。

　　到 16 世纪中叶，受奥斯曼土耳其进攻之后的 150 年里，匈牙利国土的东半部分沦为奥斯曼帝国领土。葡萄酒酿造虽然没有断绝，但也进入低迷状态。土耳其人满足于葡萄酒酿造者缴纳的现金租税，并没有对酿造葡萄酒本身进行禁止和压制。1683 年，奥斯曼开始进攻匈牙利残存的西半部分领地，在史上著名的维也纳包围战中被奥匈帝国击破而败退。奥斯曼占领时代的匈牙利西半部是奥地利哈布斯堡家族的领地，在奥斯曼败退后，匈牙利全境都并入哈布斯堡王朝。

匈牙利各地都有葡萄酒的名产地，其国度东北部的托卡伊·贝西莉亚地区，位于横贯欧洲中东部的巨大喀尔巴阡山脉山麓上，是拥有复杂地势和气象的丘陵地带。贝拉四世曾给该地带来富尔民特（Furmint）种的葡萄，它与当地的地利结合，产生了与匈牙利其他地方不同的品种。该地也由此开始酿造贵腐葡萄酒。关于该地贵腐葡萄酒的起源有诸多传说，其中大贵族拉科奇家族的礼拜堂专属牧师在名为奥莱姆修的田地上酿造生产这一说法最为有力。这个说法诞生于1605 年，比莱茵高地区要早 120 年，比苏玳要早 200 年以上。所以要论人为使用贵腐菌酿酒，托卡伊葡萄酒当属鼻祖。

匈牙利独立战争英雄拉科奇侯爵为了得到法国的支持曾将托卡伊酒献给路易十四；沙俄的彼得大帝则把它视为不老不死的强壮药剂，其寝宫一直就没有断绝进口托卡伊酒。为了保护这条供给线，沙俄还派遣了哥萨克军团。关于它的传说相当之多。总之，哈布斯堡王朝炫耀宫廷荣华的时代，托卡伊酒是奥匈帝国最为豪贵之酒。在这个意义上，它也是绝对主义王权时代名声远扬于世界的葡萄酒。然而，进入到苏维埃政权执政时，这种葡萄酒的身影消失了。现在，外国资本投资该地，持续不断地复兴该名酒。谈到托卡伊酒，它也有数个品种，极为豪华高级酒类的是托卡伊·奥苏贵腐。该贵腐酒用木樽密封，是只用重量达到落地程度之后的葡萄榨汁酿造而成。

玻璃酒瓶与软木酒塞

虽然并不是托绝对主义王权的福，但这一时期的葡萄酒发生了世界性的大变革。那就是玻璃瓶和软木酒塞的使用。在使用、推广此二者中起到主要作用的还是英国，自伊丽莎白时代开始至詹姆斯一世时代完成。

燃烧硅砂并加以溶解就可以制造出玻璃，这种技术在公元前2000年左右便出现。到古罗马时代既已开发出玻璃瓶的制作方法。随后，意大利的玻璃工业得到发展，其制造出的威尼斯玻璃一直使用至今。在中世纪运用各种细致工艺的玻璃类制品属于贵重品，法国也将它作为进口品，到15世纪威尼斯工匠讷韦尔开始进一步制作。如今，知名的水晶奢侈品制造商巴卡拉公司就创建于1765年。虽然玻璃瓶在很早就已经被制作生产了，但只是用于装葡萄酒并出现在餐桌上的餐桌酒瓶，用来盛放酒桶中的葡萄酒。

英国热心于玻璃酒瓶，推动了其制造业的发展。而詹姆斯一世担心过度采伐森林，禁止为了制造玻璃而使用木材。正处于发展中的玻璃制造者们不想因此而终止制造生产，便用燃烧煤炭代替了木材。这样的结果反而使大量生产玻璃成为可能。17世纪中叶（而后德国的波希米亚玻璃也是知名玻璃，它也位于煤炭地带）以煤炭为燃料制造的玻璃瓶比威尼斯玻璃瓶更为卓越。其色泽也并非透明而是黑色。尽管当时人们并没有考虑到使用黑色玻璃的意义，但这对保存葡萄酒而言的确起到了作用。

起初，玻璃瓶的容器部分呈圆形、洋葱形，而颈首部分则狭长（颈首部分容易用手拿起）。其中还有像而今的玻璃酒瓶一样，在圆筒底部造出凸凹处（隆起、方头、平底）的。这是考虑到使它具有更高的耐强度和稳定性而设计的。另外还有一项重要之处则是在瓶颈部的顶端造出戒指般大小的瓶口。这原本是考虑到为了用绳子勒紧酒瓶木栓而设计的。而提高玻璃的强度则与软木塞的开发有关。在软木塞被开发之前，是用浸油的麻布放到涂了蜡的木栓上再塞入瓶口（也有木塞直接嵌入内部的玻璃瓶），但这无法保证密闭性。

　　葡萄牙和西班牙用樫树树皮来制造出密封玻璃瓶的软木塞，尚且没有推广到欧洲各地（古希腊时代似乎也使用了类似于软木塞之类的封存物，是否使用了如今一样的材质，尚且无法得知）。有一种通说认为，西班牙东北部的圣地亚哥·德·孔波斯特拉城吸引了欧洲大量人员观光朝拜，也正是这些人将这种软木塞传播扩大到欧洲各地。用于封存唐培里侬香槟王的木塞，据说也是到西班牙的朝圣传教士看到水壶用了软木塞，得到启示发明的。法国南部卡卡颂以南的布朗克特地区，曾经是法国生产发泡葡萄酒的特殊地区，该地区的人们称他们比香槟地区更早酿造发泡酒。总之，若没有软木塞的出现，就不会诞生而后的香槟。

　　然而即便发明了软木塞，当时还欠缺将它普及用于封存瓶装葡萄酒的想法。虽然考虑到利用软木塞，但并没有将它作为酒瓶栓普及，因为这其中还存在一大问题。那就是要打开软木塞封存的葡萄酒，就必须发明出"螺旋开瓶器"。要拔出严密塞入瓶中的长木塞的确非常困难。虽然开瓶器最初是谁想到的尚且没有定论，但能够确定的是它由英国人发明（1723 年还有赞美开瓶器的歌颂诗，但可惜的是不知道这一发明到底是谁想到的）。总之，想出"螺旋开瓶器"的人应该是个聪明的酒鬼。

　　作为英国葡萄酒界绝对权威性存在的安德烈·西蒙著有《酒瓶的螺旋开瓶器》这样有趣的书，而与它不一样，在一本 1681 年便被写作完成的著作中，就有一位名为古琉的人考虑到使用铁制螺丝。1700

年出版的《伦敦管窥》实际上就是酒馆老板所写的风俗史，其中还有
关于开瓶器的故事。莎士比亚所著《皆大欢喜》中，罗瑟琳有"从你
的口中拔出软木塞"这样的台词，这撰写于 1598 年至 1600 年之间，
可知此时软木塞已经被使用了（阿部知二与小田岛雄志翻译的《莎士
比亚全集》，都将它作"塞子"解，原文大概是 the cork）。然而，我
们尚且无法通过这些记载知道此时是否有了螺旋开瓶器。总之，17
世纪后半叶已经开始出现各种各样的开瓶器 —— 其中也不乏奇怪之
物 —— 随着开瓶器想法的出现，拥有它也就成为当时的流行趋势
（还有很多收集老式螺旋开瓶器的拥趸者，并对它进行分门别类）。

为何要啰啰嗦嗦地写这么多是有原因的。在长度并不算短的软
木塞普及之前的葡萄酒和之后的葡萄酒有着完全不同。这是因为过去
的葡萄酒全部用木樽封存，并从木樽中倒出来喝。木樽装的葡萄酒只
能存放一年左右时间，到第二年春天之后，葡萄酒就会变馊。葡萄酒
与日本酒一样，只有一年的保鲜期。而玻璃瓶和软木塞的普及，使得
初酿的葡萄酒在瓶子里变得醇熟，提高了其品质，令它变得可继续饮
用。在玻璃瓶里醇熟的葡萄酒味道变得绝妙，葡萄酒的这一特性也是
其他酒类所不具备的。软木塞这一个小小的工具，在葡萄酒漫长历史
中带来了与之前任何时代完全不一样的变化，使得它进入到全新的
世界。

绝对主义王权的功罪

如今在我们眼中，民主主义政治形态是理所当然的，绝对主义
王权这种政治形态难以得到我们的认同，但绝对主义王权也曾是历史

进程中必要的一环。由于政权稳定，国内不再发生各种战争，政局安定，国内的产业也发展起来。如此还带来社会安定，生活丰富也促成新文化得以展开。但这大概也会致使贫富差距显著，贫民和农户的生活更加糟糕。但它还是比绝对主义王权之前的时代更好。

就葡萄酒方面而言，这个时代 —— 正因为有这一时代 —— 磨砺造就出被视为最豪华的葡萄酒。在葡萄酒品味和等级上，它已经达到了天花板的高度，缔造出葡萄酒的理想样态，"高级葡萄酒"的原型也是在这个时代造就的。如今的葡萄酒不过是在它的基础上稍许改进而成。

当然，这个时代的极奢豪华葡萄酒仅供一部分特权阶级饮用。然而这个时代仅供王公贵族所饮的葡萄酒，而今我们任何人只要稍微咬一咬牙多花费一些就可以喝到了。从这个意义上说，我们生活在无须羡慕当时王侯的时代。重要的是，这一时期的葡萄酒并非上帝所赐之物，而是依据人的智慧，即人的理性和努力，以及令其成为可能的政治、经济、社会等时代背景造就出来的。在这个意义上，葡萄酒已成为一种文化。

第八章 市民社会与科学的葡萄酒
—— 近代塑造葡萄酒的理想美

激荡的时代：自 18 世纪末至 19 世纪

在太阳王路易十四焕发其荣威的凡尔赛宫廷时代，每个人都相信绝对主义王权可以一直延续下去，但这不过是幻想。凡尔赛宫廷仅仅历经路易十五、路易十六两代约八十年时间就崩溃了。

以进攻巴士底狱拉开帷幕的法国大革命，在政治进程的推进中出现了许多不测事件。它偏离了起初各阶层所期待的改革王政道路，从国民议会急速转到革命政府这种谁都意想不到的方向。到"恐怖革命"时代，连国王和王妃都在处刑台前丧命，过激派将许多人送上断头台也自断前程，最终连罗伯斯庇尔也蒙受同样命运，难以幸免。

最终，拿破仑趁着权力空白间隙获得政权。建立了帝政的拿破仑一世直至称霸了整个欧洲国势依然强劲，其余势一直到攻侵并意图吞取沙俄才遭到致命性失败。米歇尔·内伊元帅用焦土退敌法一直攻到莫斯科，然而在他未燃火攻陷莫斯科之前，遭到沙俄游击队的袭击，又因遭遇残酷的大雪天气而败退。失败之后的拿破仑虽然被流放至厄尔巴岛，但他成功逃脱并意图东山再起，然而这次仅坐稳了百日天下，便在滑铁卢被威灵顿将军击败，最终丧失政治生命的拿破仑被监禁在大西洋的圣赫勒拿岛，在那里终结一生。在企图对法国进行分割统治的维也纳会议上，巧妙利用欧洲列强各自打算的铁腕外交大使塔列朗通过纵横捭阖，使法国避免遭到分割而保存下来。

从政治空位的法国逃离、亡命欧洲的路易十八再度回归，集结归国贵族组成极端保皇党，旨在复辟神圣不可侵犯的世袭制，巩固波旁王朝的绝对主义王权。政府强行实施反动政策，并强行施行白色恐怖。然而到了这一时期，已经巩固了势力的自由资产阶级社会已不会因此而崩溃。大土地所有者、银行家、大企业家等上层资产阶级希望维持君主立宪制，这致使君主专制的绝对王政难以再度复辟。

路易十八组建立宪保皇党，通过维持中小资产阶级、工人阶层共和派和反动贵族之间的均势均衡把持政权。但法律面前人人平等、所有权不可侵犯、保障基本人权这些大革命以来确定的大原则无法被颠覆。然而议会上还是通过了大革命时期没收上缴国家的逃亡贵族财产由国库赔偿 10 亿法郎损失的议案，这使得逃亡贵族们的经济愿望得以实现。同时该政权也承认了大革命时期的土地所有权，其结果是稳定了资产阶级和农民的地位。

1824 年路易十八去世，极端保皇党的领袖阿图瓦伯爵以查理十世的身份即位，到 1829 年他废止了出版自由并解散议会，排斥资产阶级知识分子，通过了反动立法。这遭到共和派和自由主义政治家的反对，他们发起了"七月革命"。

查理十世的政权正如"光荣的三日"所言，是短命王朝。此时兴起了以拉法耶特为领袖确立共和制的动向，但最终还是标榜立宪王权的路易·菲利浦建立了"七月王朝"。

在七月王朝统治下，以银行资本为背景的自由主义派与以小市民、劳动者阶级为基础的共和主义派之间的对立日趋激烈，里昂的工人阶级发动起义，在法国北部发起了破坏机械运动，自此，全国性的罢工此起彼伏，与之相对应，军队被强制用于镇压起义（特蓝思罗那街的屠杀）。这也从侧面反映出法国进入了工业革命阶段（但尚处于不发达阶段，具有近代性的劳动阶层较少）。

1845—1846 年，法国遭遇农业凶年，经济危机致使左翼和右翼的对立进一步激化，到 1848 年爆发了所谓的"二月革命"，拿破仑三世巧妙利用政治的混乱而篡夺了权力，复活了"第二帝国"。拿破仑三世也推进了法国工业革命迟缓发展。第二帝国中了俾斯麦奸计而被卷入与普鲁士的战争，最终在色丹遭遇惨败。巴黎市民果断组织起冬季守城战，最终勒紧裤带进行了"巴黎公社保卫战"。

之后法国进入第三共和国时期。这种保守的共和制得到保守化农民大众的支持。为了向对立的诸阶层、诸派别寻求妥协，第三共和国出台了符合时宜的机会主义政策，来维持议会制度。因此，它是大金融资本与大产业主的资产阶级政权，这最终让王政复古只能成为贵族们的美梦。在国家扶持下，法国进行了铺设铁路、建设运河和开发矿山等大型事业，复兴了经济，教育改革也得以推行。同时，它还推行殖民主义，扩大了征服范围。到克里蒙梭时，又奉行激进主义，旨在实现社会性的大变革。法国还发生了乔治·恩斯特·布朗热事件。最终到 19 世纪 90 年代，进入西欧列强行列的法国组建起大帝国主义，在 19 世纪末历经德雷福斯事件后进入 20 世纪。

在如此激烈的政治、经济变动之下，葡萄酒到底受到了怎样的影响呢？

法国革命前后的科学思想及其对葡萄酒的影响

社会不平等并不是引起革命的必要条件。只有当大多数人意识到遭遇不平等对待时，才会引起革命。从这个意义上，革命前夜的思想乃重要之物。作为彰显出可以依据科学来统治自然的笛卡尔主义的继承者，18世纪的哲学家们进一步阐述、发展了这种新秩序原理。启蒙思想家们用"理性的原理"来对抗所有领域既存的权威和传统。理性原理从文艺复兴开始积累，到大革命前夜爆发出它的能量与影响力，得到了飞跃性的进步。从政治上看，18世纪后叶，孟德斯鸠《论法的精神》、伏尔泰《论各民族的精神与风俗》、卢梭《论人类不平等的起源》《社会契约论》等思想启蒙书籍成为革命的思想基础。而农业类书籍也与大革命有关。这一时期出现了乔治·路易·勒克莱尔《自然史》、狄德罗《百科全书》。在葡萄酒方面，以魁奈为始祖的重农学派（也被称为经济学派）与百科全书派的影响起到了重要作用。

《百科全书》被视为人类理性以及启蒙思想的伟大纪念碑，是将人类知识集约总括的产物。它作为当时人们关心的学问、技术集大成者，以近代知识和思考方法来达到对人启蒙的目的。它以书店为媒介开始这一事业，等到与青年才俊狄德罗相遇之后，逐渐发展为大事业。百科全书由狄德罗和达朗贝尔共同编辑，1751年刊行了第一卷，由于受到重压而曾经中断，最终历经二十年完成了全卷。《百科全书》是正文十七卷（25000页）、图画十一卷（2900张）的鸿篇巨制。其出版由超过160名作者协作完成（伏尔泰、孟德斯鸠、卢梭、达朗贝尔等当时一流的思想家都是《百科全书》的协作者）。

其内容围绕将以天主教为中心的世界转化为以科学为中心的世界

展开。它向人们揭示宇宙并非由上帝创造，真理并没有掌握在天主教权威中，进步需要直视自然规律才能实现。国家主体应该基于理性制定法律，政府应该废除不平等和封建制度的束缚，消除对财产所有权形成的障碍，理应仅依据自由经济原则发展法国，这些思想 —— 正是法国大革命的理念 —— 都在《百科全书》中得到阐明。

包罗万象、涉及全面的百科全书，虽然其关注点触及技术和工艺，但由于它挑战教会及其权威，并批判当时政治体制，受到既有权力对它的严厉镇压（狄德罗自己也因为唯物论和无神论而入狱）。狄德罗性格开朗活泼，富有知识且健谈，善于社交，他在相互不和的知识分子之间调解，并得到蓬帕杜夫人和时任出版长官的马塞卢的支持，最终脱离危机（当时《百科全书》虽然是禁止发行的出版物，但国王要询问关于火药和口红的制法，蓬帕杜夫人就根据它来回答）。该书的第一版发行了四千多部，到大革命爆发，它被反复再版，广泛传播于欧洲各地和美国。

它一开始就引起了许多争议，起到了思想媒介的作用。其普及扩大到社会各阶层，由于它培养了人的理性主义思考，在社会层面上产生了意想不到的巨大影响力。尤其对生产各部门而言，《百科全书》含有"技术上的详述内容"，促进了"技术间的交流"，这对葡萄酒发展也起到了重要作用。在这一时期，植物学者研究了葡萄的植物性生态，化学学者分析了土质与肥料。

乔治·路易·勒克莱尔自年轻时候起就担任法国国王御用新任的植物园园长。起初，他只是为了以栽培药用植物为目的进行研究，而后涉及与之相关的植物学、药学，以及关系更密切的化学和解剖学领域，最终在博物学的殿堂持续发展。勒克莱尔关注到植物学，尤其是植物生理学。勒克莱尔意图确立新科学，在欧洲确立以法国为领袖的自然基础科学王国地位。博物学并非自古以来就属于学院派学科，也不具有抽象性思考，它是将自然物作为具体的"物质"来观察研究，并运用、摸索到实际生活领域进而发展为科学。博物学收集大量标本，且向民众公开。由此，巴黎一度兴起了博物学热潮。

勒克莱尔历时五年以上，到 1749 年出版了《自然史》（全十五卷），插图由擅长微小型绘画的画家雅克·杜·赛文（Jacques de Sève）绘制，在而后出版的版本中，"鸟类"卷则由狄德罗《百科全书》的图画版执笔者马蒂内描绘了 1800 张图片。起初的三卷仅六周就全部售出，成为 18 世纪最大的博物志出版物。而勒克莱尔死后，这一伟大事业为拉塞佩德继承，最终完成了四十四卷。

当时，对勒克莱尔著述（理论和假说，还批判了林奈的分类法）进行批判的不在少数（天主教神学者认为这是反《圣经》的地球生成论，对其进行了历史论角度的批判），而学院派的一些人则并没有承认勒克莱尔的科学家身份。然而勒克莱尔却以"面向普通人的文学"作为该书撰写总则，并未在意这些批判。该书体裁和内容在一般大众中有许多爱读者、赞赏者，从博物、科学成为大众关心之物这个意义上看，勒克莱尔《自然史》在该时代起到了巨大作用。勒克莱尔论述了细胞组织（既已使用精密的显微镜，批判了列文虎克式单纯用显微镜观察微生物的做法），并主张植物与人、动物一样具有树液循环系统，阐明了营养、成长和生殖的关系（葡萄的插图版还描绘了雌雄同体）。这对于把植物的繁殖视为上帝事业的葡萄种植者而言，影响巨大，也为巴斯德的发现打下了基础。

在如此社会背景下还诞生了天才科学者拉瓦锡。近代化学成立的种种理念都是拉瓦锡独立创设的。直到 1773 年，化学还不过是将铅变为金的炼金术师经验性技术的集合。化学变化与物理状态的变化也尚未被区别开来。热、光被视为与土、水 、铁一样的物质。拉瓦锡于 1775 年，通过实验发表了空气分析（氧气与氢气）。这改变了中世纪以来将水、土、空气、火作为构成宇宙基本要素的通说。

1789 年，拉瓦锡确立了"质量不变法则"这一恒定的真理，并且关注到酒精发酵，科学地解释了由于糖的分解而生成酒精和碳酸气，确立起近代葡萄酒酿造学的出发点。追随其步伐的盖-吕萨克（确立了气体 、温度和体积相关的法则，又称"气体反应法则"）从发酵的研究中明确指出种种有机化合物的组成（氨基不含氧，颠覆了拉瓦锡的氨基含氧说），开拓了有机化学这一新局面。盖-吕萨克还精密化了后文要讲述的比重计，而后还设立出酒精度计、白瑞华糖分计和葡萄液比重计。

这种化学分析在葡萄酒方面，促使发明出一些实用性的器具。其中之一就是测量葡萄酒所含糖度的工具。原本基于符腾堡王国化学家西里勒斯的设想，而后却是由普鲁士的化学家费尔兰德·厄克斯勒发明了糖度计。由于法国普及的是波美液体比重计，故厄克斯勒的发明在法国仅作为计量单位使用。而现在德国的葡萄酒酿造法则依然使用厄克斯勒的糖度计。

另外一个重要的突破就是，马恩河畔沙隆（Châlons-Sur- Marne）地区的化学家弗朗索瓦于 1836 年发明的比重计。此时酿造葡萄酒已改进为在装瓶之前先检查葡萄酒含有的糖分，之后再测量瓶内发酵后碳酸气体的量。沙隆本地的葡萄酒酿造出来后，就加上若干糖分和酵母再藏于地下，令它在瓶内再度发酵。这样一来，由于瓶内发酵生成碳酸气体而自然让酒发泡。由于酒的发泡充分完成，此时加糖过多就会导致瓶内的碳酸气体气压过大使瓶子经常遭到破坏，甚至有的从业者因此破产倒闭，所以它成为香槟酿造业界让人头疼之事。弗朗索瓦发明的比重测量法，使该问题得到了解决（公司也对瓶子进行了改良），也使得香槟发展成为而今巨大的产业。这是化学研究左右生产行业的一个鲜活例子，葡萄酒生产行业也痛感化学研究对其产业发展的必要性。仅凭借舌、耳决定葡萄采摘时期和观察葡萄酒发酵状况的时代由此结束。

这一时期也诞生了另一大发明，改变了以往受气候左右呈现不稳定性的葡萄酒产业。它也是科学精神的时代反映。让-安托万·沙普塔原本是在蒙彼利埃大学任教并出版《化学讲义》《葡萄概论》的教授，受拿破仑邀请成为内相，促进了中央与地方的情报互通，推动了开凿运河等公共事业（修筑了塞纳河沿岸的岩壁，将欧克河的河水通过水道引入巴黎），改善了医院和监狱条件，奖励科学技术，为产业引入机械设备，振兴教育，在农业上推动沼泽地的农地化，整备土地地契，改良牛、羊类品种，进一步确立了大规模生产火药的体制，在多个方面都进行了富有活力的改革。他属于而今我们常说的全能型人才。

沙普塔还意图改革法国葡萄酒产业的整体结构（生产过剩、品质低下、造假、土地的不合适等）。当时大革命时期经营自家土地和自由入手土地的农民，无论土地适合与否都种植栽培葡萄，胡乱种植葡萄园，造成种植多产系葡萄一发不可收拾，最终导致葡萄酒生产过剩和品质低下。沙普塔担忧这一社会状况会导致法国葡萄酒产业的信誉扫地，他以科学的根据为基础撰写《葡萄概论》一书，这也是在葡萄酒酿造方面具有近代意义的综合论文。他认为随着砂糖输入的激增会给法国经济带来恶劣影响，于是提倡在法国北部栽种甜菜。

沙普塔从如此科学性的见地出发，意图改良葡萄酒酿造业。然而在这一过程中遇到了歉收之年，他留意到往正在发酵中的葡萄汁里加糖来酿酒，以这种方式来避免葡萄酒品质的恶化，因此鼓励这一方法。于是以他名字命名，而今称为夏普塔尔加糖法（发酵之前或发酵中，在酵母菌的作用下糖分转化为酒精和碳酸气体，自然地酿造为葡萄酒，在葡萄酒成型之后不允许再添加糖分）的技术，在当时的法国北部得到推广，承认它成为歉收年的救济政策。其后它被广泛普及，成为如今酿造葡萄酒不可或缺的一部分。不过而今，有不添加糖分的酒庄，也有拒绝添加糖分的生产商，时常有对过度添加糖分发出批判的声音（日本的葡萄酒业就有这种倾向）。

这一时代，还有继承沙普塔的事业，虽然没有从事直接与科学相关的工作，但具有科学精神并成就了伟大事业的人物，他就是安德列·朱里安。原本是巴黎葡萄酒买卖商人的朱里安，定期巡游法国各地，基本上到过欧洲所有的葡萄酒知名产地（沿着丝绸之路到亚洲，并去了非洲，从这个意义上看他起初是一个葡萄酒探险家）。朱里安并非科学家，而是以酒商的眼光冷静且严密地观察各地葡萄园，进而思考葡萄酒生产地的地势、土质，葡萄的种类、种植方法等，对葡萄酒进行了分类和系统化。这种比较的视角，不仅影响了法国，还波及全世界的葡萄酒业。

由他所撰写，在1816年之后多次出版且被广泛阅读（尤其在英国的酒商之间）的《葡萄栽培地势总览》，首次对法国葡萄酒全貌进行了准确且系统性地介绍，是严格认真且具有总括性质的葡萄酒专业书的鼻祖。他精细地检查验证了诞生不同葡萄酒的土地（尤其对葡萄园进行了区别）以及土地与葡萄酒的关联，将它分为五个级别。从这个意义上，他是对葡萄酒（科学性、客观性）进行评级的创始者，根据体系化的研究法、用语的定义以及与邻接地的客观比较，他向世人证明了风土在葡萄酒酿造中的重要性。

历经了通过各种研究给科学打下坚固基础的时代，法国大革命也成为过去，进入 19 世纪后半叶拿破仑三世执政时，葡萄酒的世界发生了 180 度的变革，拉开了葡萄酒历史的新时代帷幕。法国大革命的伟业成就了微生物的发现者巴斯德。以巴斯德的发现为节点，葡萄酒在这之前与这之后完全不同，葡萄酒酿造进入新阶段，转向与上帝完全分割而由科学指导的时代。

葡萄酒是发酵这一现象的结果，它是在葡萄果汁中的糖分被分解为碳酸气体和酒精过程中诞生的，它属于化学变化这一论断已在拉瓦锡的研究中被证明。问题是它的原因，到底是什么引起糖分发生如此变化，即发酵这一现象到底如何产生的，这尚未被解决。公开发表发酵是在酵母菌这种微生物作用下造成的，正是巴斯德。

显微镜的开发使微生物虽然到处可以被发现，然而由于当时没有结合两项研究来考察，也就是说当时并没有确立细菌学说。发明了警报器的法国物理学家德拉图尔（Cagniard de la Tour）通过显微镜观察酵母菌，发现酵母菌发芽有椭圆形的生物增殖，发酵的原因就是由它们增殖造成的。德国细胞学的创始人施旺也得出了同一结论。

然而，虽然发现了微生物，但并没有形成被世人接受的氛围，许多学者的理解已经固化，在那个时代，人们相信生物界具有神秘性。但对发酵的这一科学解释，令人难以坚持生物与生命具有神秘性，这种想法使发酵的普及遭到非难、批判。当时的新锐学者尤斯蒂斯·冯·李比希等认为，所有物质的变化都具有分解的过程，因而就有了有机物质的存在，而之所以引起发酵，正是因为含有氮气的有机物死亡所致，这一理论在当时得到发展。另外一个大障碍则是，当时虽然承认微生物的存在，但布丰认为它是自然发生的，"自然发生说"成为当时学界的通说。

为了打破这两项固有模式的影响，巴斯德采取的手段就是进行细密周到的实验并将其公布于众。针对前者，为了实证自然发生说是无视空气中飘浮着某种细胞性存在的理论，他采取了在玻璃容器中制造纯粹集群的特定微生物，也就开发出而今我们熟知的"培养细菌"手法。为了获得无菌状态空气，他甚至跑到沙木尼附近的蒙坦威尔（海拔 1980 米）高原，让驴子驮着烧瓶登上高地去做实验。针对后者，他采取了公开实验和公开研究其成果的方法。1864 年，他进入索邦大学（sorbonne）开设夜间科学演讲会，获得了著名的效果（巴黎的知识分子大仲马、乔治·桑以及皇帝的堂妹、公共教育大臣等官方社交界的名士都造访于此，听众集结达到了无立锥余地的程度）。

在获得包括拿破仑三世的支持之后，巴斯德进行了多项具有实用性的研究。他在阿尔萨斯研究了酒石酸及玫瑰酒石酸（做染料或其他工业原料），在里尔他克服了甜菜糖发酵的障碍，对啤酒的研究和对乳酸菌发酵的研究让他发现了细菌，而在发酵过程中又发现产出了甘油和琥珀酸，以酒精为原料开发出醋的工业制造法；他还探究了阿尔布瓦所产葡萄酒出现腐败的原因，并找到了保存和令其醇熟的新方法。这一系列发现的结果，被他总结为巴斯德细菌学说（葡萄酒、啤酒、牛奶以及其他多种食品可用低温杀菌法进行保存，日本则于巴斯德发现细菌的三百年之前，在酿造日本酒时也使用了这种方法，但这只是根据经验开发出来的，不可能知道微生物的存在）。这对于解决蚕的黑斑病和软化病（由于该病，法国从日本进口了 240 万枚蚕种纸，这种纸可以用于蚕产卵）起到了作用。巴斯德的研究启发了使用石碳酸（茶酚）的喷雾和薄纱纱布来进行杀菌手术，用于对抗畜牧业让人恐惧的炭疽病，还开发出了应对鸡霍乱和狂犬病的接种疫苗的免疫、防疫手段……

总之，巴斯德明确指出发酵和腐败现象从本质上看都同属于生物学、化学现象，他也成为微生物研究学、近代葡萄酒酿造学的始祖。

法国大革命滋生的法则 ——《拿破仑法典》和葡萄酒的关系

人们一般仅记住拿破仑的军事活动，对他的评价褒贬不一、毁誉参半，但他却成就了人们不太知晓的伟大事业。实际上，拿破仑是将法国大革命理念贯彻到制度现实的人物。他颁布了《拿破仑法典》，将法国革命抽象标语"自由、博爱、平等"通过制定民法的方式，落实到现实制度上。学习过民法者都知道，民法典中"人格""所有权神圣不可侵犯""契约的自由""侵权行为"等，都是"自由、平等、博爱"在法律上的体现。

如今，无论我们是否意识到，日常予以我们关照的日本民法典（规范个人生活与经济活动），也基本上是沿用拿破仑法典而制定的（当初，明治政府雇佣法国人博瓦索纳德[①]起草的民法法案被法制

[①]　博瓦索纳德（Gustave Boissonade），日本法政大学创始人，近代法起草者，被誉为"日本近代法之父"。

化，但由于当时各种其他要素的影响，后来又接受德国法典进行了修正）。日本因引入拿破仑法典而迈进近代国家的行列。

法国革命后制定的民法之所以被称为拿破仑法典，并非因为它是在法兰西第一帝国时期制定颁布的。拿破仑不仅是法典制作颁布过程中民法典制定委员会的成员之一，而且始终压制其他委员（学者）成为会议的领袖，实际上，绝大部分内容都是由他个人亲自起草的。由于该法典与拿破仑直接相关，故按照字面意义称它是拿破仑所制定的优良法制产物。

法国大革命之前，并没有如今我们观念中的"土地所有权"。领主虽然"领有"土地，但多数有封建性、习惯性的限制，能够从中收取贡租（地金）和在山林狩猎，但是不能随意买卖和自由转变其利用形态。农民虽然无法"拥有"土地，但是拥有耕作的权利，领主不能随意剥夺其地位和驱赶农民。而根据拿破仑的民法典，无论是谁（法律下的平等）都可以自由（只要拥有资本）购买土地成为所有者，能够根据自己的喜好利用土地（包括买卖）。其权利、地位不能被他人（领主）、国家所剥夺（所有权神圣不可侵犯）。

之前，贵族的子嗣还是贵族，百姓的后代仍是百姓，它由身份（职业）决定，而通过民法典，身份制度被取消了。无论是谁都可以选择自己喜好的工作（职业选择的自由）。另外，无论是谁都拥有自由雇佣或者被雇佣的权利，它并非基于"身份"而是基于平等的人们之间相互缔结的"契约"。无论什么样的经济活动都是自由的，商业行为、买卖都需要结合两人及以上的个人意志才能够实现，而这种合作形式就是"契约"。契约的缔结和内容都不受国家的干涉（契约的自由），只有在违反了必须遵守的契约原则，个人的活动侵害了他人的权利时，国家才会干涉（不法行为），保护被害者。

如此一来，它确立了以"法律面前人人平等""契约自由"以及"所有权神圣不可侵犯"为支柱的制度，初步形成了而今意义上的资本主义经济社会。这种自由放任主义，正因为自由且公正的经济活动（竞争）有了法律保障，打破了之前多项在绝对主义王权下致使经济停滞的制约体制，使经济得到飞跃性发展。从这个意义上，法国大革命是市民阶层取代国王掌握社会主导权的资产阶级革命，是转化为近代资本主义社会的起点。

葡萄种植和葡萄酒酿造业也以民法制度的确立为契机，其社会、经济的基础为之一变。无论是谁都能够拥有葡萄园，无论是谁都可以依据喜好自由地栽培葡萄、酿造和买卖葡萄酒，从社会层面来看，这是一场革命性变革（在这之前并非如此）。从葡萄栽培角度来看，它成为基本性的农业，尽管还残存了田园牧歌式的氛围，但农民却向两个方向发展：一个是朝着尊重传统的方法酿造优质葡萄酒故而特殊化葡萄栽培的方向发展；另一个则是朝着多收获、量产的方向迈进。

前者由拥有酿造名酒传统的地区主导，后者则由虽然酒并不知名但低价便宜的农户们主导。至此，酿酒已经脱离上帝，成为维持个人经营生活和追求利益的手段。而刹住这种生产欲望的，也只有追求酿造优质葡萄酒的动机和理性了（而它也产生了高额的附加价值）。种植葡萄在酿酒和酒买卖方面呈现出不同样貌。随着市民阶层的勃兴，葡萄酒的普通消费者阶层急速增加。大量的葡萄酒贸易成为追求利润的绝佳手段，而资产阶级意识到这一点后也没有错失机会。被天气、气候左右的产业虽然具有风险，但科学的发展减少了酿造层面的障碍，使歉收的风险由农户承担。关于葡萄的研究、开发得到发展，还普及出大量可以量产的品种，这帮助农户抵御了风险。改良酿造设备和整备分销系统，则加速了葡萄酒产业的发展（使其能够自由的运输到各地）。于是，葡萄酒贸易就发展成大型产业。

在肯定自由竞争的自由放任主义旗号下进行投资，其结果是富庶者胜出，他们逐渐增加其财富和进一步投资。这样就出现了以投入大商业资本为基础的大酒商。而这也引起了葡萄酒产业者之间的两极分化。因为农户虽然栽培种植葡萄，但是直到酿出酒来也无法掌握大量生产和销售葡萄酒的方法、手段。如此一来，葡萄酒产业就被职业性的二分化了，一方是栽培葡萄和酿酒的农户，另一方则是从农户手中成桶成桶地大量购买并装在瓶子里贩卖的大酒商。

而这必然导致前者从属于后者（大型批发商相对栽培者的支配地位的崩溃，要到百多年之后的第二次世界大战时期了）。大酒商对葡萄酒产业的支配尤其在大型产地最为明显。波尔多、香槟地区都成为大酒商寡头垄断的支配地。然而，正因为如此，葡萄酒制造贩卖产业从单纯的农业中蜕化出来，成为一大产业（谷物和葡萄酒都能够大量囤积、贮藏和贩卖）。日本明治维新的战火尚未熄灭时，政府就曾派遣要员赴外国考察，岩仓使节团到法国之后也为葡萄酒成为巨大产业感到震惊。因此，明治政府推动的殖产兴业政策中，就包含了葡萄酒产业。

法国革命与拿破仑法典给葡萄栽培种植和葡萄酒酿造带来直接影响的，是在土地"所有者交替"和"平等继承制度"方面。这也致使勃艮第和波尔多发展出两种截然不同的模式。革命政府没收了大多数教会（包括修道院）和贵族领地中的田地上缴国库，再通过竞拍出售给市民和农民。

勃艮第的情况是，著名且有实力的葡萄园多为修道院领地（伏旧园、尚贝坦-贝兹园等），而康帝酒庄则是康帝公爵的领地，它们在大革命时期自然遭到了没收和竞拍。竞拍成功的是因负责给拿破仑军队提供粮草和军火而大赚特赚的银行家加贝尔·沃拉尔（Gabriel Vollard。由于竞拍拿下伏旧园的银行家拉威尔破产，伏旧园最终也落入沃拉尔之手，围绕着竞拍出现了许多悲喜剧）。

在勃艮第地区，尤其是名酒云集的金丘地带，自西多会时代起就针对土地的场所、区划的优良与否进行了细致化处理，还对这些土地进行了命名（这些被区划出来的土地被称为库里玛）。大革命之后，它们被农户合资竞拍下来，并被进一步分割，因此这种小区划的葡萄园就成为多数农户各自所有之物。如此一来，农户们都鼓励自家酿造出独一无二、本户最佳的葡萄酒。在以上所述的小型所有制关系下，勃艮第积蓄了自家持地、自我栽培、自己酿造、自己装藏的"葡萄酒庄"实力，酿造出卓越的葡萄酒。勃艮第地区也有大酒商，但他们并不像波尔多地区的酒商那样强势。

大革命之后，依据民法典实行了平均分配财产制度，各贵族家族所有的土地被分割，进一步细化分配给各农户。这种葡萄园的细分化却助推了而后的葡蚜灾害（荒废的葡萄园被农户以自身的资金全部买下，形成小区划的局面）。因为这一原则，勃艮第地区知名的葡萄园几乎都细分到多个所有者手中（生产特级葡萄酒的区划地蒙哈榭、香贝丹各自被分割给十人，伏旧园分给四人）。而这种葡萄园的所有制形态，自然而然地反映出葡萄酒酿造者的思考方式，因此勃艮第地区酿造葡萄酒的庄户们具有浓厚的民主主义风格。

　　而波尔多与此形成鲜明对比，尤其是集中酿造名酒的梅多克
（Médoc）地区。如前所述，波尔多贵族们在梅多克地区以自己的宅
邸领地为中心耕作了葡萄园来酿酒，建造了许多酒庄（法国大革命之
后依然得到保存）。这些酒庄所酿造的葡萄酒，都存于波尔多市内的
酒库里。酒商们从农户手中购买木樽桶，将这些酒装入桶内加以调
和，再进一步大宗销售。故这些大酒商的葡萄酒与前述勃艮第地区的
酒完全不同。而这些酒庄几乎都归贵族所有，在法国大革命中，这些
酒庄也被卷入平均分配的危机中。

　　但事情发展并非如此简单，其中一点就是，在革命过程中与激进
派对抗的稳健派和保守派中，其中的一大势力吉伦特派就是由多数波
尔多市出身的议员组成的（吉伦特原本是河流的名称，它还包含了波
尔多市的地方名、县城名）。故波尔多市理所当然地也受到革命风暴
的影响。但是贵族中也有资产阶级法袍贵族，革命时期女英雄达利安
夫人也因她的活跃而止住了在激进情感鼓动下抓捕屠杀贵族的风气。
贵族之中既有察觉到危险而逃亡到国外者，也有觉得自己无恙而安闲
下来之后却被送上断头台者（例如玛歌、拉斐特、奥比昂酒庄的所有
者）。这些逃亡贵族的酒庄在被收归国有后参与竞拍。

　　而没有逃亡的留在波尔多者，则与市议会交涉以避免被没收（例
如吕萨吕斯酒庄）。也有以卖给商人朋友的形式来保证葡萄酒园不落
入其他人之手者。虽然是贵族，但大多数资产阶级贵族在此时占据强
势。市民之中也有一些知识分子支持出产卓越葡萄酒的酒庄必须原封
不动地保护起来。如今上了名酒档次的波尔多地区酒庄几乎没有像勃
艮第那样被分割，在革命浪潮中以其原本的姿态继续发展下来。当
然，它也经历了许多所有者被替换、酒商取代原本的园主发展成为大

资产阶级的历程，尽管这种更替伴随着许多悲喜剧……拿破仑法典的财产平均分配制度，在波尔多和勃艮第有了两种不同的应对策略。

原本是商人城市的波尔多，在大革命之前依据罗马法典的民法制度形成了社会规范，罗马法财产继承制是根据遗书确立长子继承原则（如果没有遗言，则由法定继承人平均分配）。波尔多的多数商人与英国的酒商、贵族交际深厚，众所周知，英国也广泛实行根据遗言确立财产继承制度（英国的贵族间，如果没有留下遗言会被批判为不具有贵族的资格），波尔多有如此风气大概也是受此影响吧。波尔多贵族们还利用与民法同时制定的商法，令酒庄法人化（继承人成为股东建立股份公司）而组建葡萄酒企业（例如拉图酒庄）。于是，波尔多尤其是梅多克地区象征贵族生活的宅邸领地周边围绕的葡萄园，作为葡萄生产据点发展为酒庄，保留了原来姿态得以继续发展。从这个意义上，与勃艮第的民主主义相对，波尔多地区的贵族氛围还是以统治性的地位留存下来。

然而，1830 年的歉收和经济不景气致使多数酒庄难以维系，大量酒庄不得不倒闭甩卖、更换经营主。金融资本家（银行家）和政治商人成为新的所有者。拉菲特酒庄从范登贝尔赫（Van Den Berg）转交到巴黎的罗斯柴尔德家族，穆东酒庄（Meudon）转入伦敦的罗斯柴尔德家族手中，拉图尔酒堡则被酒商博鲁·卡瑟特收购（而后法人化）。玛歌酒庄被收归国家后，其原主家族曾经一度想购回，但最终从商人克卢西亚那里落入银行家阿古阿多手中；布里昂酒庄则从塔列朗手中落入银行家拉里厄那里；帕尔美酒庄（Pahlmeyer）从拿破仑幕僚帕尔梅将军那里传入罗斯柴尔德的仇敌、银行家艾萨克手中；龙船庄园（Chateau Beychevelle）也从盖斯且转入罗斯柴尔德的对手、银行家阿西尔·福尔名下；美人鱼庄园（Château Giscours）也为巴黎银行家帕斯卡托尔所有……它反映了从工业资本转化为金融资本居支配地位的这一时期的经济变动。

葡萄园的变化

在被大革命左右的激荡时期——虽然并未直接与大革命相关，但也间接与它有着丝丝缕缕的联系——波尔多葡萄酒的品质为之一变，出现了具有划时代意义的突破。这一变化与葡萄的品种相关。法国革命前，波尔多混杂种植自古以来传承下来的数十种葡萄。而梅多克地区由于开始种植葡萄较晚，种类相对较少，但也栽培了红白葡萄各四种。普及最广泛的红葡萄是马尔白克。如今，波尔多几乎不再种植这种葡萄。法国如今依然留存的是因颜色浓厚而被称之为"黑葡萄"的奥卡尔（品种名称为科特 Cot）。有趣的是，如今广泛种植这种葡萄的是以阿根廷为中心的门多萨地区。

从法国大革命之前的科学启蒙时代起，人们就已经开始推进葡萄品种的研究了，逐渐认识了各种葡萄的特质。只有那些遵循传统、墨守成规的农户，无视了这些学者的研究。情况发生变化是在大革命刚结束后。波尔多的多数酒庄，由于酒庄主逃亡而导致空置，葡萄园的管理和葡萄酒的酿造就转交到管理酒庄的经理人手中，他们掌握了酒庄实权。这些务实的葡萄酒酿造者们营造了自由改变葡萄酒的环境（也包括葡萄酒品质和风格）。

其中，拉菲特酒庄的管理人维克多·托·布朗（他还拥有穆东酒庄的所有权）和与他邻近的阿尔曼·达玛雅克发现了赤霞珠葡萄（卡贝内索·维尼翁）① 的优点，不仅自己种植而且劝说周边的葡萄庄园管理者改种赤霞珠。这种葡萄果粒小，果皮厚实。因此这种葡萄酿造出来的葡萄酒色彩浓艳、味道深厚、不易腐坏可经久保持。在这之前，波尔多的红葡萄酒色彩淡薄、味道清爽（波尔多红酒英语称为 Claret，这一"清爽"的意思对应法语中的 clair，为了达到口味清爽还兑白葡萄酒）。这一时期人们对葡萄酒口味的嗜好又转变为喜好浓厚口味，而赤霞珠葡萄酿造的酒口味浓烈，成为符合该时代潮流的产物。

　　赤霞珠葡萄的起源长时间一直是个谜，有说法称它是自罗马时代起就栽培的维尼菲拉（vinifera）酿酒用葡萄的后裔（波尔多葡萄酒的时代也是干红和娇小维尼菲拉的时代）。最近的 DNA 基因研究认为，赤霞珠葡萄是品丽珠（Cabernet Franc）② 和白苏维翁（Sauvignon Blanc）③ 交配之后的品种。

....

① 　赤霞珠（Cabernet Sauvignon）是一种用于酿造葡萄酒的红葡萄品种，原产自法国波尔多（Bordeaux）地区，生长容易，适合多种不同气候，已在各地普遍种植。品尝赤霞珠酿造的红葡萄酒的时候要注意食物的搭配，因为赤霞珠是浓郁型红葡萄酒，所以搭配口味浓重，特别是某些油多的菜肴很合适。赤霞珠是高贵的酿造红葡萄酒品种之王，是传统的酿造红葡萄酒的优良品种。这个品种适宜在炎热的沙砾土质中生长，因为果粒小但皮比较厚，所以成熟的时间比较晚，也不太会有秋天采摘前雨水较多导致果粒腐烂的问题。同时因为春天发芽比较晚，春寒霜冻也很难影响到它的生长。如此好的种植性和产量稳定性，也是它在全世界范围内广受欢迎的一大原因。

② 　品丽珠（Cabernet Franc）是法国波尔多（Bordeaux）地区最重要、最古老的红葡萄品种之一。关于品丽珠的起源有很多猜测，近期的研究表明，12 世纪时，在西班牙和法国边界处的巴斯克（Basque）大区内的龙塞斯瓦列斯（Roncesvalles）镇上，当地牧师种植的本地葡萄品种"Acheria"即品丽珠。而在法国的卢瓦河谷（Loire Valley）则找到了 16 世纪时种植品丽珠的记录，当时它被称为"布莱顿"（Breton）。直到 19 世纪，品丽珠的现代拼写"Carbenet Franc"才正式出现。

③ 　SAUVIGNON BLANC，中文译名：长相思。其中 BLANC 是"白"的意思，因此也被翻译为白苏维翁、苏维翁白、索味浓、白索味浓、苏味浓、颂味翁等。它是酿制白葡萄酒的品种之一，酿造出的白葡萄酒有着清新爽口的酸度，果香丰富，有青草的味道，也会有热带水果的味道，法国和新西兰出产的长相思白葡萄酒特讨人喜欢，两个国家同样也代表了新旧两派的风格差异，其原产地是法国波尔多地区，欧亚种葡萄。

另一方面，同属于波尔多的圣埃美隆（Saint-Émilion）和庞马鲁（Pomerol）地区则栽种品丽珠和梅洛（留存了1784年种植梅洛葡萄的记录），而梅洛葡萄似乎是从德国移植栽种过来的。该地的赤霞珠葡萄与种植在梅多克地区的葡萄一样，都喜好在沙质土壤且排水优良的地区生长，而梅洛葡萄则倾向于在阴冷的黏土质土壤中生长。梅洛葡萄属早熟类品种，它的采摘时间相比赤霞珠葡萄的要更为提早一周。晚熟的赤霞珠如果在收获期末期遇到降雨，很有可能会陷入颗粒无收的危险境地。如此一来，大概是出于保险目的，许多葡萄园主开始混合二者进行种植，而梅洛葡萄酿造出的酒在掺入了赤霞珠所酿造出的酒之后，原本硬爽的酒质变得柔和且更易于饮下，人们觉察到这点之后混合栽培和酿造就普及开来。

混合了这两种葡萄酿造出的葡萄酒（称为梅里蒂奇）决定性地巩固了梅多克地区的葡萄酒名声，完成了使梅多克地区所产的理想型葡萄酒成为高级葡萄酒中独具特色的一员的任务。如今，赤霞珠酿造的葡萄酒在以加利福尼亚为首的世界各地颇具人气，它诞生于大革命时期，到1855年晋升入世界名酒行列，仅用了不到五十年时间。

勃艮第地区也同样由于各时代的不同嗜好改变了葡萄酒的酒质。代表性的康帝葡萄酒，在康帝公爵时代之前也混杂了白葡萄（大概是百分之二十，由于留存了准确资料，故即便距离现在年代久远，但能够确定混用比率）。到大革命之后的香槟美酒时代，加入的白葡萄降低到百分之六，而现在则变成零添加。白葡萄酒中的蒙哈榭、默尔索（Meursault）等，也很快脱离甘甜口味酒变成辛辣烈性酒。

如今我们把饮用的红葡萄酒理所当然地想成由红葡萄类酿成，觉得红葡萄酒还曾经混杂掺入白葡萄令人难以置信，而红白葡萄各自区别用于不同的酿造是在近代之后的事情。此时，法国南部红葡萄酒的代表康帝依然掺杂了维欧尼白葡萄。虽然现今生产者几乎不再如此酿造，但是原产地管理者也认可种植和使用维欧尼白葡萄。虽然最近看不到混杂酿造酒的身影，但是意大利葡萄酒中颇具人气、用彩色蒲包包装的基安蒂干红葡萄酒，也是红白葡萄混用的产物（现在波尔多类型瓶装酒基安蒂则没有混杂白葡萄）。

餐馆的诞生、从贵族的葡萄酒到市民的葡萄酒

　　大革命不仅改变了法国的政治、经济，还改变了国民的日常生活。尤其是急剧改变了巴黎市民的饮食生活。葡萄酒也与其共命运。

　　现在就连日本也盛行法式餐厅，这种繁荣局面在三十年前根本无法想象。大城市大小无数的星级米其林餐厅（Michelin）呈现出喜忧参半的局面，而地方上的小城市里也不可能没有餐厅。如今每个人都认为在西餐厅做出法国大餐是理所当然的事情，实际上即便在法国，像今天这样的法式餐馆也是大革命之后的产物，也就是说，如今的法国料理和法式餐馆是大革命的孩子。

　　早在路易十四治下，巴黎已经具有了类似于餐馆的地方，一位名叫博维利耶尔的厨师开创了如今餐馆前身的店铺。但像而今一样的餐厅经济得以发展，要到法国大革命之后了。这是以康帝公爵逃亡到国外，有一位名叫罗伯特的失业御用厨师开创了一家餐馆为契机的。见状之后，许多曾在贵族宅邸里工作的厨师也尾随其后，餐馆如雨后春笋般出现。革命之前同类的餐饮店铺只有五十个，但四十年之后达到了三千个以上。

餐馆兴起背景还包括了一项重要的法律举措，那就是大革命致使之前的厨师行会被迫解散。餐馆这个词本身就属于自造新词（原意是恢复体力、强身滋养的肉汤总称）。革命前夕，许多巴黎人在自己家中并没有令人满意的厨房，想吃到一些轻奢的烹饪菜肴需要从管送的饭馆订购。即便是出门在外用餐，也不得不忍受旅馆做出的难吃的饭菜。

餐馆的出现，使原本属于贵族的美食秘密被公开，因为获得自由经营权利的厨师们相互竞争，诞生出新的餐馆饮食。特别重要的是，新食物的装盛、摆放方式。它被奇妙地称为"俄国式"摆盘。与用小餐盘干净利落的装一道菜不同，它是每一盘出一个套餐的服务法。如今，我们把这种出菜方式视为理所当然，但之前即便是贵族也只能在大餐桌上取切大盘子里装的菜。这种具有划时代意义的变革对法国料理而言，揭开了新的帷幕，说正因为它形成了而今的法式大餐也不为过。王侯贵族独占美食的饕餮盛宴座席，自此让给了资产阶级。

享受餐馆美食的也并非唯有资产阶级。在腥风血雨的革命中，不知道明天命运的革命家也被美食所吸引。卢浮宫旁的巴黎皇家宫殿在当时成为革命家云集之处，它的回廊和周围高级餐馆和高级食材店激增，米拉波、丹东、拉法耶特、塔列朗、达里安夫人等旧贵族、资产阶级派的革命家是这里的常客（而今雷蒙·奥利弗［Raymond Oliver］的大维富［Le Grand Véfour］依然留存了当年的气氛）。离此处稍有一些距离的梅洛、罗伯特等餐厅，则成为左派聚集的避风港。圣茹斯特、马拉、保罗·巴拉斯、约瑟夫·富歇始终聚集在此处议论并起草新宪法法案。大概这些地方餐厅的食物也不奢侈吧。虽然尚且无法准确得知人们在这些餐厅里到底喝了什么样的葡萄酒——应该是从康帝、拉菲特等没收的酒庄里入手的葡萄酒——但是可以得知的是，大多数酒来自勃艮第地区，波尔多高级酒庄的酒也位列其中。伏旧园所产葡萄酒在此时颇具人气，外国产的酒（普鲁士、西班牙、匈牙利、葡萄牙等）也触手可及，逐渐被人们饮用，葡萄酒的选择与饮用方式不再具有统一性。

　　烹饪这种技术，名人的实力和经验只是在有限范围起影响作用，很难广泛普及。所以书籍、出版物这些媒体就成为普及不可或缺的工具。著名的查理六世的主厨泰勒文虽然在烹饪上有显著业绩，但仅留下传说。路易十四的宴飨也只是具有表演性效果。然而，正是这一时期出现了真正的烹饪料理类书籍。华伦（La Varenne）所编著的《法国厨师》普及版广泛为人所阅读，弗朗塞·马杰洛和皮埃尔·托·卢内以及佚名氏也都相继出版了食谱。帮助塔列朗实现在"国际会议上舞蹈"的安东尼·卡汉姆（Marie-Antoine Carême）所著《巴黎的厨师》，也为烹饪界带来生气。

　　不仅如此，随着大革命之后餐馆的繁荣，关于烹饪、介绍和评价的书籍相继出版，开拓了高级食物大众化的道路。布里亚-萨瓦兰出版了著名的《美食礼赞》，原题为《味觉生理学》，该书是影响当代的知识分子精英（萨瓦兰是知名律师）从饮食和料理视角出发进行哲学性思考的著述。另外还有一位美食专家（也是律师）格里莫·德·拉雷尼耶（Grimod de La Reynière）的《美食年鉴》，是一本介绍和评判巴黎餐馆的著述，在如今米其林以上的餐饮界都还有着影响力。龚古尔兄弟的《日记》也描述了巴黎的饮食生活，这种社会潮流其后也在古农斯基和奥古斯特·埃科菲的著作中被进一步展开。

　　但当时这些美食和媒介只惠及精英们，一般庶民尤其是贫穷的人还处于糟糕的状况。只有一般性的消费食品和廉价酒类的供应量激增，对每个人而言，葡萄酒仍处于供应不足的急缺状态。虽然已经出现了廉价食堂和能做简单食物的餐厅，被称为"卡巴莱"（在日本变成完全不一样的经营业）的廉价酒馆也有了 4300 座。法国大革命时，巴黎的人口上升到 75 万人。与之相应，每年约有 10 万公升的葡萄酒运往市内，成年男子每人的年消费量达到约 350 升（拉瓦锡从人们所缴纳的市场税比率算出的结果还要高出 120 升）。根据这一计算结果可知，每人一天喝掉一升葡萄酒，是如今的三倍。即便如此，依然造成因为其供应不足引发的骚动，而这是由于水的供应量不足所致。

当时的巴黎，有贩卖葡萄酒的小型商店，还有并不提供饮食菜肴仅喝酒的旅馆。但是，能够满足市民们喝葡萄酒需求的还是小酒馆（虽然有许多站着喝酒的餐厅，但当时的餐厅并不提供这样的酒水服务）。随着卡巴莱酒馆数量的增加，提供仅站着喝酒而不上菜的地方也多了起来。一些酒馆还是罪犯和政坛失意者们的驻留之地，因此成为教会和治安当局眼中的敌人，对它们进行了各项规范制约，使它们变成了供劳动市民休憩的场所，成为城市日常生活的一部分。人们从小商店买到葡萄酒带回家中，与家庭成员一起一边进餐一边饮酒的习惯得到普及，要推迟到很晚之后的时代了。

在当时的巴黎，咖啡馆与卡巴莱一样，只要一谈到葡萄酒的事情就不可忽略它。令人感到奇妙的是，巴黎自 1577 年起就由法令规定了统辖二十个区，而巴黎市内到这二十个区（88 公里）以内所产的葡萄酒不得卖给市内的酒馆和酒类商店（因为革命而废止）。因此巴黎近郊的葡萄酒只能在巴黎城以外贩卖，由于在市外买卖不用缴纳入市税而便宜。其结果是，在咖啡馆这样的店内能够提供名为 guinguet 的廉价葡萄酒（市内的半价），但一喝这种葡萄酒就会因为它的酸涩感而跳起来。市内的卡巴莱，在星期天、节日以及夜间都必须闭店不营业，因此到了夜里、星期天和节日期间，民众都聚集到咖啡馆尽情畅饮，营造出大为繁盛的局面。这种情景只要看了名画《天堂的孩子》（日译：天井栈敷の人々）就能想象到。

咖啡馆的繁盛是投石党人运动令财政困难导致巴黎市政当局大幅提升入市税造成的。不仅是巴黎，像里昂这样大城市的入市税（不止于葡萄酒）也导致市民们怨声载道，还时常出现暴徒袭击税务所和收税差役的暴动。到了 1787 年法国革命前夜，也出现了这样的暴动。1789 年摧毁巴士底狱的聚集民众，似乎也是由于在酒吧和小酒馆举行撤销入市税的集会，他们在饮下葡萄酒后大受鼓舞，在喝醉的状态下发起冲击。根据废止封建制的成文决议法令，向领主缴纳的租税和通行税被废除，但入市税依然残存。这是因为它是支撑市财政收入不可或缺的一部分。但是，由于里昂出现了起义，巴黎也在 1791 年 2 月由民众发起呼吁取消入市税的"关闭日游行"，因此发起骚动。1798 年政府再度复活了入市税，直到 1804 年税制遭到整备时酒类只被征收一种税，税率才得到下调（百分之二或百分之三，是原来旧专制制度时代的八分之一），葡萄酒因为税率引起的骚动才得到平息。

尽管此时喝的是廉价酒，但是市民们都能享受到，因之前税率高而喝不到酒的贫民数量也减少了。狄更斯《双城记》中描绘巴黎最初的场面，就是葡萄酒桶从马车上摔落砸在道路上，路上被它绊倒的人们都汇集到葡萄酒周边立刻喝起来的情景。《双城记》中喝的葡萄酒是红酒，地点则在圣安东尼的贫民街。最终，红葡萄酒象征了因大革命鲜血而染红的巴黎，但该描述大概还只是狄更斯这位小说家单纯的空想吧。

工业革命与葡萄酒 —— 巴黎世博会与上档次的波尔多葡萄酒

　　有史书将拿破仑三世刻画为卑鄙怯弱却又不争气的阴谋家，在日本他也被视为一代昏君。大佛次郎描绘巴黎公社的《巴黎在燃烧》也采取了这一视角。但这只是因为受到雨果和马克思的影响，作者在很久以前就觉得如此描绘不可思议。最近为了打消这种误解，出版了一本名著，那就是鹿岛茂的《怪君拿破仑三世》。

　　巴黎成为如今的现代城市、被誉为花之都，是在乔治·欧仁·奥斯曼市长的积极活动下，对其进行彻底地大改革所致，而细致设计这一构想和计划的，正是拿破仑三世。奥斯曼能够排除一切对新都市计划的反对和抵抗，也是受拿破仑三世强力支持的结果。拿破仑三世对自己应该履行的政策，具有十分清晰的见解并带有使命感，而且具有贯彻实现这些政策的决心。这不仅推动了稍后开展的法国工业革命得以完成，也使法国改造为近代工业国家，使其不仅在政治上而且在经济领域成为欧洲中心。

　　拿破仑三世之所以具有如此见识和思想，是因为他在逃亡到英国的几年中了解到工业革命的成功，以及它是如何成为经济发展的推动力的。拿破仑三世为了工业的近代化和发展生产力，鼓励工业部门开展技术革新，并促进投资设备。为了使这些举措具有可行性，拿破仑三世还做出了建立巨大的投资银行、培养现代性质的储蓄银行和整备扩张信用制度的规划，出台了实施大规模公共事业等一系列积极的经济扩张政策。拿破仑三世还消除了来自固守国内产业保护主义的旧资本家的抵抗，切实地奉行自由贸易主义。暂且撇开他颁布这些政策的功过和失败的外交政策不谈，仅从其执政与葡萄酒的关系来看，拿破仑三世有两大政策对葡萄酒起到了重大作用：一个是召开万国博览会（世界博览会）与令波尔多葡萄酒晋升上等行列，另外一个则是铁道政策。

万国博览会原本于 1851 年在英国伦敦首次召开，法国则从 1855 年开始至 20 世纪的四五十年间，每隔 11 年便召开一届，共举办了五届。其中最知名、最成功的一届是 1867 年万国博览会（日本也参展），但与葡萄酒关系密切的则是 1855 年的首届世界博览会。在这之前，1798 年英国就已经举办了全国博览会。它以刺激国内的工业、商业为目的，将实用工业品、商品汇集一堂并进行展示（并不贩卖），进而对优秀的产品予以奖励。可以说是商品的大型百货竞赛。如今虽然这点性质已经消失，但在当时却具有划时代的影响。

近代以前，人们购买的物品仅限于必需品，店铺的外面有一个介绍商品的招牌，商品都放在店铺里面，只要进入店内就不得不购买。而万国博览会则展出多种多样的商品，可以说它是大型百货商店陈列品的精彩展演，人们由此体验了见到商品实物的乐趣。而在这之前，商品的广告并没有媒体，在店铺内尽可能高价卖出商品是当时商人们的普遍想法，但自此之后，薄利多销的新型商业方法力图转变商业经营的基本思想。从这一意义上看，全国博览会获得了巨大成功。进一步令其取得飞跃性发展的，则是 1855 年的第一届万国博览会。不仅仅单纯地陈列商品，万国博览会还将展出令拿破仑三世发出慨叹的工业革命发展成果列为第一步，把展示新兴工业机械放在重点位置。不仅如此，展出的商品还扩大到农业、水产业、商业部门等领域。包括农产品在内的法国产品与其他国家的产品一道进行展示，孰优孰劣在对比中即可得知，这大概也提高了法国的国际竞争力并证实了自由贸易的有利性。

在农林水产物方面，以肉、鱼、蔬菜打头阵，而后扩展到小麦粉、面包、奶酪、砂糖、咖啡、点心等，都被列入万国博览会计划展示的列表。然而，包括法国自以为傲的鲜奶酪在内的所谓生鲜食品，都因为保存和运输问题而难以展出。但法国人想到如果将引以为豪的葡萄酒纳入展出商品的话，则可以成为展会中的明星（虽然葡萄酒也存在保存的问题，但在第二届万国博览会上巴斯德已经以低温杀菌法获得头等奖，葡萄酒成为向世界各国输出的商品）。当时，勃艮第产葡萄酒十分有名，波尔多产在当时还仅在英国饮用，不仅法国而且全世界尚且都对它并不太知晓。但不能轻视它的生产量和对外贸易获得的成效，拿破仑三世由于在英国长期生活，对波尔多葡萄酒也十分熟悉。

于是，波尔多葡萄酒作为万国博览会农业部门博人眼球的商品被选中，为了让它在众多被展示的葡萄酒中脱颖而出，拿破仑三世命令专门对它进行了评级（关于评级的过程，纽约酒商戴维·马库海姆出版了《1855：波尔多经典葡萄酒的历史》一书，如书名所述，它实证性地论述了对波尔多酒庄进行评级的历史，挑战了坊间传说。该书毫无保留地对之前的通说进行了大幅修正，本书亦是以它为准）。接受了该命令的波尔多市感到不知所措，还发生了争执。对葡萄酒进行评级涉及各种利害关系，公平地选择哪种葡萄酒、哪家酒庄的酒进行展出就变得困难，结果波尔多市当局就把重担交给商业工会议所。商业工会议所展开了讨论，结果他们委托消费者组织，以之前贸易的数据为基础，凭借酒庄的资格和名声进行采纳，而做出了一系列的评级。

红葡萄酒百分之六十选自梅多克地区（只有取自格拉夫的奥比昂

例外），从一级排至五级。白葡萄酒选择了甘甜口味的苏玳，分为一级和二级。这就是知名的"1855年评级"，在万国博览会上，位于第一等级的波尔多葡萄酒有拉菲、拉图、玛歌、奥比昂，与勃艮第产区的康帝、香贝丹一道，获得了金奖。它使得波尔多一流酒庄的葡萄酒名声扩大至世界，葡萄酒获得了明星般的地位。

如今，距离这种评级设定已经过了一百五十年——从另一方面来看，它在葡萄酒漫长的发展历程中仅占一百五十年——酒庄也历经荣枯盛衰，关于它是否名副其实有许多讨论。虽然也尝试对它进行重新修正，但由于担心新的评级具有令原酒等级下降危险的酒庄反对，因为总体赞成、个体反对，最终并没有着手新的评级（仅穆东在1973年从第二级上升为第一级）。这种评级的确令波尔多葡萄酒具有了高级葡萄酒地位，同时也在波尔多系列葡萄酒中确立了等级序列。而这都得益于拿破仑三世与万国博览会的影响。

虽然对葡萄酒进行评级的确存在问题，但是对消费者而言，这确实提供了一个判断葡萄酒质量的基准，并在一定程度上提供了选择指南。它当然是有用的，因为它提供了许多酒庄质量和价格的大致概念。另外，酿酒者也为了不辜负如此好的评级，因此就必须酿造出高品质产物。而评级低或者没有列入在等级序列之中的酒庄，也付出努力去接近那些高等级的，因此就不能说评级制度自身没有意义。

再者，1976年，巴黎的葡萄酒商人史蒂芬·史普瑞尔举办了把波尔多和勃艮第一流的葡萄酒与加利福尼亚葡萄酒一道进行比较的试饮会，加利福尼亚系超出预想以压倒性的优势获胜，令世界上的葡萄酒从业者感到惊愕。这也不过是20世纪后半叶葡萄酒世界发生大地震的一个象征。关于这一点将在本书第十章说明。

工业革命的光与影 —— 铁路与葡萄酒

在拿破仑三世的功绩中，与巴黎的城市改造并称的引人注目的事业，当属铺设全国铁路网。帮助拿破仑三世实现这一梦想的是其幕后的政策智囊团。拿破仑三世通过政变成功执政，多数精英知识分子对此皱眉，但也有一位法兰西学院的经济学者、教授为其递上热烈支持的信件。他就是米歇尔·谢瓦利埃①。他作为圣西门主义刊物《环球报》的原主编，以自由贸易为旗帜，开展各种论战。而这也是他将赴美国旅行时获得的体验付诸实践的一大结果。

法国产业者们对铁路这一产业基础设施不持太多热情，也没有认识到铁路的重要性。当时，政府提出的铁道网络整备法案成为废案，仅有巴黎至圣日耳曼线（1837 年）和巴黎至凡尔赛线开通。阁僚梯也尔为首的多数政治家仅仅把铁路视为游山玩水的玩物，而当时的许多医生还发出铁路对人体具有危害的警告。也有交通问题专家主张铁路会给农作物、畜牧和山野带来危害。谢瓦利埃认为铁道才是连接产业与产业、贯穿生产与消费的大动脉，他指出铁道的长期展望计划必须具有巨大投资作为保障，并且认为建设铁路网和保障廉价的输送费这一重大工程应该由国家来推进。

....

① 米谢尔·谢瓦利埃，生于利摩日。矿业学校毕业后任工程师。为圣西门学说的热烈信徒。主编圣西门派理论刊物《环球报》。1832 年被七月王朝政府逮捕，判刑一年。后梯也尔出面干预减刑半年。出狱后在政府任职，被派往美国研究水陆运输问题。1840 年任法兰西学院教授。1842 年协助创办政治经济学学会，并创办《经济学家杂志》。他认为社会进步的关键是工业发展，主张自由贸易政策。这一主张与英国政治活动家科布登不谋而合，1860 年签订法英商约（《科布登-谢瓦利埃条约》）。同年被拿破仑三世任命为元老院议员，为帝国干预墨西哥政策辩护。在 1862 年和 1867 年两次世界博览会中成绩斐然。1869 年当选为国际和平同盟主席。著有《北美书信集》（二卷）、《古代和现代的墨西哥》和《工业政策论文集》等。

　　首先意识到铁路重要性的是罗斯柴尔德财团。他们对奥匈帝国由政府干预、1839 年开通的主要铁路进行了投资，也对法国的巴黎至圣日耳曼、巴黎至凡尔赛之间的铁路建设进行了投资。他们还进一步出头，积极地推动开设纵横法国北部工业地带的铁道（而后，日本最早的铁路——横滨至新桥间的铁轨也有罗斯柴尔德家族的投资）。然而，建设前两项铁路之际，与罗斯柴尔德家族一起合伙的皮埃尔兄弟，终止了与罗斯柴尔德家族合作，转而与拿破仑三世的财政顾问、后来成为财政部长的阿奇勒·福尔德联手。皮埃尔兄弟不属于犹太系财阀，他们设立了动产银行作为人民投资的金融机关，并用巨大资金投资铁道事业（法国南方−加龙运河铁路和东部铁路的建设），把握了铁路霸权。而到了 19 世纪后半叶，罗斯柴尔德家族和皮埃尔家族进行殊死的历史性世纪商战，所有的工业资产阶级都卷入其中，可以说进入了痴狂争夺的铁路世纪。

　　铁路网的整备使法国产业结构发生巨大变革。由铁路将棉、丝绸等原料，纺织工业与纺织工厂和巴黎的百货商店连接起来，诞生出法国消费社会的新局面。而使用火车、铁道桥、铁轨等导致对钢铁的需求激增，钢铁公司大幅提高产量，巩固了产业基础。伴随着火车的开发，以蒸汽为动力的许多机械产业进一步兴隆繁盛。法国的产业也转化到以钢铁、蒸汽为中心的大型产业集合上——铁道、钢铁制造、造船以及各种军需工业。

　　铁路的如此发展也并非与葡萄酒的世界毫无关系。就波尔多葡萄酒而言，在这之前最大的主顾是英国，法国尤其是巴黎地区——除了高级葡萄酒之外——几乎不怎么喝它。在仅用船作为交通工具运输葡萄酒的时代，从波尔多运输至鲁昂就必须沿着塞纳河上下。然而，到 1800 年，开通了巴黎直通波尔多的铁路后，波尔多市成了新的大型消费市场。

勃艮第也以另一种形式受到影响。当时甚至流传着"勃艮第最大的葡萄酒生产商在哪？那就在伯恩火车站"的笑话。在寒冷的勃艮第地区，遇到日照少的年份，葡萄酒的颜色和味道就会变淡。因此，大酒商就通过铁路运来罗讷河流域的浓烈葡萄酒，将它与本地葡萄酒混合进行贩卖。尤其是英国人喜好浓烈口味的葡萄酒，"符合英国人口味的重口味勃艮第酒"就以上述手段培育出来，在英国市场泛滥。而这样做的弊端直到进入 20 世纪才消失，为了消除弊害，勃艮第的良心生产者热衷于制定 AC 法则（原产地称呼管理法）。同属勃艮第的巴·勃艮第（第戎西北部）地区葡萄酒顺塞纳河和约讷河而下运输到巴黎，但它也受到巴黎大区葡萄酒的冲击。

来自巴黎大区的葡萄酒对勃艮第产区葡萄酒造成巨大冲击。以巴黎为中心的地区，虽然如今几乎见不到葡萄园，但在过去却是葡萄酒的大生产地，供给着巴黎的巨大胃囊。如前所述，可供跳舞的小咖啡馆就是消费葡萄酒的去处。在增产诱惑的感召下，葡萄酒虽然实现量产，但几乎都是味淡酸涩之物。然而，随着铁路的开通，法国南部浓烈且爽口的米迪葡萄酒（朗格多克葡萄酒的爱称）大量并廉价地流入市场，巴黎大区的葡萄酒与之相比差距巨大。于是，巴黎大区这个巨大的葡萄酒产地就逐渐从法国的葡萄酒地图中消失了。

19 世纪后半叶的噩梦 —— 葡蚜的蹂躏

大概在 19 世纪中叶，法国在政治上遭遇普法战争的失败，之后出现了巴黎公社运动，法国经济基本上是在拿破仑三世治下走上工业革命的轨道，踏上了走向繁荣的第一步，而根据巴斯德的发现，葡萄酒也进入了新世纪。但仅仅过了不到一年时间，意想不到的灾难就袭击了法国葡萄酒产业，它带来了预想不到且如今都尚未再度经历的三大疾病。

第一大疾病是"白粉菌病"，另外一种是"霜霉病"，两者都是由菌类引起的（二者的英文单词中都有 mildew，时常会引起翻译上的混乱，故前者称 powdey mildew，后者称 downy mildew，是两种不同的作物疾病，而前者还可称 Oidium）。白粉菌病于 1851 年出现在波尔多，由于菌的孢子飞散，它急速蔓延开来。人们懂得用撒硫黄粉末的方法驱除它，所以它历经十年后沉寂下来。而霜霉病大概是附着在防范后述的葡蚜灾害时输入的嫁接用的树枝上，到了降雨季节或多湿时节发生，在 19 世纪 80 年代至 90 年代十分肆虐。而应对它，人们花了不到四年时间，用石灰乳掺入硫酸铜液制成混合除虫药，再散布于植株间就成功驱除。

该溶液的发明还有一段有趣的插曲。散布该溶液时，叶子会被染成蓝色，有一名农户为了对付偷葡萄的贼使用了它，而后发现这对于驱除霜霉病起到了效果。这一消息被学者得知后便开始研究，于是开发出了除虫剂。它被称为"波尔多液"，被世界各地广泛使用（即便是多湿的日本，在没有其他抗菌药的战前时代，也广泛普及到果树和园艺上）。

最大的强敌出现于葡萄遭受白粉菌病和霜霉病两种病害之间，是葡蚜病，日语称为葡萄根油虫病。葡蚜（破坏者的意思）是肉眼难以看到的细微昆虫。它成活于复杂的生态环境中，幼虫像螨虫一样寄生于葡萄根部长出根瘤上，而后再从地上爬出寄生在叶子上，通过制造叶瘿来搭建巢穴。如果仅止于此还好办，但它进一步成长，逐渐长出翅膀变成如同水稻蚜虫一般飞散于各地，令结果更加糟糕。1863年法国南部阿尔勒附近发现了这种作物病。被葡蚜虫寄居的果树会像得了肺病的症状一样，不再抽出新芽，叶子逐渐凋萎，果实在没有成熟时就落地。在这一过程中，果树因根部被蚜虫啃噬得七零八落而枯死。人们一开始不知道这是什么病，直到蒙彼利埃负责嫁接树枝的工作者们与蒙彼利埃大学的杰尔·E. 布兰琼共同调查，才知道是由于虫害造成的。

这种害虫迅速在法国全境扩展（1867年扩大到罗讷河谷，1868年出现于波尔多，1878年袭击勃艮第，香槟地区也到稍迟的1890年遭受侵害），并进一步扩大到整个欧洲，致使各地葡萄园荒废（欧洲，乃至世界五分之四的葡萄园遭受破坏）。法国的虫害可以与普法战争的损失相匹敌。与农业相关的团体公募悬赏金来寻求对策。

数以千计的想法应运而生（还有在葡萄树根部埋下癞蛤蟆之类的"奇思妙想"），其中的一些主意也并非完全没有起到作用。撰写了《磨坊信札》的知名作家萨芙·都德，还将传说中的美女莎孚现代化，书写了浪漫小说《哀愁的巴黎》。其中，主人公的叔父往葡萄园灌水的主意就获得了成功。最具效力的方法是用类似大型金属注射针一样的工具，往葡萄树根部注入二硫化碳。但它具有危险（二硫化碳使用不当会爆炸），而且太过耗费人手和费用。然而，也有像罗曼尼·康帝酒庄那样不做其他对策持续地坚守古树的葡萄园（1945年第二次世界大战时因为人手不足而终止这种做法）。

在各式各样的对策中最终采用的，是在对葡蚜具有免疫性的美洲葡萄株上嫁接欧洲系的葡萄枝。该方法起到成效，大概到 1893 年法国的葡萄园得到恢复（也有像香槟那样遭受该虫害袭击稍迟的地区，等再植的葡萄园完全恢复要到第一次世界大战结束）。虽然已经开发出二者嫁接的葡萄品种，但它用于酿酒却因质地不佳而被放弃（一些嫁接品种留存于法国南部，但到 1945 年后被禁止种植）。另外，也有一些观点称嫁接太过于烦琐，直接全部用美洲种葡萄代替。如果当时的种植者们安逸地接受了这种救济对策，大概就不会存在如今卓越的法国葡萄酒了。

之所以会出现这种虫害的袭击，首先是因为工业革命成功之后，法国经济高速成长，一般消费增加，从 19 世纪初期到中叶，兴起了所谓的葡萄酒消费热潮。农户因此扩大种植葡萄园，尤其在朗格多克地区大为繁盛，为了扩大葡萄园，农户运用各种手段谋求各种量产品种。其中就包括美洲品种，而三大虫害都来自于美洲种株。

另外一大原因是交通运输和航海的发展。在帆船时代，由于运输耗时，得了虫害的树苗大概都在运输途中枯死，而蒸汽船的发明使得美洲至欧洲的航程不过十日，树苗与病虫一道生还。从美洲远渡重洋而来的虫害，因为之后种植美洲品种树苗而被克服，这一命运着实颇具讽刺。距离这很晚之后，也就是最近的事情，20 世纪末加利福尼亚地区发生葡蚜虫害，多数葡萄园被毁，引起了巨大的骚乱，而它却是因为葡萄酒生产者轻视葡蚜的危害性，使用了抗疫效果弱的嫁接苗所致。

法国革命前夜，视察了法国葡萄酒而后成为美国总统的杰斐逊十分喜好法式葡萄酒，不仅大量购求，而且将法国的葡萄树也运到美国栽种在自己农场，还热心地对它们进行培育，结果这些葡萄树全部枯萎，令他倍感受挫。他所不知的是，致使这些葡萄树枯死的罪魁祸首是葡蚜虫。

另外，日本在大正时代也遭到葡蚜虫害袭击，但日本农林省的官吏已经对该虫进行了研究。在 1911 年（明治四十三年）6 月，山梨县立农业试验所就已经报告日本罹患该虫害，到大正初期，立刻在全国进行彻底的虫害调查，由于此次采取了适当的对策，体现了当时日本官僚制度的优越性。而这不仅体现出官僚的先见预警性，民间层面也予以了配合。三得利公司所在的山梨县登美丘葡萄园还请德国技术员哈姆在 1912 年（大正元年）着手研究虫害对策。农园部长中込茂作紧随其后，从美国引入了两千株免疫性的苗木，用自家的山林作为防葡蚜苗木试验田。县级农业试验所和登美丘的技术员组成了共同防虫害项目团队，开始发布具有免疫性的苗木，普及指导并实施防治葡蚜对策，切实地令葡蚜虫害被扫除。

正因为如此，而今在日本所吃到的生鲜葡萄几乎都出自美洲系树种（例如，广为人知的特拉华葡萄，用的就是华盛顿以东的特拉华州品种）。酿酒用的葡萄，则以新潟县川上善兵卫改造的嫁接品种为主（尤其是红酒用的是贝利 A 麝香）。现在，欧洲的葡萄酒基本上也使用了嫁接葡萄，而日本用于酿酒的也是如此。古代欧洲种葡萄仅仅在十分有限的地区留存下来（葡萄牙的科拉雷斯这样的沙地葡萄园，以及波特的飞鸟园酒庄 [Quinta do Noval]，香槟地区的博林格用葡蚜虫害之前的葡萄品种来酿酒）。

智利在葡蚜虫害之前曾经栽种过法国种葡萄，由于没有遭受葡蚜袭击，而后以之为卖点是其获得巨大成功的关键。用嫁接的葡萄酿出的葡萄酒，是否比之前的口味要差，曾经在很长一段时间内被拿来讨论。如今由于世界各地几乎没有留存葡蚜虫害之前的葡萄品种，所以它已彻底成为过去。

葡蚜虫害之祸给欧洲的葡萄酒产业带来巨大影响，还留下了后遗症。最大的影响就是它令葡萄酒的生产地图大为改变。重新栽种需要许多手续和费用，从种植开始的头三至五年收入为零，故罗讷河以北（勃艮第、诺曼底、皮卡第等）曾经有大量葡萄酒产地，但如今几乎消失了。

勃艮第地区也有人意识到葡蚜虫害，名酒莎布利是种植在勃艮第黄金丘陵的极为靠北类似于孤立的岛状葡萄酒产区所生产的。包括莎布利在内的勃艮第以及巴黎周边的巴黎大区巨大葡萄酒生产地，都遭到葡蚜虫害袭击，而由于铁路开发，法国南部葡萄酒随之流入巴黎，致使巴黎大区的葡萄酒产业无法东山再起。只有知名且产出高附加价值葡萄酒的莎布利地区（还有农户自身的努力），才顶住不再换嫁接苗栽培种植的压力残存下来。

话题稍微有所偏离，威士忌的境况也如此。在葡蚜虫害之前，它是专属于英国绅士的，回过头看威士忌在当时还只是苏格兰地区的地方土产酒。此时它专门取代了法国的科尼亚克白兰地酒的位置（有名小说《双城记》的作者，狄更斯所著《匹克威克外传》在英国成为畅销书，狄更斯也因此声名远扬。而《匹克威克外传》全篇可以说是酒鬼的见闻录，在该书中谈到威士忌只是因为不再进口白兰地的缘故，使得以酒解渴的英国绅士勉勉强强将手伸向它，但这也仅是一种传闻）。从威士忌得以良好发展方面来看，葡蚜似乎起到了积极作用。

而今，纵观不单是法国而是全世界的葡萄园，葡萄树株（所谓的根沿垣攀立）都自然以整然为列的光景不断扩大。然而，在葡蚜虫害之前却并非如此。当时的葡萄树因为用了所谓的取枝法栽种，株与株之间被乱糟糟地不规则种植在一起。而到了葡蚜虫害之后，在种植新的葡萄园时，由于需要让嫁接的树枝自由生长，就必须整然为列，这样也使拖拉机进入葡萄园中成为可能。随着拖拉机的普及，为了让驾驶便利，就必须留取间隔来种植。

到 19 世纪 90 年代中期，法国葡萄酒的总生产量恢复到葡蚜虫害袭击之前（应该说反而还增加了）。即便法国北部广大的葡萄园消失，生产量却依然和以前一样，主要是出现了代替原来北方的新产区。那就是法国南部朗格多克-鲁西永地区。该地并不种植产量低的高贵品种葡萄，而是专门栽种量产型的，如此生产出来的酒就以低价葡萄酒的方式满足了大众需要。但是朗格多克地区因为生产过剩，这一问题从此以后乃至现在就成为法国葡萄酒业界（应该说是法国整体产业）的重大难题（供给过剩），还时常引发政治性的大问题（消费回落，政府就采取收购剩余葡萄作为对策，但收购数量和价格成为问题）。

葡萄酒世界中 19 世纪的意义

书写到这里，本文已从葡萄酒发展史的视点出发，回顾了葡萄酒自罗马扩大至欧洲全境以来的历程，尤其是中世、近世阶段。本文以法国为中心，特别叙述了波尔多和勃艮第地区的发展史。而之所以如此书写是有原因的。如今的我们看待葡萄酒，实际上已经将文化纳入与之密切相关的论题 —— 即便在意大利、德国、西班牙的许多欧洲

葡萄酒产地 —— 而且这也成为如今讨论葡萄酒必须涉及的话题。

葡萄酒与围绕它的文化，从两河流域发端，而后经过埃及、希腊、中近东、罗马，与各国、各地区的文化、技术相结合，呈现出全球性发展态势。这种文化的积蓄和流动，自中世纪到近代以法国为舞台逐渐收敛、凝聚和磨砺。如同多种丝线撮合最终形成一条纽带，逐渐从特殊走向普遍，最终基本上完成于近世，即 18 世纪的法国。

从这个意义上看，如今卓越的法国葡萄酒，与法国文化本身一道，已成为世界和欧洲文明的结晶。本书至此反复在文中指出体现葡萄酒美的理想、典型的"高级葡萄酒"，实际上就形成于 18 世纪前半叶的法国，尤其是以波尔多和勃艮第为中心的所产之物（德国的莱茵葡萄酒、葡萄牙的波特，以其他的路径完成）。

被视为世界上最卓越的葡萄酒，其身影出现在 18 世纪末期。尤其是到 1811 年哈雷彗星显现，葡萄酒发展史上明显出现了世纪性的大丰收（该年拿破仑喜得贵子，为了与之相关联，也有称该年所产之酒为拿破仑葡萄酒）。其杰出程度已经只能听闻传说，如今实际上证实品尝过的人已不存在了。目前，只有拉菲酒庄的贮藏库中还各存有几瓶最古老的 1797、1798、1799 年份酒。

被视为代表复古文化风格权威的克里斯蒂公司葡萄酒部门负责竞拍的麦克·布罗德本特，实际品尝过最古老的葡萄酒之一，他品尝过的就是 1789 年的拉菲（被称为褪去色香的老淑女，则自 18 世纪末至 19 世纪，被视为葡萄酒杰作的年份有 1784、1789、1811、1825、1844、1846、1847、1848、1858、1864、1865、1870、1875、1899年）。作者虽然有数次机会享受到试尝 19 世纪后半叶的葡萄酒，但遗憾的是所有品尝到的都是已经老化不堪之物。如今世界上还留存了一些 20 世纪初的优质葡萄酒。

19 世纪确立高级葡萄酒名声之后，还有一位亲自见证葡萄酒到底如何发展的人物，他就是乔治·圣茨伯里。圣茨伯里被视为继塞缪尔·约翰逊之后文学史家、文学批评家中的泰斗，不仅精通英法文学，而且像一个酒鬼一样嗜好喝酒。他撰写了自己喝酒经历的著述《圣茨伯里论酒与酒文学》（*Notes on a cellar-book*，日文译名为《圣茨伯里教授的葡萄酒乐趣》，该书可谓是将葡萄酒写的淋漓尽致之作）。该书于 20 世纪 20 年代出版，成为葡萄酒爱好者的必读书，常年再版重印。该著所有的内容都围绕圣茨伯里自己买来葡萄酒品尝的乐趣展开，是一部他关于所饮之酒感想的小册子，而阅读了它之后，就能知道 19 世纪后半叶哪些葡萄酒被视为名酒得到很高评价，哪种酒如何品尝（并且其中所列出的葡萄酒数量和种类之多让人惊叹，并不像罗伯特·派克那样只是选择一些目标踩点性试尝）。也就是说，从该著中我们可以明确地得知，自 19 世纪 80 年代初期以来，高级葡萄酒的地位得到巩固，并在 19 世纪 80 年代末已经确立了声誉（距今一百五十年、一百年的事情）。进入 20 世纪，这些高级葡萄酒又进一步得到打磨和提升。

今天，世界上许多葡萄酒酿造厂家，都以这些高级葡萄酒为榜样，激励自己追赶和超越它们。从这个意义上来看，有志于学习葡萄酒者，就有必要用自己的舌头品尝与体验高级葡萄酒的精髓。而今，新的世界性葡萄酒产业发展已经如火如荼。夸饰比法国高级葡萄酒更为卓越的酿造酒商不在少数，其中不免有葡萄酒媒体为他们制造声势。但这些被媒体所称誉的葡萄酒，的确是可以真正感受到、品尝到的高级品（正因为它们有可供效仿的模板，才能够酿出与榜样比肩的产品）。正如现代作家根据古典创作出的作品可谓比《米洛斯的维纳斯》更受赞誉，甚至它已经做到可与古典之物相比难以区分的程度，成为精妙的复制品。即使如此，《米洛斯的维纳斯》雕像也是一种理想美，体现出经典艺术的秀美飘逸，因而不能否定它属于杰作。

最后需要加以说明的是，构筑 19 世纪理想美，只不过是葡萄酒历史中最精彩的一部分。当然也不能忘记了它也有晦暗的黑历史部分。但这是那些极为少数一部分饮用卓越葡萄酒的上流阶级的事情，普通大众则与它无缘。

而今，要喝到波尔多酒庄的高级葡萄酒对每个人来说也并非容易。但即便如此，它已经以并没有那么高昂的价格，让人们能够适当地品尝到它。一千日元以下买到的日常消费性葡萄酒就已经很优秀了，花费一千五百至两千日元的话，就可以享受到非常出色之物。也就是说，在葡萄酒的世界里，有高级葡萄酒与可轻易喝到的日常消费性大众流行类葡萄酒，而 19 世纪时可供饮用的葡萄酒与现代的相比，前者没有什么变化，但后者却发生了巨大改变。起源就是，国民的生活水平提高到一般水准以上，而葡萄酒也在全球化过程中，不断提高那些低价葡萄酒的品质。在葡萄酒的历史上，这种现象诞生于最近，即 20 世纪最后的 25 年，这将在下一章详述。

总之，贯穿 19 世纪，普通大众的饮食生活与葡萄酒的关系，应该和现在的情况并无二致。其中像巴黎这样人口过密、外表上看起来经济繁荣的大型城市都有巨大差距，农村的情况则更要糟糕。北山晴一所著《美食的社会史》正鲜活地描绘出这种差距。

以巴黎为例，根据 1821 年至 1830 年的统计资料，巴黎市民中83% 的人连 15 法郎的安葬费都没有，处于贫困状态；到 1856—1857

年食物不足时期，巴黎 94 万人口中有六成多处于贫困家庭状况。享
受自由的饮食生活的家庭只有两成。即便不是贫困家庭，巴黎普通庶
民的饮食生活也十分贫瘠，主食为面包。肉类是面包的副食，用符合
日本风俗的话来说，它们属于零食。因为不是富裕市民，每周只能非
常有限的吃到一两次肉。蔬菜的情况也是如此，虽然说是蔬菜，但此
时主要只吃大头菜、洋葱这些根茎类，菜豆等豆类只有做汤才用到。

　　像今天这样用新鲜的蔬菜做成沙拉食用，要等到 19 世纪后半叶
才出现。而让人不可思议的是，当时医学的通说认为蔬菜对身体有
害，蔬菜是平民食物（贵族不吃），而且要把它们煮到又薄又软的程
度为止（法国料理中的“绿色大头菜”，其名不副实让日本人感到惊
讶，实际上这是依据过去时代饮食习惯而保留了原来的名称）。现
在，煎土豆做成的法式薯片已经是法国特色食品，而在当时属于奢侈
品，大众对它并没有很好的印象。百姓能够吃到白面包是幸运的，但
当时吃土豆却并不那么高兴。而且，新鲜的牛奶和奶制品也是奢侈品
（因为冷冻和运输手段并不发达）。现在法国人感到自豪的奶酪，在
当时巴黎的市场中也并不多见。总之，民众以面包为主食。

　　到了市民连面包都吃不上的时候，玛丽·安托瓦内特王后却说：
“那他们为什么不吃蛋糕？”如此回应也成为法国大革命爆发的原因。
虽然这属于传言，但是它也告诉我们若忽视了民众饮食生活的匮乏，
就容易造成上下之间的误解。意识到民众处于如此恶劣的饮食生活状
态的第三共和国政府以及拿破仑三世，都致力于举全国之力改善饮食
生活，民众的饮食才逐渐得到改变。巴黎蔬菜消费量增加是 19 世纪
70 年代后期开始的，它也是由巴黎北部蔬菜种植行业急速发展所致。

　　农村方面更为糟糕，农户的主食就只有汤（虽然说是汤，实际上

就是块茎、卷心菜、洋葱、大蒜等蔬菜和很陈旧面包放一起煮，稍微加一点动物脂肪油之类的混合物。与而今的浓汤完全是两码事）和粥（大麦、玉米放到水或者牛奶中煮熟），面包也是黑面包（小麦和燕麦、玉米、荞麦粉一起混杂做成）。一年只有几次才吃到肉，乳制品和蛋类要放到市场上贩卖作为一家人的收入来源。

　　然而，在这样条件的饮食生活状态下依然可以喝到葡萄酒。1816年之后，巴黎各区开设了慈善事务所，这些事务所向贫困阶层提供食物，并供给他们葡萄酒。这使得即便是贫困者也能喝到葡萄酒。而他们必须喝酒是因为他们认为当时的供水系统糟糕，饮水不利于健康。人们让幼年孩童就饮酒（大概是兑着水喝）。法国大革命可以说给予了普通大众"自由"和"饮用葡萄酒的权利"。当然，大革命所赋予的自由在贫富差距之下很难辨清是非，葡萄酒品质的差距也在贫富阶级之间凸显出来。

　　大众喝到的葡萄酒曾经很差。过去，巴黎大区所产葡萄酒供应巴黎，由于铁路发展改变了葡萄酒消费分布图，法国南部朗格多克与波尔多的廉价酒取而代之（其中，还加入了阿尔及利亚所产）。波尔多葡萄酒取代勃艮第所产酒占据优势，是因为该地葡萄园的生产规模扩大、种植栽培和酿造方法改良后，低价格的葡萄酒得以量产。要满足大众所饮的廉价酒需求，就必须使用量产品种的葡萄来生产酿造，质量自然就有所下降。

　　不仅如此，当时的伪造酒、劣质酒还大肆横行。添加酒精和兑水（当时称为"洗礼"）是常用手段。而色泽淡薄的酒就用各种方法着色（使用接骨木或者焦油）。当时，水杨酸（防止氧化的防腐剂）和石膏（能够防腐和提高色彩鲜艳度），以及为了达到目的混合白垩、明矾、酒石酸（1884 年出版大众百科事典的罗莱出版社，在"葡萄酒"
条目中谈到并没有使用葡萄的天然成分，取而代之将合成物质明晃
晃地记载在上面）。当时，广泛贩卖的还有在葡萄渣滓中加入砂糖和
水酿造出的葡萄渣加工酒（也被称为砂糖葡萄酒、二次酿造酒。1890
年，市场上流通的砂糖葡萄酒达到了五十万升）。还有使用将它们进
一步与阿尔及利亚所产酒混合起来这种手段进行贩卖的。另外也有用
干葡萄（从希腊或土耳其进口）来酿造的廉价酒。

尽管遇到了这些糟糕情况，但是大众也不得不喝下它们，而对
于想喝醉的人而言还可以加上蒸馏酒，故这个时期质量还成问题的蒸
馏酒也急速增加。这种饮酒状况致使酒精依存症患者增加，甚至影响
到法国国民的健康状态（《小酒馆》就生动地描绘了当时这种风潮）。
19 世纪后半叶至 20 世纪初，政府针对来路不正的葡萄酒横行和过度
饮用蒸馏酒问题，开始认真地着手寻找解决对策。

第九章　科学技术引起的巨大变革

——20 世纪的葡萄酒

激荡的 20 世纪

在人类漫长的历史中，20 世纪是产生危及人类命运和将来的大变革的时代。从政治上看，它首先爆发了第一次、第二次世界大战，而后接连发生朝鲜战争、越南战争、中近东战争，是战争频发的世纪。这些战争以国家性的规模，将非战斗人员卷入其中，其造成的大屠杀和国民生活破坏程度是 19 世纪及之前无法比拟的。而造成这一状况的，是化学、机械武器——坦克、飞机、高性能机关枪、大炮和原子弹急速高度发展所致。

在这一些战争过程中，美国与苏联作为巨大的政治势力登上舞台。在美苏对立和冷战结构中，欧洲老牌强国的政治势力减弱，尤其是出现了曾是欧洲政治、文化中心的法国地位下降的现象，退居到世界政治舞台的背后。

在以上这些战争过程中得到发展的诸多机械令经济、社会情势以及一般市民的生活为之一变。如今，喷气式飞机已经在全世界航行，这距离 1903 年莱特兄弟费尽气力最终发明出飞翔于空中的飞机仅仅百年的时间。如果说 19 世纪是铁路时代的话，20 世纪则是汽车的时代。今天，家用汽车不仅已经成为城市和农村生活的必需品，而且大型卡车也成为所有物资被便利运输的搬运手段，而福特量产出实用化的汽车就在

1903 年。第一次世界大战前，普通人的交通手段和搬运货物手段都是马车。今天，在现代都市生活中，洗衣机和冰箱等厨房设备，以及以暖气、空调和照明设施为首的电器设备都得到普及，已经成为理所当然的必备之物，而这些电器设备是在第二次世界大战之后得到普及的。

电气资源也集中转化到通信这一媒体领域。随着电视的普及，信息和知识的普及变得十分容易，第二次世界大战期间，罗斯福的《炉边谈话》通过收音机向国民传达舆论。现在手机已经不断地改变人们的个人生活，在距离这仅四十年前，巴黎的电话还因为不便而恶评如潮。进一步来说，最近电子产品社会化，电脑的发展（以及智能手机）以及它对一般生活的影响，已经自不待言。而令如此现代生活发生变化的基础，就是所有生产领域都具备了能够大量生产的系统。而正是 20 世纪才诞生和普及如此大量生产的体系。卓别林强烈讽刺机械化的《摩登时代》，是 20 世纪初期的 1936 年放映的电影，当时尚处于黑白电影时代，从这一时期开始，卓别林就已经警告机械会给人类生活带来滑稽和奇妙的影响。

这一时期与葡萄酒的关系，需要将其放在葡萄酒所造成的影响上来探讨。从经济方面看，美国成为强国之后，不仅拥有了巨大的葡萄酒消费市场，而且还作为葡萄酒的生产国崛起于世界。苏联的社会主义经济化，不仅在其本国黑海沿岸地区形成葡萄酒的大型生产地带，而且在它支配下的东欧诸国（匈牙利、罗马尼亚、保加利亚）也促成葡萄酒生产国有化。但高品质的葡萄酒一时间消失了。

大英帝国的崩溃使得曾属于其殖民地并卷入英国经济的澳大利亚、新西兰、南非的葡萄酒生产独立出来，葡萄酒生产与消费也为之一变。法国虽然培育出阿尔及利亚廉价类型葡萄酒，但由于阿尔及利亚独立致使只能用法国国内的朗格多克葡萄酒代替。意大利发展成为欧洲诸国中，与法国竞争头号葡萄酒生产和消费的国度。西班牙则由于受内乱影响，曾因被视为欧洲之外的国家，遭受轻蔑和疏远，直至蒙欧盟的恩惠才进入欧洲经济一体化进程中，葡萄酒生产目前处于大飞跃阶段。同样，由于成为欧盟成员国，希腊的葡萄酒生产也发生了巨大改观。葡萄牙则由于世界嗜好发生变化，其主力商品波特酒和马德拉酒走向低迷，正作为普通葡萄酒生产国试图再起。

曾经是卓越的葡萄酒生产国南斯拉夫，由于分裂和内乱，一时间葡萄酒生产处于被破坏状态，直到现在也没有恢复。已经被公认独立的以色列作为新的葡萄酒生产国，其产品也成为世界市场一员。南美的智利与阿根廷，北美的加拿大，以及中国和日本都作为新兴葡萄酒生产国崛起。

无论如何，对欧洲的葡萄酒整体生产带来影响的还要属欧盟的建立，它取消关税壁垒，令欧盟内部的流通状况为之一变。欧盟制定有关葡萄酒的法令，也持续对葡萄酒品质，尤其是低价葡萄酒的品质带来巨大影响。

20 世纪的最后 25 年里，世界上的葡萄酒发生了巨大变革。这是政治、经济、社会以及所有方面被集约化而产生的现象，可以说它令而今世界上的葡萄酒为之一变，故在本书末尾还将此作为结语进行了梳理性论述。

普遍的葡萄酒法案诞生

1900 年巴黎世博会期间，由法国总统主办的兼具纪念第一共和国施政意义的大型晚宴在杜伊勒利公园举行。临时搭棚建立的宴席会场聚集了约两万七千名法国全国各地市、乡镇的地方官员。当时，餐桌全长约七千米，餐具达到十四万枚。宴会使用了五百头牛，鸟类七十万只，非常壮观。这在法国历史上也属于壮举，但世纪大宴会的主角并非王公贵族，而是一般市民和法国国民，具有象征性意义。显然，由于克服了葡蚜虫害灾难，葡萄酒生产与消费实现了飞跃性的增加，继1899年迎来世纪大丰收之后，1900年也继续了大丰收势头（宴会举办于九月二十三日）。在宴席上举杯畅饮者的眼中，法国葡萄酒的未来大概映衬的是玫瑰酒红色。

但是，其后却更为糟糕。20世纪的前半叶对法国葡萄酒而言是最差的时代。1901、1902、1903、1904、1905年连续五年歉收，到1910年与1911年爆发了白粉菌病，1911年香槟地区发生了大型暴动。到了1914年至1918年，法国则进入第一次世界大战。而自1905年开始的俄国革命，致使法国的香槟和甘甜口味葡萄酒失去了大主顾。1920年，美国施行禁酒法令，连续十四年对酒类进行限制。1929年，纽约股市大跌开始进入大萧条时代。到终于觉得恢复了景气时，1939年又开始了第二次世界大战，之后巴黎被德军占领，战争直到1945年结束，但被视为战争后遗症的状态一直持续了其后的近十年。

即便在如此社会、经济的艰苦环境之中，优秀的葡萄酒酿造商依然坚持、耐心地磨砺经典葡萄酒。到20世纪前半叶第二次世界大战结束时，出现了下表中诞生杰出、优秀葡萄酒的年份。

波尔多红酒	杰作年份	1900、1920、1926、1928、1929、1945
	秀作年份	1904、1911、1921、1934
苏玳	杰作年份	1906、1921、1929、1936、1945
	秀作年份	1904、1909、1926、1928、1934、1942、1943

勃艮第红酒	杰作年份	1906、1911、1915、1919、1929、1937、1945
	秀作年份	1904、1920、1923、1926、1928、1933、1934、1943
勃艮第白葡萄酒	杰作年份	1906、1928
	秀作年份	1919、1920、1927、1934、1937、1945

这些战前的优秀葡萄酒跨越五十年以上的岁月留存至今，以令我们惊叹的卓越性，展现其醇熟、古典的姿态。

自 19 世纪末至 20 世纪初，直到第二次世界大战爆发之前，对之后造成最大影响的还有劣质葡萄酒问题。这大概出乎意料，直到 1870 年前法国还是葡萄酒出口国，但到 1875 年迎来空前的大丰收后，却发生了诡异变化。自 1879 年至 1892 年葡萄酒却陷入不足状态，这是因为葡萄酒的消费量增加。到 1880 年，它以三比一的比例，成为葡萄酒进口国之一（1887 年最歉收之年出口只有 200 万升，进口达到 1200 万升）。

法国主要进口对象为意大利和西班牙，这是由两国兴起植树风潮所致。到 19 世纪 80 年代，进口对象还加上了阿尔及利亚。如前文所述，法国消灭蚜虫之后，朗格多克取代之前的葡萄酒产地崛起，该地葡萄酒由于使用了多产量品种，导致出现了劣质产品（资本主义为追求效率，出现了取代农户的大规模栽培种植葡萄公司）。此时开始进口的意大利、西班牙葡萄酒，也是低价格的葡萄酒（虽然这很糟糕，法国的进口关税规定酒精度超过 11 度关税就变高，因此进口的多为酸涩廉价的专门兑水做出稀释的产品，另外不征收关税的阿尔及利亚葡萄酒也混入进口行列中）。前一章中提到的伪造、变质葡萄酒依然横行。

引用葛利耶《葡萄酒社会与文化史》所述："根据 1900 年的计

算，进口外国的葡萄酒达到五十万公升，阿尔及利亚所产达到五十万公升，伪劣葡萄酒（干葡萄酿出和砂糖兑出）达到八十万公升，改良葡萄酒二十万公升，合计至少两百万公升，加上天然酿造的法国产，一共有八百万公升流入市场。"相比体面、纯正的法国葡萄酒，贪得无厌的进口商更愿意出手购买赚得更多的廉价或者伪劣葡萄酒。

自 19 世纪末至 20 世纪葡萄酒消费量虽然增加，但 1899—1909年还一直处于生产过剩状态（每年 670 万—680 万公升）。在进口葡萄酒方面，进口酒商为了赚钱不择手段，他们并不怎么关注农户和市场情况，更重视自己的生意。当然，这致使消费与生产的平衡被打破，但此时却没有进行市场调整的社会机制，而增产的竞争也引起了生产过剩的大混乱。

政府也羡慕酒商赚取的收益，于是采取了各种政策。1900 年，政府取消了原本怨声载道的入市税和小宗买卖税，酒税只保留了流通税一项（一升为单位，一律都征收 15 法郎）。1905 年，作为针对葡萄酒过剩的对策之一，政府恢复了农户自家酿造白兰地的特权。这种状况出现之后，人们都愿意寻找替罪羊。法国南部朗格多克地区不仅开始追溯造成生产过剩的元凶，而且还要求当面将他们揪出来。这些政策中包括取缔不良从业者资格，而因为葡萄酒价格下降致使采取了"不良行为"的穷困农户也成为政策打击的目标，打击对象就有法国北部普及的霞多丽葡萄酒（酿造葡萄酒过程中添加糖）。1907 年，在纳博讷和蒙彼利埃（五十万人）举行了要求禁止霞多丽葡萄酒的大型游行，为了压制游行首相克里蒙梭派出军队，反而刺激了民众，成为大暴动，造成五人因此死亡。

以这一悲剧为背景，政府也采取了根本性对策，1907 年 6 月颁布了《凯昂法案》。按照该法案规定，葡萄酒应该定义为"用新鲜葡萄和它的果汁发酵产生的酒精性产物"，禁止添加酒精、砂糖和往酒中兑水。该法案还规定报告葡萄酒每年的生产量和在库量也是义务。另外，政府还对砂糖课以重税，禁止贩卖给葡萄酒酿造商。对生产粗制滥造葡萄酒的各生产者，政府也限制他们每年生产4公升。于是，1908年后，不法葡萄酒的身影终于消失了。

除了朗格多克的滥造动向为政府干预的起因之外，政府颁布葡萄酒取缔法案还有一大动因。其发端也与法国南部教皇新堡（Chateauneuf du pape）地区、拥有福天古堡酒庄的男爵卢洛瓦的研究和倡议有关。《凯昂法案》意在根除伪仿葡萄酒，但只要有葡萄酒就可以将劣品与良品混杂在一起，对此也没有办法。因此，确立了优良葡萄酒名声的好酒掺杂其他地方葡萄酒的仿品依然横行肆掠。卢洛瓦男爵倡议需要防止这类不法葡萄酒。早在1900年，莎布利葡萄酒生产者们就联合起来捍卫正宗的莎布利葡萄酒。除此之外，他还呼吁勃艮第其他地区的良心生产者，发展成一场运动。

问题在于"划区"，也就是葡萄酒的名称都是按照其产地名冠名。依据1919年制定的原产地称呼规制法案，因为不合理使用称呼而蒙受损失者可以赴法院上诉，但它还是有漏洞。并没有以洛佛尔为名标记的葡萄酒商，只是标记了其自己的住所，以这种手段来误导消费者。1923年创设的教皇新堡酒，通过从业者联合的方式获得判决胜利，不仅严格限定了生产地区范围，而且规定了包括栽培葡萄的品种、葡萄酒最低的酒精度数、甄别患病葡萄株义务等与葡萄酒品质相关的事项。该判决的主旨也被1935年在波尔多举办的葡萄栽培者联合全国会议照搬纳入其要求的决议中。以该声明文书为基础，随着

1935 年法律的颁布，原产地称呼规范制度（省略称 AC 制度）也由此诞生。该法案其后历经数次修订，如今已经发展为完备的法律。

该法律规定：首先须确定能够以某一地域或地区名称的方式来标明葡萄酒；其次确立葡萄酒达标的一定条件（1 公顷的最大收获量、最低酒精度、葡萄品种、栽培方法等）。明确了以上条件的葡萄酒才能够得到法律的承认并向消费者标示这些信息（现在也对葡萄推行食品感官检验法）。这法案的特征之一就是，作为标示对象的葡萄酒其地域、地区精准范围越小，需要达标的必要条件就越严格。而且这些必要条件是由各地方民间组织（生产者、从业者和知识分子等）决定，并使它们纳入国家承认的体系之中，因此该法案是半官半民性质的。运营、监视该法律的中枢机构（INAO）设立在巴黎。

该葡萄酒规范法案的内容和架构可以说具有普遍适用性，其后，意大利、西班牙制定了基本相同内容的葡萄酒规范法，呈现出其他诸国准备制定同种类型葡萄酒法案的世界性动向（欧洲的情况是，由于欧盟已经制定了葡萄酒法，其他各国在它基础上进行调整）。但德国依然保持了其特有传统的标签标示，也发展成为特有的法律体系。另外，如后文所述，美国并没有以产地为基础来标示葡萄酒的风俗，因此就导入了品种系统（葡萄酒标签使用了以何种葡萄为名称这种粗放式标示方法，相比令消费者了解生产地名，它让消费者识别葡萄酒的品种名）这一与前述法案思考方式完全相异的法律。

无论如何，这一时期确立的具有普遍法意义葡萄酒法案，是其漫长历史中的初次尝试，从这个意义上具有划时代作用。从排除不法酿造葡萄酒的意义上来看，在保护了诚信生产者同时，也具有保护消费者的一面（至少使用 AC 制度标示葡萄酒商标，在表面上做到了没有伪造赝品）。这也正反映了葡萄酒不再是一部分特权者所拥有之物而归大众所有的世界趋势。

但遗憾的是，日本没有此类法案。基本上只有由财务省（大藏省）为确保酒类税收规定的诸政令，以及厚生劳动省出于卫生保健目的规定的取缔原则。1985 年发生"二甘醇事件"（添加了汽油的不凝液）时，日本葡萄酒庄协会主导下出台了"国产葡萄酒商标相关基准"这一从业者协定，而后其被调整修订，起到了葡萄酒法案的作用。2015 年在欧盟的强烈要求下，日本政府虽然暗中不情愿，但最终也出台了关于葡萄酒商标的"告示"。内容上基本满足了世界葡萄酒法案的要求，但它毕竟不是法律。

葡萄酒产业的现代化 —— 机械化

进入 20 世纪，所有领域都进行机械化和省力化，葡萄酒生产也卷入这种风潮。从葡萄栽培种植上看，最大的变化当属使用拖拉机。葡萄田的耕作，尤其是葡萄树周边每年都需要翻土这样的繁重劳动，遇到换葡萄株的情况就更要大费周章。整然为列的葡萄树被栽植在园地里，需要调整葡萄株行间车距以便拖拉机入园，这种风景在如今已经被视为习以为常，但在 20 世纪之前却从未如此。拖拉机可进一步令采摘更彻底，并可运输装满了葡萄的箱子（这也是大宗劳动）。而进一步装配了机械化装置的拖拉机，则可以用于播撒药剂到裁剪过剩枝叶等多方面工作，减轻了田间劳作负担。

从而今家庭中使用洗衣机的角度思考，就可知道当时拖拉机运用在多大程度上减轻了农户负担。如今，拖拉机又进一步改进出现收割机。起初，许多农户都对其持反对态度，但不断改良之后恶评也消失了（就白葡萄而言，从保证果汁新鲜的角度，使用采摘收获机更好）。如今，有志于酿造高级葡萄酒的生产者都夸耀他们使用人工摘取葡萄，但使用采摘机的生产地也不在少数。而且卡车的普及也与拖拉机一道承担起所有农作作业，以及包括搬运酒瓶在内的重要运输，为农户提供了强有力的帮助。

从酿造场内部来看，导入不锈钢罐的发酵槽成为引起葡萄酒酿造变化的重要转机。购入木制巨大发酵槽和随之老化而进行的补休，需要每年进行完全性清扫，这成为生产者的巨大负担，而随着技术进步，发酵中逐渐使用内部涂层的混凝材质或替换为铁质槽。不锈钢罐的出现，进一步改变了该状况。它使清扫变得容易，也能够维持清洁；杂菌而引起的对发酵果汁的污染也由此被排除。不仅如此，还发展出能够进行温度控制的发酵装置，而这具有决定性效果。

酿造葡萄酒最关键的是发酵，它是酵母菌作用的产物。而使用人工酵母，控制发酵温度就可以改变酒质，酿造出人为控制酝酿过程的葡萄酒。大概有人会质疑连温度都需要控制这种操作，实际上，温度对于酵母菌活动具有决定性影响。抛开难以理解的发酵原理，从极为简单的角度来解释，高温致使酵母菌活动更加活跃，发酵时间缩短，而低温则使得酵母菌活动迟钝，发酵时间因此延长。原本发酵是伴随热量增加而发生的，酒醪是在极为高温下的产物，超过30—32摄氏度就会损害葡萄酒的品质。

第二次世界大战后，勃艮第地区因为旧酿造法和新酿造法的对立，一时间在从业者中引起了骚动（《葡萄酒的王者》，哈利·W.托·诺威尔著）。尽管该书内容也是站在门外汉角度的论述，但也说明了低温、长期发酵会令葡萄酒颜色变得浓艳，而且富含诸多成分，尤其是单宁酸。也就是说，通过这种方式可以酿造出独具风味的葡萄酒，并且可以长期保存和醇熟。但是，刚酿造出就马上饮用的话，它的口感并不讨喜。而如果是高温短期发酵的话，就会变成口感清淡、爽口，适合尽早饮用的葡萄酒。若是处于寒冷地区，则并不需要如此担心，但在高气温地区，就会因为发酵果汁出现异常高温化现象令酿造者头疼不已。于是人们想出方法，从发酵槽顶部灌水，用于冷却的水通过发酵槽中螺旋状的蛇形管道沉入下方，发酵槽另一端则放满了方便注入冷水的小容器（过于寒冷的时候，就用热水取代冷水）。而正因为使用了不锈钢罐发酵槽和温度控制装置的方案（罐子外侧卷上带状空管，冷水、温水多从这里通过），令以上的担心与烦恼一扫而空。

最近整合了现代性设备的大酿造所，其温度管理都已经电子计算机数字控制化了。恪守传统酿造法的波尔多，曾强烈抵制导入这种不锈钢罐，而最早打破这种偏见和畏惧、使用不锈钢罐的是波尔多评级品牌中一流的穆东酒庄。见到它成功之后，其他各酒庄也竞相效仿。也不是没有至今依然使用古老木制发酵槽的地区，它们因为使用木制的酒桶也获得良好评价（玛歌酒庄酒、勃艮第的康帝酒庄酒）。除了机械化，进入20世纪，有关葡萄栽培种植和葡萄酒酿造两个方面的科学研究进一步得到发展。从葡萄栽培种植方面而言，这一时期进一步推进了葡萄品种的研究，对许多量产品种、高贵品种的分类与体系化，明确了它们的特征、长处与不足，并且开发出了交配品种。

恪守旧传统，原本属于葡萄酒产业旧世界地区的农户，牢牢地恪守种植传统品种，并没有理睬这些研究成果。而适用 AC 法则的全国原产地称呼管理机构（INAO）在维持传统名声的 AC 地区，禁止栽培种植交配品种（低价格地带的葡萄酒生产地区另当别论）。新世界的葡萄酒产地，则大多引入以上诸研究来种植葡萄。然而，在嫁接苗木方面并不直接用研究出的新品种，而是在考虑了园地土质、气象之后，选择适合的苗木。随着化肥与农药研究（尤其是杀虫、杀菌药以及除草剂）的进步，在政府和农业协会指导下对它们的使用也普及开来。但有时也因为过度使用产生了弊害。而对葡萄成分的分析也在推进，这不仅对栽培种植，而且对酿造方面也产生了影响。如今，稍有一些实力的生产者都拥有研究室，由它们决定采摘的时期（没有自己实验室就仰仗该地地方的实验所）。

即便科学已经进步，但气象方面却是科学力所不能及的。天气预报虽然可以在某种程度上对葡萄收获期起到辅助作用，但无法完全仰仗它。如今，还会时常遇到冰雹急袭而造成严重损失的情况（虽然已经想出发射高射炮驱散冷凝云的方法，但仍没有影响天气决定性的发明）。冰冻灾害的破坏性很大，尤其对葡萄抽新芽时候而言，晚霜是寒冷地区栽培葡萄农户的大敌。现代科学也对其束手无策。如今，到了夜晚，还有在葡萄园地里成排点燃迷你石油炉之类供暖的。还有一些产区像加利福尼亚一样，在葡萄架上装有螺旋桨通过旋转来驱散寒气。而在像香槟一样的地区，还有为了保护新芽洒水冻住嫩芽的措施（包住嫩芽的冰有零度，可以防止嫩芽枯萎）。这些都属于运用科学采取的手段，如今科学也在应对太阳日照不足、多雨、暴风和骤雨等方面具有了措施。

在应对干旱方面也有了灌溉作为对应措施，但有些国家和地区却禁止在葡萄园进行灌溉。欧洲传统的葡萄酒产地还有禁止灌溉原则（一味追求葡萄酒的产量而弄得水泽成灾）。至少在旧大陆的名产地还顽固地坚持着，而在新大陆（尤其是澳大利亚）则已经灵活运用灌溉，还出台了评价其成果的规制法则。阿根廷的门多萨地区为干燥地带，当地在很早时候就用安第斯山脉积雪融化的水进行灌溉。由此来看，即便在而今科学万能的时代，葡萄的栽培依然属于被自然气象左右的农业范畴。

葡萄酒产业与现代酿造学

在生产葡萄酒的过程中，酿造方面的科学性发展也令人瞩目。对葡萄以及葡萄酒成分的分析和研究业已高度发达，到了能够非常精密地测定水平。在酒香方面，对致使芳香的物质进行化学、分析化学、无机化学、有机合成化学等多领域分析与研究的成果显著（现在已发现了超过600种特定物质）。

在发酵方面，巴斯德否定了发酵是由微生物所进行的有机物说，根据其后的研究，明确了引起发酵本身的酵母反应与酵母菌内的酵素群有关。检测发酵产生糖分中的生成成分，发现了六碳糖磷酸群，到20世纪40年代已经阐明果糖二磷酸的三碳素、焦性葡萄酸的碳酸素以及生成酒精的发酵机制。其间，与三磷酸腺苷相关的氧化、还原反应得到证明，成为以后生物化学发展的基础。这种基础科学业已得到进一步发展，而将它们放到实际运用中，则必须要等到第二次世界大战结束之后了。

将这些艰深、难以理解的科学原理放置一边，举出实际运用上发挥了影响的一个例子的话，那就是苹果乳酸发酵的发现以及运用到实际领域。我们对葡萄酒的产生只能用发酵来解释，实际上，葡萄酒的

发酵分为两种，也有两大步骤。其中，一个是葡萄果汁中的糖分变成
酒精的发酵，另外一个则是苹果乳酸发酵（又称 MLF）。后者产生了
乳酸菌促使葡萄酒中的苹果酸分解为乳酸和二氧化碳（碳酸气）。苹
果乳酸是在酒精发酵结束后产生的，它在长期的酿酒实践过程中并没
有为人所知。引起这种发酵后，葡萄酒的酸涩味变得柔和，而要引起
该发酵则必须要一定的温度。

红白两种葡萄酒的苹果乳酸发酵是相通的。红葡萄酒的苹果乳
酸发酵是在酒精发酵后的余温下自然完成的，而红酒圆润醇熟的口味
也是多种效应的结果，并非仅是苹果乳酸发酵所致。白葡萄酒的情况
是，在温暖的地方自然引发了苹果乳酸发酵现象，但人们也并没有意
识到它的存在，而寒冷地方（白葡萄酒的产地多集中于寒冷地区）的
白葡萄酒在酒精发酵结束后，由于葡萄酒贮存地的气温过低所以很难
引起这类发酵，因此这些地区的白葡萄酒酸涩味很强。但如果是存放
于温暖年份下，酸涩味就变得柔和，有人开始对二者区别产生疑问。
因此，在探索该原因的过程中，就揭示了苹果乳酸发酵是与酒精发酵
不同的二次发酵的奥秘。

直到 20 世纪 60 年代，以上原理才在实际运用领域被理解。亚历
克西斯·凌致（Alexis Lichine）在他的《法国葡萄酒》中，将对苹果
乳酸发酵的深切体验记录其中。如今，人们已经对该发酵有了清晰的
认识，故分离出有意识让苹果乳酸发酵的和不让该发酵产生的酿酒者
（酒精度达到 13% 以上，pH 值在 3.2 以下，二氧化硫在 50 毫克以下，
难以进行苹果乳酸发酵；现在从酿造学的观点来看，酒精度在 13%
以下，pH 值在 3.2 以上，温度达到 18 度以上，总亚硫酸在 200 毫克
以下，则是理想的发酵状态）。由于酿造商方面产生了以上分离，就

出现了口感柔和的白葡萄酒和让人感到整洁清爽新鲜味且带有强烈酸涩味的白葡萄酒这两种不同类型。

葡萄酒产业的结构性变革 —— 葡萄酒业界的再编成

除了该领域的这些发展，也有基于经济、社会原因致使葡萄酒产业呈现出不同面貌，出现了两种社会现象：其一就是农业协同组织的兴盛，其二则是大酒商地位出现相对下降现象。

如上一章内容所述，随着葡萄酒生产作为一种产业不断发展，出现了栽培葡萄并酿酒的农户，以及收购葡萄酒贩卖的大酒商的功能分化和二极化现象。拥有巨大资本实力能够进行大宗买卖的大酒商日益积蓄财力——大酒商之间的竞争导致弱小从业者被淘汰——葡萄酒产业也朝着大企业化、垄断化方向发展。不仅如此，追求利润的贪欲资本家，遇到经济不景气、经营萎靡时，不仅会采取不顾一切的手段进行经营，而且其不良影响还会挤占农户的生存空间，发展成葡萄种植者与葡萄酒贩卖者间的斗争。没有其他营销手段的农户只能对大酒商的要求言听计从。资本家取代中世纪的王侯将相，成为小生产者的敌人。

农户从贫困状态脱离出来的手段只有一种，那就是加强建设团结化的协同行业组织。合作社的设想不仅局限于法国，在全世界各国都有，具体到欧洲，是1786年由英国的欧文发端。法国也根据各种思想指导，于1848年在革命临时政府主导下，接受资金援助，结成大规模的生产者合作社，到拿破仑三世时期这些合作社遭到一时镇压，其后在农业银行的援助下切实地巩固了地位，最终以第一次世界大战为契机实现了飞跃性发展。在众多合作社中，农业合作社自1884年以来，随着农业无政府工团的活跃发展得到推进，政府的信用组织也加入援助农业协同组织行列，使其得到巨大发展。

现在，法国的农业合作社数量达到两万个。法国的农民因为法国大革命从贵族支配的封建土地和天主教统治中解放出来，成为小土地所有者，正因为如此，他们持着自由使用自属地的强烈执念，多数人都站在保守立场，是非宗教、非共和主义思想的支持者。他们并不像日本的农民一样老实巴交，时常展开过于激进的斗争。进入 18 世纪，废除了从属于大土地所有者的小农制度，这是不拥有土地的小农为了巩固自己地位反复斗争取得的成果（他们的地位完全稳定要到第二次世界大战结束，1945 年制定小佃户法案之后）。到 19 世纪末，共和派的诸多组织（合作社、信用银行、慈善组织、无政府工团）全体在巴黎圣日耳曼大街设立总部，被统合在强有力的全国性慈善、信用联合组织之下，确立了强有力的农业信用机构之后，农业合作社在资金方面得到了保障。

在同样的农业合作社中，葡萄酒生产者的情况与从事谷物、蔬菜、畜牧的农业者有所不同。进入 20 世纪，到第一次世界大战前夕，农业合作社中的葡萄部门正在成为一个专业化的集团。以 1907 年葡萄危机为契机，产生了与栽培种植相关的诸组织，这些机构考虑到了市场均衡，在加工和流通等关联事业方面也相继出现各种组织。然而，想从根本上提高葡萄生产者的地位，就必须自己拥有酿造工场。因此，以葡萄酒酿造工场经营为中心的合作社应运而生。

如今，农民由于在将产品商品化上没有任何手段，只能受强有力的大酒商压榨之苦，栽培种植葡萄的农户为了保住其地位，就必须尽可能地自己拥有令葡萄商品化的工场，与大酒厂在竞争力上进行对抗。

第一次世界大战之后，具备如此特点、条件的合作社酿造工场开始出现，尤其到第二次世界大战之后，它也搭载上了国家产业再复兴的轨道。毋庸置疑，它们都是整备了最新制造设备的现代性工场。

日本酒学泰斗坂口谨一郎博士在第二次世界大战后的1950年对欧洲葡萄酒的发展状况进行了视察旅行。他将此次体验日记写成《世界的酒》一书，成为日本葡萄酒书籍中的标杆。在该书中，就谈到合作社下的大型酿造工场十分现代，成排地摆设着大型压榨机以及镶着玻璃混凝土的大发酵槽和贮藏槽，其完备的冷冻设备令人震惊（坂口博士造访的是意大利，法国的情况则没有什么变化）。

现在，法国各葡萄酒生产地也具备了这种合作社组织下的酿酒厂，没有配备合作社酿酒厂的地方已经十分少见（例如波梅罗尔）。合作社下的酿酒厂反映出各葡萄酒生产地的多样性，也体现了规模、设备、经营形态的多种多样。同样，波尔多地区也在强有力的合作社的引导下，波尔多左岸梅多克地区圣爱斯泰夫产区葡萄酒，与右岸的圣达美利安产区的葡萄酒有着巨大区别。此时还出现了从农户那里收集葡萄进行整理，由合作社以自身品牌的方式贩卖的情况。相比提高品质，这些酒做出了新的品牌，而从特定的农户手中采购的葡萄做出品牌葡萄酒之后，也会将利润再度返还给农户（也有仅仅租用合作社酿酒厂设备的情况）。但是依然有大量的葡萄酒由大酒商贩卖（大酒商经营下的酒场）。在这种情况之下也有因为酿造出非常高品质酒而确立名声的（例如莎布利的"夏布利夫人"酒）。

合作社的酿酒厂毋庸置疑产生了良好的效应。它令农户具有了改革意识，由于配置了现代型设备的工场劳动，所以无论如何都需要专门的酿酒技术师。这些技术师多为在大学阶段学习了现代酿造的年轻技术员。就连起初认为这些毛头小子难有成就、觉得被糊弄的老派酿酒工场，也认为他们使用了最新设备能够酿造出比自身更为优质的葡萄酒（也令消费者感到欣喜），假如自己酿造出失败之作，他们就会亲自去合作社酿造厂见习，克服恶劣的条件。合作社的工场可以说是诞生现代酿造学的标本和教室。

于是多数葡萄酒生产者为了酿造自己的葡萄酒，逐渐引入现代酿造学的理论和成果（日本的国产葡萄酒，则是大宗葡萄酒商的酿造师发挥了重要作用）。这种倾向在白葡萄酒领域更为显著（红葡萄酒酿造商中还存在许多顽固的墨守成规派）。然而，目前它也逐渐向红葡萄酒领域扩大。相比传统葡萄酒的名产地，合作社酿酒厂更倾向于设立在新兴地区，这也推动了新兴地区葡萄酒行业的兴隆。到 20 世纪末法国的葡萄酒地图完全重绘了。

另外一个显著的现象则是大酒商的地位下降。直到 20 世纪后半期之前（准确地说到 1972 年），大酒商都处于全盛时代。尤其是波尔多的大酒商，是法国葡萄酒产业的中心。勃艮第地区虽然也有强有力的大酒商，但该地酒商的规模与波尔多相比有着明显差别。

波尔多市夏特隆河畔，大酒商熙熙攘攘。该地位于稍微偏离市内中心地带的下游，原本外国来的商人被挡在城墙之外就聚居在此处。沿着加龙河，平淡无奇没有任何变化的建筑鳞次栉比，进入如同鳗鱼身躯一般的深宅巷里中，发现有大型的酒库。现在河岸不再停泊大型船只，昔日外国帆船在此地熙熙攘攘，从就在眼前的仓库里搬出各类酒桶堆积起来（现在梅多克地区凸出来的库拉夫岬角旁就有近代的商港凡尔登，随着它的开港大量货物都转移到这里）。

大酒商的主要业务是大量贩卖品牌葡萄酒。即便是波尔多的葡萄酒，如今也有标榜"波尔多"之名实际包括周边广阔地区的新酒（普通餐酒 Generic Wine），或者标榜"梅多克"之名的中间地带的新酒（半普通餐酒），以及稍具一些高级感就以"玛歌"为名的村落酿酒。这些都是先从各个地域、地区的农户和生产者手中购买桶装葡萄酒，进而放在自己公司的酒库里标上品牌，装在瓶中贮藏。现今，大酒商依然从法国各地方采购（标签贴上该地地名并用玻璃瓶再包装出货）。

　　不仅如此，法国主要的高级葡萄酒，也有许多商家过去从阿尔及利亚，如今从意大利、西班牙等地先购买当地的酒然后混合，标上自己公司商标进行贩卖，这些公司在高级葡萄酒厂商中占很大比重。为了迎合不同消费者的喜好，他们还设计了具有魅力的商标名。这类品牌葡萄酒相比朗格多克（法国南部）酒而言，因为它们属于外国产所以更为便宜。卡车通过陆路将这些酒运输到波尔多引起了朗格多克生产者的愤怒，他们欲运用自己实力去阻止这些卡车，爆发了所谓的"葡萄酒战争"。总之，这时大型酒商打主意的都是面向大众消费者的大量低价型葡萄酒。

　　与这种主要业务不同，还有通过网络商务进行的庄园葡萄酒贸易。在贸易事业中，酒庄葡萄酒的成交比例因从业者不同而各有差别，也有完全不进行网络贸易的大酒商，因此还出现了这种专门特殊化的公司（例如波尔多·乔安努公司）。大酒商采用酒庄葡萄酒是有原因的。以前，酒庄葡萄酒也进行桶装交易（大酒商买下之后放到波尔多市自己仓库内用瓶装贮藏）。20 世纪 70 年代后期以来，酒庄葡萄酒也将用瓶子把自家产酒装起来作为一种义务。波尔多葡萄酒一般在将秋季收获的葡萄酿成葡萄酒后，在酒库里放置一年或两年（高级葡萄酒基本上放满 24 个月）贮藏，且让它醇熟之后再装入瓶中。

　　作为酒庄，每年酿造出产的葡萄酒经过一至两年的贮藏（这个时候还不能贩卖换成现金），随着贮存酒的数量增多，其负担也愈加巨大。例如，位于第一等级序列的拉菲葡萄酒，它的年平均生产量达到 55000 箱，66 万瓶（顺带一提，勃艮第的康帝葡萄酒每年仅 5700 瓶）。从酒庄出厂的拉菲价格，大概也有 1500 日元一瓶的。

　　酒庄还考虑到春天出品的桶装酒打开销路，制定了品尝新酒制度。到了收获葡萄的第二年春天，各酒庄一齐开始贩卖桶装葡萄酒（围绕品尝新酒，从业者之间进行各种虚虚实实的营销战略，波尔多市也卷入如此热烈的新酒季中）。虽然是桶装酒，但需要有证书才能进行交易，在实际交易完成一年半之后，才把里面的葡萄酒再度装到瓶中。与其说这是一种制度，不如说它是在习惯基础上酒庄能够获得资金的方式。

　　具有资产实力的大酒商能够进行大宗葡萄酒贸易。从收购葡萄酒到交易现有物大约需要一年半时间，而葡萄酒的行情市价也并不统一。价格上涨的话，大酒商可坐收巨额利润，价格下跌的话就会蒙受巨大损失（从这个意义上带有投机性）。从该年的收成和贮存来预料经济状况的大酒商往往先定好交易价格，基本上不会遭受损失，这已经属于非常牟利的顶级商业了。

　　在如此葡萄酒业界发展态势下，波尔多地区大酒商之间推行淘汰制，出现了强有力大酒商的大企业化和垄断化现象（撰写了《法国葡萄酒》一书的亚历克西斯·凌致，对业界通过如同近亲结婚不断维持一般的情况进行了抨击。因为他是跻身波尔多酒商业界的新人，看到强强联合的弊端，认为这最终会导致形成"封闭社会"）。第二次世界大战后，在法国经济复兴过程中，波尔多的大酒商对葡萄酒行业迎来新春进行了盛赞。

　　然而到了1973年泡沫经济突然崩溃，情况大为不同。它的原因众说纷纭，具有投机性质的波尔多葡萄酒也吸引了葡萄酒业界之外者一拥而入抬高葡萄酒价格，能源危机导致景气消退，出现了著名的葡萄酒丑闻（人们发现了克吕斯公司的葡萄酒品牌违法，从中揪出财政界也卷入该"葡萄酒门事件"，发展成政治丑闻）等，此种影响按下了泡沫经济崩溃的开始键。一言以蔽之，在葡萄酒热潮中丧失理性判断力的波尔多大酒商，没有考虑到消费者需求而采取控制高价手段，这也致使世界的葡萄酒买家对其不再予以理睬。

　　持续了两年的泡沫经济崩溃，令曾经有实力的大酒商近乎破产，它们的身影消失在市场，失去了影响力（吉娜斯公司卖掉它们集团中引以为傲的玛歌庄园葡萄酒，而克吕斯公司只能把庞特卡奈古堡卖掉）。当然，与任何地区经济社会中出现的情况一样，也有攻克难关反而为繁荣奠定基础的企业（例如帕图斯酒庄［Petrus］的股东穆埃克斯公司，贩卖穆东酒庄品牌葡萄酒的拉贝尔公司等）。

　　葡萄酒泡沫结束之后，肩负波尔多葡萄酒产业重任的企业实现了明显交替。巴顿嘉斯蒂酒庄①转由加拿大的西格拉姆经营，德罗公司

---

①　巴顿嘉斯蒂酒庄的历史要从1725年说起。托马斯·巴顿（Thomas Barton）原是爱尔兰人，18世纪初他离开爱尔兰，移民到波尔多（Bordeaux）。1725年，他创建了葡萄酒运输公司，在他的努力下，公司取得了巨大的成功，成为波尔多最好的运输商，公司客户给他取了一个绰号"法国汤姆"（French Tom）。1802年，托马斯·巴顿的孙子休·巴顿（Hugh Barton）和知名贸易商丹尔尔·古斯提尔（Daniel Guestier）共同创建了巴顿嘉斯蒂酒庄。巴顿嘉斯蒂酒庄如今是波尔多最古老的酒庄之一，也是法国第一个葡萄酒品牌，已经成为法国葡萄酒的标杆。目前酒庄在五大洲的130个国家都拥有分销商。

转由英国的爱尔兰酿造者经营，该公司仓库由荷兰籍的托斯·克雷斯安经营，路兹公司经由英国的波乌塔之手转到经营科尼亚克酒的人头马（Rémy Martin）公司，考维酒庄公司（Calvet）则由英国啤酒公司惠特布雷德经营，凌致酒庄由英国啤酒公司巴斯·恰灵顿公司接手。

现在回过头来看，20世纪后半叶之后，世界酒类企业历经重组和由巨大资本统合下的体系化，现在依然朝着这个方向发展（可以说是酒类行业的全球化）。以泡沫破裂为契机，波尔多葡萄酒业界也受到这种全球化影响，经营者易主现象就是该表现之一。

葡萄酒报道的发展

在漫长的葡萄酒历史中，20世纪是各个方面都带来划时代变化的时代。其中一项划时代变化就是葡萄酒报道媒体的出现与发展。

自进入近代起至19世纪，世界上已经出版了许多关于葡萄酒的书籍。但这些书并不为所有人熟知和阅读。20世纪与之前时代完全不同，面向普通读者的葡萄酒相关著述相继出版，且被广泛阅读。这不仅带来葡萄酒爱好者的增加，也对葡萄酒生产者、流通者产生巨大影响。也就是说，葡萄酒报道这一领域，甚至成为大众媒体中的一大板块。

原本这种报道应该在葡萄酒王国法国兴起，但并非如此，其发祥地是英国。法国人已经对葡萄酒习以为常，将它作为身边最亲近之物，基本上没有将葡萄酒写成书让人阅读的想法。与之相比，英国由于自身并不酿造葡萄酒，而只能喝海外诸国的，故它对哪个地区的葡萄酒到底如何酿造出来这类问题持有关心，还自然产生了比较和论述多种多样葡萄酒的习惯。并且，无论怎么说，随着英语成为世界性语言，英语类出版物的数量之多，相比法语著述有着天壤之别的悬殊。这一点也为出版社提供了吸引力，驱使它们朝着进一步出版的方向发展。

　　进入 20 世纪，被称为葡萄酒书籍中标杆的，是前文已经提到的塞恩斯伯里所著《酒库笔记》。著者是著名的文学家，而且拥有丰富的饮酒阅历，许多自认为是葡萄酒通的人，都根据这位具有实践性的葡萄酒饮酒专家的体验来找好酒喝。因此，这使得该小册子成为葡萄酒爱好者的必备书，一时间流行成风。

　　另一位带来巨大反响的是亚当斯·利昂。与塞恩斯伯里不同，他是一位活跃于葡萄酒业界、与业界共生的人物。利昂虽是法国人但在英国成长，精通英法两国语言并熟知葡萄酒业界。1906 年，他自费出版了三卷本的《英国的葡萄酒贸易》一书，确立了其名声（东京大学的胁村义太郎教授通过岩波新书《趣味的价值》对其进行了介绍），1927 年他出版了包揽古今东西的葡萄酒文献目录《酒神的书库》，进一步巩固了其在葡萄酒著述领域的地位。利昂的身边聚集了许多文学家，他们组织俱乐部，进一步推进形成了以追求快意生活为目的的“葡萄酒与休闲生活”协会。

　　当然，利昂担任会长的该协会，还在 1973 年出版了帮助选择卓越葡萄酒的指导性说明读物《葡萄酒常识书》（日本译为《世界的葡萄酒》）。书如其名，它是一本关于“葡萄酒常识”内容的著述，其介绍的葡萄酒涉及全世界，也受到世界各地读者的广泛欢迎，是葡萄酒系列著述中金字塔一般的存在。在利昂之后，“葡萄酒与休闲生活”协会还出版了 E. P. 罗塞尔的《波尔多的葡萄酒》和哈利·W. 尤库斯沃尔的《勃艮第的葡萄酒》等各种论著。在这之后，前者由大卫·裴博康的《波尔多》、后者则由安东尼·汉森的《勃艮第》继承发扬下来。而该协会也出版了威廉·阳戈广博考证古代葡萄酒的著述《神、人和葡萄酒》(*Gods，Men and Wine*)。而沃纳·阿里安的《葡萄酒的历史》作为最早真正意义上介绍葡萄酒历史的解说类书籍，也受到广泛欢迎。

与这种基础类、教科书类的著作一道出版的，还有纽约随笔性质的诸多著述。其中，1940 年出版的莫里斯·西丽所著《和我一起待在酒香中》(*Stay Me with Flagon*)最为出色，许多精英都乐在其中。

时髦的随笔作家希利尔·奈伊成为编辑之后，还收录编辑了各界人物关于葡萄酒的随笔《饮者之间的竞争》(*The Complete Imbiber*)，由于它满足了爱好者的趣味，实际上出版了 12 册的大全集。

其后，尤其在第二次世界大战后，伴随着葡萄酒消费者阶层急速扩大，葡萄酒报道媒体的发展（尤其是杂志的普及）也蒸蒸日上，葡萄酒著述可以说进入百花齐放阶段。虽然无法对它们进行一一列举，但从文化史角度来看，有几本书必须予以重点介绍。

亚历克·沃的《葡萄酒赞歌》作为名著被评价为引发洛阳纸贵效应（日文译名为《葡萄酒 —— 世界的酒之旅》）。著者的弟弟英文学者伊夫林·沃也有代表作《故园风雨后》(*Brideshead Revisited*)。该著以英国特有的学院生活为舞台，对日本人而言属于难以理解的著述，但该著全篇弥漫着葡萄酒香味。亚历克·沃是一位想生活在葡萄酒业界的人物，作为旅行作家闻名于世，该书栩栩如生地描述了第二次世界大战之前英国人到底以什么方式饮用葡萄酒。

书中各处引用了各类名著，是每读一次都会感受到其深邃思想的著述。原著使用了大量晦涩难懂的句式，十分难以翻译。幸运的是，研究莎士比亚的学者曾野正卫对其进行了翻译，我们能够从他的名译名文中得到陶醉。该书早在1964年（昭和三十九年）就被译成日文，是日本最早翻译的真正专业意义上的葡萄酒著述。它如今读起来也并未感到过时，是让人感到葡萄酒就是一种文化的教养、古典型的著作。

谈到文学家所书写的葡萄酒著述，目前有两部著述值得介绍。那就是具有"愤怒的年轻人"评价称号的新晋作家津古兹勒-艾米斯的《有关酒的故事》和克林-威尔森的《我们酒的赞歌》。艾米斯被称为"幸运的吉姆"，而威尔森也有"边缘人"的称号，他们都是为各类前卫作家所仰慕的文学者。"边缘人"在日本特别有名，该词汇还成了流行语。虽然在日本并未知名，但艾米斯还撰写了洒脱的专栏著述《007号詹姆斯邦德的自白书》（顺带一提，此二人还在英国掀起了单身时髦热潮）。此二人著述都是介绍第二次世界大战之后的社会生活和在英国如何饮用葡萄酒的著作，它们也是一流的文明时评。尤其是艾米斯的著述，是关于葡萄酒方面最有趣的绝佳读本。

以上这些葡萄酒著作风靡一时。欧洲还有被评价为法国葡萄酒圣经的著述，它介绍了至今引起误解、无法正确了解其全貌的法国葡萄酒，这就是亚历克西斯·凌致所著通俗易懂的《法国葡萄酒》一书。

苏联革命后，父母作为白俄分子逃亡到巴黎，所以凌致的英语和法语都十分出色，在第二次世界大战中他成为联合军的情报将官，曾经是丘吉尔和艾森豪威尔的幕僚。战后他调赴波尔多，在当时经济穷困的葡萄酒业界积极呼吁向美国出口。在此期间，美国方面的合作伙伴是弗兰克·斯库恩公司，斯库恩所撰写的《葡萄酒的风趣百科》为葡萄酒事典进一步添加了更为优秀的砝码，也在战后初期被视为葡萄酒书籍的重宝（1959年沃尔特·詹姆斯出版的《葡萄酒的世界图鉴》一书作为葡萄酒事典在战后初期经常被使用）。凌致为了将法国葡萄酒推销给美国人，就必须让他们理解法国葡萄酒的优点，从这个角度出发，他认为葡萄酒书籍不可欠缺，故进行了撰述。由于在此之前还没有一本介绍法国葡萄酒的书籍，该著就成为整体性介绍多种多样法国葡萄酒的概要书，因为它使用英语写作且读起来饶有趣味，在英语圈被广泛传播。

　　该著首次出版是在1972年，其后到1979年它又进行了全面性的修订（该版名为《法国葡萄酒和葡萄园介绍指南》，日语译名《新法国葡萄酒》）。后者是在前者出版后十年，法国葡萄酒产业发生激烈变化时，加入了详细论述这些的内容，如今也是学习、了解法国葡萄酒的基础书（老版本而今读起来也十分有趣且通俗易懂）。对凌致名声起到决定性作用的，是他的《葡萄酒及其精神的百科全书》。它对关于葡萄酒的知识进行了总括性整理，从这个意义上具有划时代意义，由于其内容丰富，是这类领域著作中的权威之作。其后到1994年，杰西丝·罗宾逊出版了《牛津葡萄酒指南》取代了它的地位。凌致而后卖掉自己的公司，用这些资金买了荔仙酒庄，晚年专门致力于酿酒。

　　休·约翰逊的《世界葡萄酒地图》[1]及其修订本《世界的葡萄酒》

---

① 《世界葡萄酒地图》全书收录约200张经重新校订和更新的专业地图，除了罗列勃艮第、波尔多、加州等全球知名葡萄酒产区，更包括Napa Valley几个小区域各自独立的地图，或西班牙的Toro、南非的Peleponnese、Constantia、澳洲的Limestone Coast等极富活力的产区；而新西兰Central Otago和Martinborough也有了专属地图。翻查本书，就能精确地找出一瓶酒究竟来自于世界上的什么位置。堪称使用便利、绝对必备的品酒书。

带专业化色彩，是葡萄酒相关人士的必备之书。为了准确了解世界多数葡萄酒，无论如何都需要正确地知晓其产地的地理信息。该书如其名，其中所载的世界葡萄酒地图并不是概述性质的图文，而是甚至将等高线都纳入地图中、准确标示葡萄地的著述。这是一项艰巨的工作，该书出版后令世界的葡萄酒相关人士都感到惊愕。在葡萄酒从业者、葡萄酒相关人士虽知其名但对产地状况不甚了解的时代，该著成功令人们准确地了解世界各地葡萄酒生产地的地理、气象和生产状况。

根据该书，世界上的每个人都能准确地了解葡萄酒生产地，因此它不单具有划时代的意义，而且也起到了令世界的葡萄酒为万人所知晓的作用。1971 年初版之后，该书反复再版，到 2001 年已经出到全面修订的第五版，这一点之后再详述。

而勃艮第地区的葡萄园由于被细分，要了解勃艮第葡萄酒就需要准确地知晓其沿革。因此，沙利文·毕第欧（Sylvain Pitiot）和皮埃尔·布彭（Pierre Poupon）就撰写了带有详细地图的著作《勃艮第的葡萄酒地图》，这也是了解勃艮第葡萄酒所不可或缺的一本书。为了解勃艮第葡萄酒，它的进化袖珍版《勃艮第的葡萄酒》（沙利文·毕第欧、赛赫冯［Jean-Charles Servant］著）也被翻译出版。该压缩版的原版本来有在日本出版的企划，但因为版权上遇到各类问题而变得困难。因此，就诞生了完全使用新的地图并附上日文解说的《黄金丘陵》一书（修订版题为"畅游整个勃艮第——跟着地图漫游黄金丘陵"）。

《葡萄酒物语》是进一步确立休·约翰逊名声的决定性著述。关于葡萄酒历史，虽然之前的著述也都有所涉及（例如沃勒·艾伦著的小册子《葡萄酒的历史》以及罗杰·戴昂所著更古老的《法国葡萄酒文化全书》），该著所涉及对象无论领域还是视野都十分广阔，其考证准确，容易把握世界动向，达到了之前任何著述都无法企及的高度，故可以成为世界性的葡萄酒历史著述。该著出版于 1989 年，过了五年多之后，到 1995 年，吉尔伯特·葛利耶（Gilbert Garrier）的《葡萄酒的社会与文化史》出版。著者是法国历史学家（里昂大学现代史研究者，现在是名誉教授），虽然该著以法国为中心，但其视点和结构组织实际上站在纽约的立场，栩栩如生地描绘了饮用葡萄酒人们的日常生活。作者在写作本书时多处受到这两本著述的启示。

20 世纪的出版物中，在葡萄酒业界最具影响力，而今依然具有作用的是美国人罗伯特·派克的《葡萄酒介绍指南》。派克是出生于巴尔的摩的律师，将自己调制的葡萄酒的各类资料数据相继整理介绍在 1978 年创刊的《葡萄酒鼓吹者》杂志上，其中集大成的《波尔多》《勃艮第》《罗讷河谷葡萄酒》《葡萄酒购买者指南》也相继出版。这些书如今都还在继续再版。最近，涉及世界葡萄酒新动向的《世界的最佳有价值葡萄酒》也被整理出版。各地区的葡萄酒作为他的调酒材料被打分，正再次被评定等级。

这种评定影响力很大，它给出的分数能够在实际上左右葡萄酒市价，各生产者也因为派克的打分而喜忧参半。由于其影响力巨大，也有许多批判者认为一个人的判断来评价葡萄酒并决定其价值显得十分武断，但因为法国人没有撰写出基于明确调查和实际调酒经验的集大成著述并出版，因此对他也毫无办法。

虽然不是与该著进行对抗，但法国最流行的葡萄酒杂志《葡萄酒评论》①（*La Revue du Vin de France*）的编辑米歇尔·贝丹（Michel Bettane）和提耶希·德索夫（Thierry Desseauve）也出版了他们联合撰写的《评酒人》（日本译名为《法国葡萄酒评级》）。该书也是对调酒进行评价且列出等级的著述，但与美国人派克不同，它是根据法国人的调酒经验而作，无论内容还是文字都带有独特的法国特色。2004 年出版后，此二人离开杂志社，之后它又换了新的题名再度出版。

　　由于日本并未翻译，所以阿歇特出版社的《阿歇特葡萄酒指南》（*Le Guide Hachette des Vins*）并不为人熟知。它是明确地介绍法国各生产地每年数据的著述，尽量做到客观评价。另外，相比消费者，它更加重视生产者的需求，据说法国葡萄酒生产者无不携带该著。因为它对每一个葡萄酒厂家都做出评价，每年都受到葡萄酒生产者的重视。获得好评自然大为欣喜，并且到处大肆宣传。而那些并不知名的瓶酒，若在该书中记载了，就能够说明它们的品质并不差；若没有记载在内，则说明该酒在当地也并不怎么为人所接受（相比知名葡萄酒，它更加着力介绍不怎么为人所了解的葡萄酒）。

---

① 《葡萄酒评论》（*La Revue du Vin de France*）于 1927 年创刊，是世界上历史最悠久的葡萄酒杂志，目前由世界最大出版集团法国拉加德集团旗下的美丽佳人（Marie Claire）集团出品，是世界上最具影响力和权威性的葡萄酒杂志之一，被《费加罗报》誉为"葡萄酒圣经"。《葡萄酒评论》拥有 10 名享誉世界的专属资深品酒师，品酒师们每年品尝 6 万种葡萄酒，拥有超过 8.5 万种葡萄酒基础数据。

第十章　葡萄酒的新文艺复兴时代
—— 世界各国的新组合

面貌发生变化的世界葡萄酒格局

　　1976 年爆发的"巴黎评判"骚动具有象征意义。该事件是在葡萄酒发展历程中顺势而生的,其预示着 20 世纪的最后四分之一,即 1975 年至 2000 年二十五年间,葡萄酒发生的世界性大革命,并预告着此后发生的大变动。

　　回过头来看,20 世纪是世界的大动荡时代,历经第二次世界大战后,英、法、德丧失了世界霸主地位,美国与苏联取而代之成为世界超级大国。以两大国为中心的冷战结构中,相继爆发了朝鲜、越南和阿富汗战争,中国也不断崛起。此后又发生了苏联解体、柏林墙倒塌、东西德国合并、苏联联邦成员国独立和巴尔干半岛的旧秩序解体。而欧盟的成立对欧洲葡萄酒也产生了重大影响。从大英帝国中分离出来的澳大利亚、新西兰、南非等原属殖民地诸国的葡萄酒产业发生了结构性的变革。

　　在这样的世界情势背景下,第二次世界大战结束二十年后,进入 20 世纪 60 年代后半期,欧洲诸国政治经济实现稳定,这带来了葡萄酒酿造与消费结构面貌的变化。在 1975 年至 20 世纪末的二十五年间,则发生了可谓葡萄酒革命的巨大变动。引起变动的原因众多,它们相互作用以合力对葡萄酒业界产生影响。

第一，葡萄栽培和葡萄酒酿造都引入了现代科学。前章已经论述了巴斯德发现微生物、细菌之后该领域的研究得到继续推进。而这二十五年则是在实践方面真正、全面引入阶段。葡萄栽培因为引入以拖拉机为首的机械，使得农业作业为之一变。收割机顶住农户的强烈抵抗不断改良，尤其在白葡萄酒方面，人们认识到机器采摘葡萄果粒的优势，进而得到广泛普及。此时，人们也学会使用各种化学肥料、对付病虫害的化学药品和除草剂。

在酿造方面，引入并普及使用温度控制装置的不锈钢罐起到了决定性作用。此时，各国也普及培养酵母。在装酒的木桶方面，从各个角度对其促进葡萄酒醇熟的实务性研究推动了人们认识它的优点，至少在高级葡萄酒方面，都使用不锈钢罐让其发酵，之后放入木桶历经半年至两年的醇熟期，这已经成为一般性操作（如今低价格段的葡萄酒没有用木桶进行醇熟，但低价格段的葡萄酒也承认将木桶材料中的木块放入酿酒罐子中）。高级白葡萄酒依然流行在装酒的木桶中持续发酵。起初，现代酿造技术对低价格段的葡萄酒酿造和防止葡萄酒相关疾病的确起到作用，但对酿造出高级葡萄酒没起到作用。如今，酿造高级葡萄酒也在传统技术背后引入了现代酿造技术的成果。

酿造方面引入现代技术稍微迟缓体现在苹果乳酸发酵问题上。葡萄酒的发酵不仅有酒精发酵，在其结束后还有苹果乳酸发酵，但多数葡萄酒企业并未意识到。直到 1960 年之后，该理论被人们认识、理解，运用到酿造实务操作中。对苹果乳酸发酵进行人为控制，这使得世界的白葡萄酒品质为之一变。

第二，在流通方面也发生了结构性变革。卡车运输的发展，不仅令涉及酿造葡萄酒的诸领域劳动者为之一变，而且将葡萄酒从生产者的酿酒工场装载运输到远处，直接运输到各流通领域从业者的窗口（不仅是大酒商、批发商，还包括了超市、零售店、餐厅）变得更为容易。另外，欧盟撤销关税壁垒具有划时代作用。欧洲内部，由于取消了关税中带有的烦琐手续和费用，葡萄酒可以用卡车自由运输。世界各国的贸易自由化也推动了诸国间葡萄酒的流通。葡萄酒商群体也发生了强烈的结构变革，旧有的零售店没落，批发商的地位也相对降低，超市作为大型的流通者逐渐崛起。也就是说，生产者和消费者之间的距离相对拉近了。

第三，消费阶层方面的变化。对世界大宗葡萄酒消费国法国而言，其整体的消费量减少了，而地域管理制度下的葡萄酒，也就是高价格的葡萄酒消费量反而增加了。那些有志于享受高级葡萄酒的人所受影响不大，而那些原本消费廉价酒者的确减少了。这种倾向，在同样是葡萄酒消费大国的意大利、西班牙和葡萄牙也能够见到。而且，即便是葡萄酒进口国英国、美国、荷兰与瑞士也是如此。也就是说，即便是偏向于日常消费的低价格段葡萄酒，如果做得过于粗糙也是卖不出去的。只要能够酿造出性价比高的良心葡萄酒，即便出自以前并不知名且被认为是处于边缘地带的葡萄酒，此时也不可能招揽不到购买者。与其说消费者变得丰富多元，不如说是他们变得更为明智了。

如后所述，托葡萄酒报道的福，诞生了葡萄酒爱好者这一新的消费者阶层。他们并不是采取只喝身边的葡萄酒，抑或是只喝别人给予的葡萄酒这种消极姿态，而是积极主动地探求自身想要喝的葡萄酒。在欧洲，随着全面自动化的发展，葡萄酒爱好者能够驾车赴勃艮第或波尔多的生产者那里直接下单购买。亚历克西斯·凌致还慨叹勃艮第祖师爷级别酒庄为了热情迎合顾客甚至忽略了他们手中的葡萄园。相对闭锁的波尔多酒庄也设置了接待室来欢迎消费者。

在澳大利亚，还有"巡游酿酒厂"这样新型的大众旅游活动，加利福尼亚州也因为精品葡萄酒厂的激增致使观光客络绎不绝。电影《杯酒人生》① 也描述了这种美国的风俗。此时还诞生了《美酒家族》②这样难懂且让人们深刻考量葡萄酒价值的纪实性电影，这与当时的时代背景密切相关。此时已经形成了探寻并饮用美妙的葡萄酒，由此在饮食生活上体验其乐趣的新人群。虽然以往也不乏葡萄酒爱好者，但此时已经形成大众规模并广泛扩大。它改变了葡萄酒市场，正面刺激了生产者。

第四，葡萄酒媒体的发展。进入现代，以一般人为对象的葡萄酒书籍渐次出版，到 20 世纪后半叶，其质量也发生了变化。葡萄酒搭上了媒体这辆列车。各类新型葡萄酒杂志相继出版，通过报纸和电视这些具有影响力的媒体，葡萄酒新闻成为经常出现的主题。休·约翰逊所著《世界葡萄酒地图》的确是杰作般的存在，而对葡萄酒市场起到重要影响的还属罗伯特·派克。虽然无论遇到怎样的批判都无法忽视欧洲的葡萄酒市场，但事实上世界市场也因为罗伯特·派克的评分而喜忧参半。

此时，持法国葡萄酒稍占上风立场的《评酒人》杂志（日文译名为《法国葡萄酒评级》）得以出版，而意大利也出版了《意大利人的

---

① 《杯酒人生》是由亚历山大·佩恩自编自导，保罗·吉亚玛提、托马斯·哈登·丘奇、维吉妮娅·马德森等演员主演的美国爱情喜剧，于 2004 年 10 月 22 日在美国上映。该片讲述了两个生活失意的中年人到红酒基地旅行，本想借酒浇愁，却意外找到新的人生的故事。

② 《美酒家族》讲述的是从加利福尼亚强大的纳帕家族，到法国勃艮第地区的蒙蒂家，三代接连不断的内争外斗的冲突，目的就是为了保卫祖上留下的几公顷土地。电影随着波尔多葡萄酒酿酒工艺流程，向观众讲述了意大利和阿根廷现代酿酒工艺的特色和优越性。

葡萄酒》（日文译名为《意大利葡萄酒——供布尔乔亚们享用的意大利葡萄酒指南》），但都没有像派克著述那样产生强大的影响力。葡萄酒媒体如此发展一直影响到大众层面，在漫长的葡萄酒历史中也尚属首次。流通手段的变化与葡萄酒媒体的发展，令葡萄酒市场呈现出全球化趋势，这作为生产方面的原动力发挥着重要作用。

进入 20 世纪后半叶，诸多要素起到相互作用的效果，令世界的葡萄酒发生了大变革。这不仅仅属于葡萄酒的大众普及化和都市文化的扩大化，在使葡萄酒的品质发生显著变化方面，也可以算是"葡萄酒的文艺复兴"现象。

2001 年，休·约翰逊所著《世界葡萄酒地图》第五版得到全面修订，而这也是葡萄酒产业出现世界性变化的反映。它得到了全面地修改，只保留了旧版中波尔多的梅多克地区和勃艮第的科尔多地区（Côte d'Or）内容，除此之外可以说完全是一本新书。担任此次修订的是新锐葡萄酒女作家杰西丝·罗宾逊。不仅如此，在过了六年之后，她又于 2007 年全面修订出版了该著的第六版。第六版可谓又一次刷新了世界的葡萄酒地图，使得第五版之前的各个版本仅具有历史价值。

新大陆葡萄酒的崛起

美国·东海岸

在葡萄酒数千年的漫长历史中，20 世纪新世界的葡萄酒相比旧世界而言得到了更为显著的发展和兴隆。虽然各国在 20 世纪之前就已经栽种葡萄，但伴随着产业规模的急速扩大，栽种的葡萄在量与质方面都发生了巨大变化，因此，20世纪与之前不可同日而语。这种现象一直持续到本文末尾的展望篇中。而新世界中以美国，尤其是加利福尼亚最为特殊，因此在此试图对其进行整理论述。

北美大陆自古代起葡萄就十分繁茂。在哥伦布发现美洲的五百年前，即公元1000年，探险家雷夫·埃里克森率领维京人到达美洲（大概是今天的纽芬兰），发现当地葡萄茂盛故将它命名为"威兰德"（通常也将它理解为葡萄酒陆地［wine land］，但有其他说法），这一说法一直延续至今。从欧洲远渡重洋来到这里的人们，在美洲东部各地进行殖民活动时，他们使用当地的野生葡萄来酿造葡萄酒（原本带过来的欧洲种葡萄全部枯死）。这种酿造始于弗吉尼亚，后扩展到各地，但均未达到产业化的发展规模。到了17、18世纪，这些移民依然在种植方面反复进行成效甚微的努力。当时试栽种葡萄的人中，有特拉华、巴尔的摩等人，这些人的名字作为地名流传下来。

其中最为热心的舆论领袖乃是独立宣言的起草者，而后成为美国第三任总统的杰斐逊。他在弗吉尼亚的耕地上种植了从欧洲带来的葡萄，但全部枯萎了。这一结果导致人们得出了只能选择美洲本土种葡萄来酿酒的结论。杰斐逊认为，相比让人们烂醉如泥的威士忌而言，葡萄酒可以起到防止烂醉这一弊端的作用，种植葡萄的同时又能不破坏其他的谷物田地。

在这个过程中，一位叫安杜兰的人士于1902年在马里兰州用葡萄酿造了名为"贾多巴"的葡萄酒，并把它卖给了名为尼古拉斯·洛克瓦斯的酒商，获得了巨大成功（制造出火花）。美国的桂冠诗人朗费罗对这一事件还进行了讴歌礼赞（实际上早在18世纪中叶宾夕法尼亚州就已经开始栽种名为亚历山大的杂交葡萄，但没有获得商业上的成功）。

在这之后，波士顿附近的法莲·威尔士·布尔开发出康科德（Concord）葡萄①，用它酿造出的葡萄酒获得了巨大反响（而今康科德不仅是巴黎一个广场的名字，也是美法共同开发的超音速载客飞机的名号，因为康科德是作为美国独立战争导火索的一个地名而闻名的）。这种葡萄酒（与其他葡萄酒混合起来调出味道）于第二次世界大战后在美国广泛推销，成为大众的葡萄酒（也作为甘甜口味的流行葡萄酒、宗教葡萄酒的原料而被使用）。日本也将康科德葡萄作为甜口葡萄酒的原料进行使用，长野县桔梗平原就是这种葡萄的大型产地。如今，美国专门把它作为葡萄果汁的原料来使用。

流经纽约市的哈德逊河，在一直北上过程中向左拐弯注入安大略湖，向西延伸至尼亚加拉瀑布，注入伊利湖。哈德逊流经之处都广泛种植了葡萄（现在伊利湖沿岸已经成为葡萄果汁的大型产地，而尼亚加拉瀑布的加拿大一侧则成为艾斯葡萄酒的名产地）。安大略湖的南侧还有五个细长像指头一样的小湖泊纵贯南北，这一区域被称为手指湖地区。该地位于北纬四十三度（与北海道的札幌纬度相当），因为湖泊的作用气候也较为温和。但冬天的气温会降到零下二十度，在这种酷寒和虫害环境下，无法培育欧洲种葡萄，当地栽培的几乎都是美

----

① 康科德（Concord）是一种原生于美国的本地红葡萄品种。该葡萄品种的诞生与一位名为以法莲·威尔士·布尔（Ephraim Wales Bull）的马萨诸塞州（Massachusetts）康科德镇（Concord）居民息息相关：1840 年，几个小男孩将生长在河边的野葡萄的种子撒落在了以法莲的屋子附近，这些种子最终长出了一棵葡萄藤，于是以法莲在 1843 年收获了第一串葡萄。这之后他用这串葡萄所结的籽又种出了新的葡萄藤，这些葡萄藤的果实品质优异非常，后来便被命名为康科德。因此从遗传学的角度看，康科德是一种沿河生长的野生葡萄的"孙子"，而这种野生葡萄很有可能是由当地大量生长的美洲葡萄（Vitis Labrusca）衍生而来。不过康科德也很有可能是由美洲葡萄和一种未知欧亚葡萄的亚种杂交而得。

洲种葡萄。

　　在这样的寒冷地区还有人想方设法酿造优良葡萄酒，他们想出办法将美国种的葡萄与欧洲种的杂交，产生了杂交品种。早在 19 世纪 30 年代，就有人用普林斯葡萄进行了这样的挑战，而后又相继用弗沃克、罗杰斯、李加特葡萄进行了实验。其中，罗杰斯的杂交品种最为出名。约 150 年间，美国人相继创造了两千种以上的杂交葡萄。这些葡萄被称为"美国杂交品种"或"美国葡萄"（日本普及的有特拉华、早熟坎贝尔、尼亚加拉、康科德等品种）。1960 年，苏联乌克兰出身的康斯坦丁·弗兰克博士将雷斯林葡萄与莎当妮葡萄杂交成功（虽然地点不同，但 1981 年之后曼森在德克萨斯也因培育了 7000 株以上的这类杂交品种而闻名）。

　　该地区中心地的琴酒研究中心，对剪枝、搭架法和耐寒性品种开展的研究，在国际上都十分著名。经过长年努力，手指湖地区酿造出与之前不一样的高品质葡萄酒，与加利福尼亚一道为美国培育出在世界上都可引以为豪的葡萄酒。特纳公司和快乐山酒庄（Mount Pleasant）的葡萄酒成为土生土长的纽约人自豪之物，世界上最大的葡萄酒企业星座集团的本部就设在手指湖地区（设在罗切斯特市内，该市还有柯达胶卷公司）。

　　从纽约一直延伸至罗克艾兰地区，这一地带海洋性气候稳定，很早就开始进行小规模的葡萄种植和葡萄酒酿造。现在全岛上千公顷规模的土地都被指定用来进行葡萄酒生产，它们与纽约市民的星期天菜园一样，属于凭兴趣而栽培种植的园地，并不具有商业规模，但当地人们却旨在酿造出优质的葡萄酒，从这个意义上，它也是世界上独具特色的葡萄酒生产地。

加利福尼亚

总之，美国幅员辽阔，东海岸与西海岸在酿造葡萄酒方面也呈现出不同的历史、文化和样态。尤其是加利福尼亚实现了巨大发展，现在美国葡萄酒的九成以上都是该地酿造的。加利福尼亚总生产量居世界第四位，除了欧洲之外，比世界任何国家产量都要多。从这个意义上，它可以算是新世界对抗旧世界葡萄酒的代表。

而它的发展样态终归属于美国式的，是美国文化的体现。以美元来计算，一瓶膜拜酒[①]大概超过上千美元，而美国人所喝的葡萄酒每七瓶中就有一瓶出自嘉露酒庄[②]（E.&J. Gallo Winery），它就好比石油联合公司一样拥有巨大酿酒工场，贮藏了三亿三千万加仑，是一个巨型企业。要说明加利福尼亚葡萄酒现状，至少需要整本专门介绍性的册子，但本书的重点是从事实上来考察它对世界葡萄酒文化的影响。

西班牙长期占有墨西哥，但并没有占领墨西哥以北土地的意欲。在美国的东海岸，自从杰斐逊酿造葡萄酒开始，就有传教士不断北上，他们在北上途中还携带了 mission 葡萄。真正意义上酿造葡萄酒最早始于洛杉矶，到 1830 年就已酿造了十三万公升葡萄酒。而葡萄酒产业要发展，就必须存在消费阶层。

1848 年加州发现了黄金，令整个葡萄酒业状况为之剧变，"淘金

[①] 膜拜酒（Cult Wine），指的是美国、澳大利亚、智利、意大利、西班牙等地精品酒庄中产量极少的精品葡萄酒，因产量少、口味好、名气大而为葡萄酒迷"膜拜"。

[②] 嘉露酒庄（E.&J. Gallo Winery）位于美国加利福尼亚州（California）索诺玛县（Sonoma County）葡萄酒产区。该酒庄连续 8 年（2006—2013）在"世界最具影响力葡萄酒品牌"（The Most Powerful Wine Brand）评比中摘得桂冠。酒庄是全世界最大的家族经营式酒庄，也是按销量计全球最大规模的酒庄，在 90 多个国家销售葡萄酒，是加利福尼亚葡萄酒的最大出口商。

热"接踵而至。世界各地黑压压的人群如同寻求蜂蜜的蚂蚁一般涌入旧金山，无论酿多少葡萄酒都会被一买而空，进入到葡萄酒消费热时代。许多中国人为葡萄酒工场提供了必要的劳动力，像约翰-斯坦贝克电影《怒之葡萄》描述的那般情景随处可见。但这也让人们形成了当时只要能够酿出酒就已经很不错了这种糟糕且错误的想象。

被称为加利福尼亚葡萄酒之父的阿戈斯顿-哈拉斯蒂使这种状况为之一变。这位人物出生在匈牙利，自称贵族，曾经是冒险家、政治人物、黄金冶炼者，还担任过旧金山货币铸造所的所长，也是风险投资家。1856 年他将目光移聚到葡萄酒商业上，还在旧金山拥有了农场，而后进一步转移到索诺玛县，在如今的布艾纳-维斯塔地区开始栽种葡萄并酿造葡萄酒。他刚开始酿酒便崭露头角，在加州农业协会的协助下，撰写了《加利福尼亚的葡萄及葡萄酒相关报告书》，成为该领域的领袖。

他力图劝说州政府嫁接种植从欧洲购买的葡萄枝，1861 年还受州长委托赴欧洲诸国考察，将十万株、三百多个品种的葡萄枝运往加利福尼亚。除了他之外，也有人主张栽种欧洲种葡萄（例如阿尔德玛葡萄园的法国人查理-鲁弗朗，他的养子创设了大型公司保罗-梅森）。而哈拉斯蒂的巨大规模与宣传，为加利福尼亚的葡萄栽培和酿造葡萄酒起到了划时代的作用。

德国、匈牙利、意大利等移民搭乘火车到了酿造葡萄酒的西部地区，1869 年开通了纵贯美国东西的铁路，将西部葡萄酒产地与东部市场连接起来。1868 年，乔治-贝克莱创立加州大学，1874 年生于德国的土壤学者宾根-希尔德加在伯克利分校开设了栽培种植葡萄和酿造葡萄酒的专门学科。该教授不仅研究出嫁接欧洲种葡萄作为应对葡萄蚜虫的对策，而且主张人们关注到加利福尼亚复杂的气候进行因地制宜地嫁接。此项工作到 1890 年之后，由其助手比沃勒迪教授继续开展，确立了加利福尼亚气候地带地图与葡萄品种选择标准。

而威廉·V. 克吕斯、哈佛德·P. 奥尔默、阿尔伯特·温克勒、梅纳·A. 埃莫林等教授不断致力于葡萄栽培与葡萄酒酿造的科学研究（学校也于 1908 年从伯克利迁移到戴维斯）。这些教授的业绩也进入实践领域，逐渐成为加利福尼亚葡萄栽培、葡萄酒酿造领域的理论支柱。这些经济、社会条件以及技术上的研究，提高了加利福尼亚葡萄酒的品质。还不太为人所知的是，在 1889 年巴黎万国博览会上，加利福尼亚出品的葡萄酒当时已获取了三十四项大奖。

进入 20 世纪，加利福尼亚葡萄酒的繁荣局面被浇了冷水，1920 年颁布的禁酒令使其陷入大萧条局面。关于禁酒令这种歇斯底里式的愚蠢举动对美国社会带来的影响，已经有许多先行研究。像卡彭这样的帮派横行，取缔该帮派的搜查活动还被拍成《铁面无私》电影和其他电视剧。但它却出人意料地产生了副作用。对被禁止的东西反而持有更大关注，这是人类的特性；而禁酒令也促使美国人更加喜欢喝酒了，尤其对女性而言其效果更甚（法令施行之前，葡萄酒的年生产量为 190 公升，而禁酒令实施的十四年间增加到 290 万公升）。

用于医疗和基督教圣餐而酿造葡萄酒得到允许，当时钻空子抄近道的法子也各种各样。街道中随处都有地下酒吧，自家酿造的浴缸琴酒也流行起来。在葡萄酒方面，当时写着"具有发酵的危险，不要加酵母"注意事项标签的袋装酒得到大卖。最终，禁酒令在标榜施行新政拯救美国产业大萧条状况的罗斯福总统时期被完全废止。

实际上，禁酒令时代并没有公然保留葡萄酒产业。当时的葡萄园将欧洲种葡萄全部拔出，用粗劣的量产种（紫北塞［Alicante Bouschet］①）替代了它们。而且近二十年从未使用设备。刚刚解禁后不久，如同决堤一样引起了葡萄酒消费热潮，仅加州一个地方就以盈利为目的新设立了800个酿酒厂。长期经营的酒厂达到了200家。但对葡萄酒产业而言，造成最大痛处的是，规规矩矩享受葡萄酒味觉乐趣的美国消费者逐渐消失了。直到第二次世界大战结束后，历经了二十年，这一消费阶层才得以恢复。

　　禁酒令时代舌头被惯坏的美国人，日常生活中基本成为啤酒客，在烈酒方面此时也是威士忌和鸡尾酒的时代。如前文所述，葡萄酒也只是喝卡托巴酒和蔻修酒②（Kosher wine，像战前日本喝"赤玉波特葡

----

① 紫北塞（Alicante Bouschet）是原产于法国的一种杂交红葡萄品种，果肉呈玫瑰红色，用它可以酿造出风格宏大、口感多汁的红葡萄酒，主要种植于法国、西班牙、葡萄牙，中国于1892年从欧洲引入山东烟台。紫北塞红葡萄酒果味奔放，带有黑莓、蓝莓和黑樱桃等风味，伴有香料、烟熏、黑巧克力、烤香料和香草豆的味道。酒体较为饱满，酒精度较高，单宁也比较丰富，不过其架构则因气候的不同而不同。在凉爽的产区，紫北塞葡萄酒的酸度会比较尖锐，与内比奥罗（Nebbiolo）相似，适宜陈年；但在炎热的产区，酒款的口感则会更为柔和，较早适饮。

② 蔻修酒是一种按照犹太法律要求生产的葡萄酒，蔻修（Kosher）这个字本身源自Kashrut，在希伯来语中有"合适""正确""清洁"的意思。怎样的葡萄酒才能被看成"符合规定、清洁的"饮品？依据犹太正统教义，从葡萄采摘到酿造再到装瓶上市都必须在拉比（犹太教中的长老）的监督下完成。通常，酒的正标上会见：外面一个空心大圆表示"O"，中间一个"U"字，"O"字外面一个小号"P"字紧靠；背标处则把中间一个"U"字改成"K"，同时会有监督整个过程的拉比签名。如雪莉酒或是波特酒那样，蔻修酒也有细分：Mevushal和Non-mevushal两类。Mevushal在英文中的意思为"煮过"，由此得知，有些蔻修酒会经过煮酒这一过程。按传统工艺，葡萄酒会被加热到摄氏90度，但不足以让酒沸腾；按现代工艺，则会采用一种名叫"瞬间巴斯德杀菌法"（Flash-pasteurization）的方法，以避免葡萄酒发生"炖"或"煮"之现象，从而影响酒原有的香味和单宁，依然保有陈年潜力（注：少数顶级葡萄园也会采用这种瞬间巴斯德杀菌法酿造非蔻修酒，以提升葡萄酒品质）。有趣的是，以色列生产的蔻修酒通常都是Non-mevushal；其他国家出产的此种葡萄酒一般都是Mevushal。据说，后者既可以由犹太教徒开启也可由异教徒开启，而前者则只能由犹太教徒开启和倒酒。可能因为，除了以色列，没有其他的国家比它更容易找到开酒的教徒。

萄酒"一样），而后才开始喝像保罗梅森公司出品的艾美雷特干红那样的葡萄酒。第二次世界大战结束十年之后，社会逐渐稳定，开始流行烈性蒸馏酒和轻度蒸馏酒，葡萄酒的消费量也真正增加起来。而辛辣口味被称为莎布利，甘甜口味白葡萄酒被称为索塔林，之后这成为美国对葡萄酒的一般性总称和代名词。

　　名副其实喝葡萄酒的是纽约附近的精英们，他们把葡萄酒视为复杂且精致的饮品，并在自己的圈子里流行起来（1980 年美国的葡萄酒消费量首次超过生产量）。在禁酒令结束之后的混乱时代里，加利福尼亚还诞生了数家专注酿造葡萄酒的酒厂。它们是伊哥诺酒庄 ①、查尔斯库克酒庄 ②、温特兄弟酒厂（wente brothers winery）、克列斯塔·布兰卡酒厂、雅各·贝灵哲（Jacob Beringer）酒厂、马天尼酒

....

① 　伊哥诺酒庄（Inglenook）位于美国加利福尼亚州（California）的纳帕谷（Napa Valley）葡萄酒产区，是该产区的一座知名酒庄。伊哥诺酒庄的传奇故事开始于 1879 年。作为船长、葡萄酒鉴赏家以及企业家的芬兰人古斯塔夫·尼鲍姆（Gustave Niebaum）来到了卢瑟福（Rutherford），他斥巨资引进欧洲优质葡萄藤和修建庄园，建立了一个在当时可与欧洲顶级的葡萄酒庄园媲美的酒庄。1975 年，著名导演弗朗西斯·科波拉（Francis Coppola）与他的妻子埃莉诺·科波拉（Eleanor Coppola）买下了这座庄园的一部分，将其更名为尼鲍姆科波拉酒庄（Niebaum Coppola）。到 1995 年，科波拉夫妇终于将伊哥诺酒庄的所有地块和城堡收归旗下。直到 2011 年，科波拉夫妇才终于购回了伊哥诺这一商标的使用权，并于同年将酒庄名改回了伊哥诺酒庄。在著名的酿酒顾问斯蒂芬·德农古（Stephane Derenoncourt）和酿酒师菲利普·巴斯卡雷斯（Philippe Bascaules）的帮助下，伊哥诺酒庄正在续写着曾经的传奇。
② 　150 多年的历史也使酒庄见证了整个纳帕的发展过程，直到如今纳帕的名字已响彻全球，查尔斯库克酒庄的葡萄酒也享誉全世界。酒庄同属于蒙大维（Mondavi）家族，现由罗伯特·蒙大维（Robert Mondavi）的兄弟彼得·蒙大维（Peter Mondavi）来管理这一酒庄。查尔斯库克酒庄致力于酿造高品质的葡萄酒。该酒庄的酿酒师和管理者皆是纳帕谷最具经验的专家。彼得·蒙大维以及在葡萄园里工作的团队以"质量远胜于数量"为宗旨，只在丰收季节采摘高质量的葡萄。好的葡萄，要求天时地利人和。在 1999 年到 2009 年期间，该酒庄开始采用波尔多的一些克隆葡萄进行种植。酒庄 2010 年份的波尔多红葡萄酒正是用这些葡萄酿造而成的。查尔斯库克酒庄所拥有的 850 公顷的 11 个葡萄园均采用可持续性种植法，是名副其实的纳帕谷最佳酒庄之一。

厂、保罗梅森酒厂以及嘉露酒庄。但是，此时的上流社会还是对美国的国产葡萄酒不屑一顾。

但是，进入 20 世纪 70 年代后，情况发生了变化。居住在旧金山周边的高收入阶层人群中，年轻一代将目光集中到葡萄酒上，形成了强有实力的消费阶层。并不止如此，他们还尝试酿造葡萄酒。在越南战争失败后，美国年轻人陷入精神虚脱状态中，也有人评价说他们开始寻求具有创造性的工作。此时，诞生了一大批声称精品酒庄的小型酿酒厂，在短时间内超过了两百家。1980 年，这类酒厂达到 500 家，但这些如同泡沫一样的酒厂而后大多数还是在历史的演进中消失了。

但是，这类酒厂由于没有偏见，也没有被传统所累，它们进行了新的尝试，且不畏错误地保持着开拓者精神。它们对加利福尼亚葡萄酒而言，发挥了重要的实验作用。其中有一些酒厂致力于以真正优质的欧洲葡萄酒，换言之就是高级葡萄酒为追赶对象，不断进行着质朴、扎实的努力。

这些酒厂的共同之处就是整合了繁杂多样的葡萄，致力于培养特殊化的优质葡萄（初期即便是处于顶端位置的柏里欧酒庄[①][Beaulieu Vineyard]，最初也酿造了 28 种酒，此时到处都可以看到雷斯林

[①]　柏里欧酒庄（Beaulieu Vineyard）是一个关于葡萄园的美丽故事，为了给亲爱的妻子一个惊喜，1900 年 5 月，Georges 和 Fernande de Latour 在美国纳帕谷买下一块叫作 Rutherford 的 4 公顷葡萄田与房舍，自此开始了新的时代。当 Fernande 夫人第一眼看到这片土地时，不禁惊呼 "Quel Beaulieu"，这句法文的意思是 "一片美丽的土地"，酒庄便以此为名字。这项投资在 De Latour 家族算是非常正确的，事实上，买下酒庄不久，葡萄树藤即受到葡萄蚜虫烈烈的侵袭，非常庆幸有 Georges 先生的栽种知识，治愈了受蚜虫侵袭的葡萄树，并在十年之内孕育出百万株具有抵抗葡萄蚜虫树根的葡萄树，重新繁荣了纳帕山谷的酿酒事业，Georges 先生也成为当地具有知名度且最有影响力的人物。

[Riesling]和波特葡萄一起被栽种在葡萄园中的景象）。这些酒厂包括梅亚卡玛斯酒庄、布埃纳·维斯塔酒庄、库格酒厂、马天尼公司、石山酒庄、路易·马提尼酒庄、伊哥诺酒庄以及蒙大维酒庄[①]等。最早给加利福尼亚地区带来黑皮诺和霞多丽（又称"莎当妮"）葡萄的汉歇尔酒庄则被约瑟夫·海因茨收购。

这些酒庄引入了现代酿造学，换言之，它们借助科学来酿酒（与欧洲不同），并没有对科学本身持有抵触感。发酵时，这些工场还对如何冷却酒醪进行了考量，想出了各类装置，普及引入了不锈钢罐（罐子用钢制成，一战和二战期间，作为飞机必需的耐热、防腐管的材料而被开发出来）。为诸多装置提供运转不可或缺的大量电力，也是在第二次世界大战之后。广大园地栽种葡萄必须用到拖拉机，这也是美国人的拿手好戏。

其中，这些葡萄酒企业的管理者，还注意到装酒的酒桶对使葡萄酒变得醇熟美味具有决定性作用（木桶醇熟真正进入酿酒业始于1937年，而把它从法国带入加利福尼亚的，则是在柏里欧酒庄工作的俄国移民阿德列·切里斯契夫，他是改变加利福尼亚葡萄酒品质的大功臣）。在短暂的时间里，木桶便在美国普及开来。如今，美国人依然钟爱带有桶香、桶味的葡萄酒，因此过度使用木桶逐渐成为一大潮流。

如休·约翰逊所言，"加利福尼亚人自己在懂得酿造与法国葡萄酒一样的酒品过程中，已经使加利福尼亚葡萄酒产业的基本路线发生了180度转折"（《葡萄酒物语》）。1960年加利福尼亚全境的葡萄园

---

① 蒙大维酒庄（Robert Mondavi Winery）是美国最重要的酒庄，一直担当美国葡萄酒业领导者的角色。1966年，罗伯特·蒙大维先生创立了该酒庄。他为美国带来不锈钢桶、法国橡木桶等先进设备以及低温发酵、自然的种植方法等多种先进技术。

是四万五千公顷，到 1970 年已经增加了三倍。

　　20 世纪 60 年代初期高品质的葡萄尚处于少数，在十年间赤霞珠葡萄园就达到九千七百公顷。70 年代初期，霞多丽葡萄只有四千公顷，其后急速增加到一万二千公顷。高品质葡萄酒产地转移到阴凉的海岸，内陆的暑热地带（例如中央山谷地区）则是低价格段葡萄酒的产地。对日本人而言可能难以理解，加利福尼亚海岸附近地带（因为寒流的原因）温度更低。知名的纳帕谷北部很炎热，而靠近圣帕布鲁湾附近的南部地区则很寒冷，这时常会招致误解。

巴黎的裁决

　　如此一来，加利福尼亚具备了酿造卓越葡萄酒的条件，其中还发生了引起葡萄酒世界震骇的世纪性大事件，它就是所谓的"巴黎的裁决"。英国人史蒂文·斯普瑞尔觉察到巴黎并没有供外国人购买法国葡萄酒的店铺，于是就收购了玛德莲教堂（L'église Sainte-Marie-Madeleine）周边的葡萄酒商店玛德莱娜酒窖。另外，他还与约翰·威龙一道开设了用英语授课的葡萄酒学校——"葡萄酒学院"（Academie du Vin）。

　　斯普瑞尔知道加利福尼亚葡萄酒的品质正在快速提高，为了庆祝美国独立战争 200 周年举办纪念活动，他于 1976 年在巴黎举办了美、法两国一流的葡萄酒比较试饮大会。九名评委代表法国葡萄酒界的最高职业水准。所有混合调配的葡萄酒中，法国方面用的是勃艮第白葡萄酒和波尔多一流庄园的红葡萄酒。美国方面用的则全部是加利福尼亚的白葡萄酒（霞多丽）和红葡萄酒（赤霞珠）。当时，每个人都认为法国葡萄酒会以绝对优势，取得对加利福尼亚葡萄酒的压倒性胜利。但揭示评比结果时，秉承公正原则的积分表显示，在霞多丽白葡萄酒领域，顶级的十瓶葡萄酒前四位中有三瓶都是加利福尼亚系，而且名列首位的是加利福尼亚的蒙特利亚酒庄。在红葡萄酒方面，顶级的十瓶酒中有六瓶是加利福尼亚系，而且超过穆东酒庄和奥比安酒庄、位列第一的是美国鹿跃酒庄（Stag's Leap Wine Cellars）。

　　这自然令全体参加者感到愕然。虽然法国的媒体记者都列席，但是第二天却全部对该品酒大会的结果保持了沉默。对美国而言幸运的是，英国《泰晤士报》电视记者刚好也在会场，《泰晤士报》对此大肆报道，该新闻迅速传遍全世界。由于该事件发生于巴黎，人们依据希腊神话"帕里斯的裁决"（帕里斯裁决三位女神围绕美貌而展开的争端，最后选择了允诺给他美女的阿芙诺蒂忒）典故，称它为"巴黎的裁决"（巴黎与帕里斯在英语中是谐音）。

　　毋庸置疑，此次裁决招致了法国方面持续的不满和批判声。法国主要的日刊报纸《费加罗日报》将其斥为"讽刺剧"，权威性的《法国世界报》做出"必须加以深刻反思"的评论，认为此次评判的做法并非公平，而是针对法国葡萄酒发出的挑战。并且提出质疑的并非仅有法国，其他各国专家也表示存在疑问（作者也是其中之一）。然而，不得不冷静地接受这一结果与事实。

　　虽然并不是与此次活动相对抗，但 1978 年英国葡萄酒杂志《品醇客》（Decanter）① 还是在伦敦举办了另一场试饮大会。选取波尔多知名酒庄贮藏三年的名酒供评酒师进行混合性测评。虽然也大致得出

---

① 即国际著名葡萄酒杂志 Decanter，是由英国 IPC 媒体（IPC Media）发行的月刊，创刊于 1975 年，是一本介绍全世界葡萄酒的专业杂志，并以消费者的观点来分析酒业市场的面貌。

与该酒评价相符的结果，但当时还是令相关人员感到震惊。距离"巴黎的裁决"相隔一年时间里，在人们不甚知晓的情况下，法国拿出了梅多克地区的"马利酒庄酒"（Chateau Sociando-Mallet）。不仅如此，在这一年中，意大利的"西施佳雅"（Sassicaia）升上首位（仅仅一瓶意大利葡萄酒偷偷地混入此次大赛中）。这一结果也成为世界性的大话题，从此之后，西施佳雅跻身世界顶级葡萄酒行列，成为意大利葡萄酒常年积蓄实力最终爆发的导火索。

虽然这一事件也出现了各种传言，但是它并没有使波尔多高级酒庄跌入低谷，让出它光荣的宝座。如今，波尔多高级酒庄的名酿依然知名，它的宝座并没有被撼动。此次事件虽然对法国葡萄酒业有所触动，但起到了负面效果。结论很简单：150 年间一直持续下来的评级制度并非绝对公允，但它却实际证明了其他国度、其他地方的葡萄酒只要达到条件，就可以与高级酒庄出品的葡萄酒比肩。而正因为法国创造的经典葡萄酒的存在，使得新兴葡萄酒以它们为蓝本和榜样进行追赶和超越。

如此来看，"巴黎的裁决"给世界葡萄酒带来了冲击性的革命。自不待言，它不仅对加利福尼亚的生产者，而且对喜好取得世界第一的美国人而言，是值得感激和兴奋之举，还给新世界和旧世界各地的葡萄酒产地酿造者传递了一个讯号，那就是既然美国能够做到，自己酿造的酒提升品质和等级也并非不可能。如此冲击波给世界葡萄酒带来了震撼性影响。关于"巴黎的裁决"的影响，本书在结尾将进一步地总结。

另外，还不得不再谈一下醉心于获得巨大成功和繁荣的加利福尼亚生产者，却遇到了让他们惊出冷汗的事态。20 世纪 80 年代后期，葡萄蚜虫灾害袭击了美国，但美国方面认为并无大恙，这一灾害令大量葡萄园主深受其害。而此次虫害也是因为加利福尼亚大学戴维斯分校推荐的 AXR-I 苗木对葡萄蚜虫的抵抗力极弱所致。美国各界相互推卸责任而引起了大混乱，最终花费数十亿美元实施重新栽种项目似乎才渡过难关。

高级品种酒

美国对世界葡萄酒带来影响和发挥作用的还有一项重大创举，那就是"高级品种酒"（Varietal Wine）的创设。直译 Varietal Wine 一词很难，它是很难理解的语汇，即便在英日词典中也没有收录该词。作为葡萄酒的一种标示方法，就是在商标的中央位置将葡萄酒品种的名字用大号字标示出来。

它之所以诞生于美国，尤其诞生于加利福尼亚是有原因的。虽然都处于加利福尼亚州，但是州内的气象实际上富含多种多样的变化。如前所述，加利福尼亚大学开设了葡萄栽培和葡萄酒专门学科，希尔德加德与比亚乐提等教授根据地域细致调查该州的气候，并不断对适合当地气候的葡萄种类进行研究（具有科学的实证精神）。这些成果到 1944 年成为阿梅林与温库拉博士的论文报告。他们整理了以往计算、统计的培育葡萄季气温（所谓的有效积温原理），根据积温和热量对葡萄生产地进行分类，进而推荐适宜栽种的葡萄品种。加州的第一区域适合种植雷斯林和霞多丽，第二区域则适合种植赤霞珠。

依据这种科学调查而进行的地区分类法，成为加利福尼亚葡萄生产的一大特色，对加利福尼亚葡萄酒生产发挥了重大作用（但是这种分类法无视葡萄园土质这一重大要素，直到 20 世纪 70 年代，土质才被加利福尼亚人重视起来）。

旧世界依据"地名"对葡萄酒进行分类。旧世界的某种葡萄酒到底具有怎样的特性、何种口味，是由其诞生的地方、区域、地区和村庄来决定的。居于哪个地区、哪个村落决定了其生产出哪种口味、品质的葡萄酒。因此，葡萄酒专业书籍会罗列其地理性分类，学习葡萄酒的人们也必须从地理开始理解和记忆（对其进行世界层面总结和详细分析这一壮举的，当属休·约翰逊的《世界葡萄酒地图》）。

但美国，尤其是加利福尼亚并没有该传统，而由于葡萄酒标示方法、称呼并未统一，造成了巨大的混乱。亚历克西斯·凌致和他美国方面的搭档休恩梅克意识到这一弊端，指出不施行一些举措美国葡萄酒就没有将来。他们提倡用"葡萄品种名"来取代旧世界用地名作为葡萄酒标示的基本方法。

即便是在美国，伪劣和假冒葡萄酒也曾经横行泛滥，带来糟糕的影响，在禁酒令废止的第二年，即1934年，加利福尼亚就制定了关于葡萄酒品质最低标准的法律。而且该法律规定，禁止不是葡萄酒的饮品标示为葡萄酒。美国的法制与日本不同，它分为联邦法和州法，各州在没有违反联邦法的基础上，可以自由地确定州立法律。广阔的美国，其东海岸与西海岸气象各有不同，很难简单地制定全国层面的标准（例如在添加糖分的必要性方面，东海岸与西海岸也各有不同）。联邦政府财政部所辖的酒精·香烟·手枪管理局（BATF）以政府名义制定了规章，各州以该规章为基础再制定与葡萄酒相关的规则。

1983年联邦政府首次制定了葡萄酒栽培地区制度（American Viticultral Areas，简称 AVAS），加利福尼亚也在其基础上整备了法令。该制度最初指定了美国全国十七个地区成为葡萄酒产地（其中包括加利福尼亚十三个地区，而后扩大到全国八十七个地区，加利福尼亚就占了五十四个）。而且，被指定的地区也成为专门供葡萄生产的特殊地区。各个地区都有类似于法国 AC 制度的规章。但它们也有与法国 AC 制度不同之处，它们并没有对相对重要的葡萄品种、栽培方法、酿造方法进行严格规定。在这样的社会背景之下，该地诞生了高级品种酒（标示了葡萄品种名，规定使用 95% 的葡萄必须标示酒庄所有田地，并不高级的产地使用比率就没有如此严格）。

这样的标示方法的确易于理解。由于葡萄品种有限，并没有像地名那样繁多，因此记起来也并不困难。当言及赤霞珠、墨尔乐、霞多丽等葡萄品种酿造的酒时，总会有模糊的印象并大体知道它们是怎样口味的葡萄酒。消费者对此大为欢迎，短暂时间内便在美国大肆流行起来。不仅如此，世界新兴葡萄酒国家都纷纷效仿，最近旧世界对这种标示方法的使用也增加了。目前尚且难以评价和看待如此现象，但它的确令葡萄酒更加易于理解，事实上也使葡萄酒爱好者增加了。

到了现在，世界上优良的葡萄中，其名广为人知的红白两种加起来，大概有十几种，稍微扩大一些范围也就二十多种。全世界的葡萄酒生产者都集中栽培这些业已限定的人气品种，但这也使得葡萄酒被框定起来，容易失去多样性的特质。幸运的是，向世界呼吁重视各个地方的固有品种并培育出富有个性葡萄酒的动向业已发展开来。随着全球化进程的全面推进，在人们嗜好呈现出均质化的今天，保留个性和多样性无疑是一大课题。

其他美国诸州的葡萄酒

关于美国葡萄酒的故事，作者再想用些笔墨讲述。加利福尼亚的成功已经达到了十分高的水平，远远胜过其他各州的葡萄酒生产。美国的葡萄酒产量位居世界第四位，其产量的近九成都被加利福尼亚所占。但还是可以预想将来会发生变动。

一部分想要酿造黑皮诺葡萄酒的人，已经对过于暑热的加利福尼亚丧失信心，成功转移到其北边临近的俄勒冈州，现在俄勒冈已经成为以黑皮诺葡萄酒为目标的世界新兴葡萄酒公司朝圣之地。更北的华盛顿州是仅次于加利福尼亚的美国第二大葡萄酒生产州，受到俄勒冈成功的刺激，其高品质葡萄酒生产也急速增加。东海岸的纽约、宾夕法尼亚、弗吉尼亚也继续保持着自古以来的葡萄酒生产州地位。如今，美国几乎没有不栽种葡萄和酿造葡萄酒的州，就连德克萨斯也成为酿造葡萄酒的新兴地。

世界葡萄酒的新动向

四千年历史孕育出的葡萄酒文化，历经 19 世纪的近代胎动期，到 20 世纪产生了现代性变革。到了 20 世纪末，以法国和美国为基轴并拥有急速发展的能量，向世界各地广泛传播。在这样的世界性葡萄酒大变动时代，难以用简要的文字来梳理分析，只能聚焦于具有突出特征的方面，以此来把握全球化下葡萄酒的发展面貌和世界各国的情势。

新大陆、新世界
美国
美国不仅是非常有实力的大国，而且加利福尼亚也是新世界葡萄酒生产国的领袖，发挥着重要作用。俄勒冈州和华盛顿州也是引人注目的新兴产地。美国还是葡萄酒的进口大国。

澳大利亚

澳大利亚的葡萄酒产业原本隶属于大英帝国殖民地经济，而随着大英帝国的解体，其经济也毫无保留地从英国那里独立出来。在这之前，澳大利亚酿造的都是面向英国的波特酒和白兰地，但独立之后发生了180度的转变。三大公司（最大的南方葡萄酒业［Southcorp Wines］吸收兼并了彭福尔德［Penfolds］、林德曼斯［Lindemans］、赛博鲁特；第二大的是法系资本奥兰多·温德姆；第三家是名为BRL·哈迪兹的老牌企业）充当葡萄酒产业复兴的先驱，为了形成澳洲人喜好的葡萄酒国内消费市场而积聚能量。在这个意义上，澳大利亚葡萄酒市场的发展主要由大企业主导（与日本类似）。

因此，不用玻璃瓶装的箱装葡萄酒（塑料箱）得到普及，澳大利亚还诞生了以"瓶子"作为其特有的葡萄酒标示方法。阿米蒂奇（Armitage，是法国埃米塔日［Hermitage］的讹传，也不仅限于西拉葡萄）、莎布利（实际上用的是赛美容葡萄）、雷斯林（与德国的雷斯林相似但又有区别）等品种十分流行，形成了与旧世界完全不同的消费市场。葡萄种植方面，在干燥的大沙漠地带形成了以墨累河为中心的灌溉区域，这些地区成为广大的生产地（欧洲则并不认可灌溉原则）。酿造厂并不临近葡萄园，由于冷藏搬运技术发达，大多数企业都是从各个生产地远距离运输葡萄到工厂再加以酿造。

澳大利亚在认可补酸但不认可加糖的方式方面也与欧洲截然相反。在发酵之前对果皮进行浸渍，这项技术的开发也是该国独特的酿造方法。酿造者（酿造技师）几乎都毕业于正规的农业专门大学，并不像旧大陆那样受到传统的束缚，无论从品种的选择、葡萄的栽培还是葡萄酒酿造方面都完全没有拒绝现代酿造技术。该国也存在劳动力短缺问题，故在栽培种植上其机械化是世界最为先进的。

每年各州府举办的农产品品评会是澳大利亚葡萄酒产业大放异彩的展示活动，经过严格选拔的专家组成评委对品评会中相互竞争的葡萄酒进行评比，成为提高葡萄酒品质的巨大原动力。阿德莱德的澳大利亚葡萄酒研究所，现在已经成为世界上享有极高评价、极高声誉的现代栽培、酿造学的中心。现在，大多数活跃于世界各地的所谓"葡萄酒行业中的流浪者"都是从该基地崛起的。

澳大利亚拥有如此特殊的社会背景，自 20 世纪 60 年代后期起，进一步实现了新的改观。其中一大变化就是在政府的鼓励出口政策之下，拿出真正的干劲致力于出口优质葡萄酒（20 世纪 90 年代初，英国从澳大利亚进口的葡萄酒体量迅速上涨到原来的三倍，日本的葡萄酒生产停滞不前，相比运输距离遥远的欧洲而言，澳大利亚更为便利，以后日本和中国将很可能成为澳大利亚的葡萄酒出口对象）。另外一个变化则是逐渐摆脱大型企业支配市场的局面，出现无数中小型优质葡萄酒酿造商，进一步华丽地丰富了该国的葡萄酒产业。以知名庄园为首的酿酒企业，创造出不亚于欧洲一流葡萄酒的杰作。

在澳大利亚，只要有水源就不乏可自由使用且供葡萄栽培种植的土地，其将来的发展也不可小觑。从该国的葡萄栽培面积来看，近乎一半都被南澳所占。除了在广大墨累河沿岸冲积平原开拓新产地之外，还有以往葡萄酒的名产地，如阿德莱德周围的巴罗萨谷（Barossa Valley）①、

---

① 巴罗萨谷（Barossa Valley）是澳大利亚最古老的葡萄酒产区之一，位于阿德莱德市（Adelaide）的东北侧，距该市约 56 公里。产区拥有许多树龄几十年的西拉葡萄树，有些甚至已达 100—150 年，种植西拉葡萄的历史非常悠久。

伊顿谷（Eden Valley）[1] 等地区，不仅充满活力，还成为诞生卓越葡萄酒企业的摇篮。曾经享有荣光的维多利亚州，在 19 世纪后半叶因为葡萄蚜虫灾害而蒙受毁灭性的损失，如今许多卓越的葡萄酒企业相继出现，已经在持续不断地实现完美复苏。最南端的塔斯马尼亚岛，原本因为寒冷的气候放弃了葡萄酒产业，但也由于地球变暖现象，其葡萄酒酿造产业开始复苏。这也引起了世界的关注。

澳大利亚最西部，以前曾被视为葡萄酒的不毛之地。然而，自 1973 年起，在澳大利亚西端珀斯国际机场附近的苏维翁地区，就开始使用白诗南、霞多丽葡萄，在如此暑热地带令人难以置信地栽培出白葡萄。受到它的刺激，更为凉爽的澳大利亚最西端也急速扩大栽培种植葡萄，近十处小地区使用各色葡萄酿造出葡萄酒。尤其是"玛格丽特河"的成功推出，使得澳大利亚用霞多丽和赤霞珠酿造的葡萄酒，其品质与世界一流葡萄酒并驾齐驱。虽然这仅占澳大利亚全国葡萄酒生产量的 5%，但已经成为吸引该国热切关注的地区。

新西兰

新西兰分为南北二岛，达尔马提亚王国的移民以前就已开始酿造葡萄酒，北方岛屿的奥克兰和霍克斯湾也是葡萄酒产地。新西兰使用多种多样的葡萄（多为嫁接种）酿造各类葡萄酒，甚至还酿出了猕猴桃酒。然而，到 20 世纪 60 年代，其葡萄酒发展面貌为之一变。1960 年，

---

① 伊顿谷（Eden Valley）是南澳州（South Australia）一个很小的城镇。据说因其境内有一棵树刻有"Eden"的字样，于是得名"Eden Valley"。其西北侧是面积与其相当的巴罗萨山谷（Barossa Valley）。其唯一的子产区 High Eden 就位于巴罗萨（Barossa）山脉较高的位置上，气候较为凉爽。值得一提的是，该产区的第一个葡萄园 Pewsey Vale 由英国人 Joseph Gilbert 于 1847 年建立，该葡萄园是澳大利亚第一个种植雷斯林（Riesling）的葡萄园。

当时葡萄栽培面积大概是 400 平方公里，到 2006 年已超过 22000 平方公里，酿酒商的数量达到 500 家以上。进入 2000 年，跨国企业和澳大利亚的大酒商盯上了新西兰，而今它们的进驻虽然已经十分瞩目，但也有许多小酒商购买或租借葡萄园，以酿造出各具特色的葡萄酒。

不仅如此，与酒商订立契约之后，得以酿造自家葡萄酒的"家庭生活酒商"居多，这也是该国葡萄酒酿造上别具一格的特色。受到地球变暖现象的影响，以前因为寒冷而难以种植的南岛也迅速栽培起葡萄，尤其是马尔堡地区的苏维翁白葡萄、奥塔哥中部地区的黑皮诺葡萄因为品质优良而令世界惊叹。北岛的霍克斯湾酒与马丁堡酒（Martinborough）依然充满活力。全岛用梅洛葡萄代替了赤霞珠，而用西拉、霞多丽和黑皮诺（虽然数量较少，但新西兰是葡萄酒出口国）等酿造出的葡萄酒也在世界市场中占有相当地位。

南非

南非是与我们印象中热带非洲完全不同的国度。尤其是即便同在南非，最南端好望角旁以开普敦为中心的地区与首都约翰内斯堡的气候景观对比起来，完全是两个不同的世界。

将世界地图的视野进一步扩宽来看，位于南半球南纬三十度上的澳大利亚南部、智利、阿根廷以及南非都作为葡萄酒生产地并行发展。北半球北纬三十度至五十度之间的葡萄酒产地也一模一样地复制了南半球的这种分布（所谓的葡萄酒地带）。非洲大陆最南端的开普敦港，在苏伊士运河开通之前一直是自欧洲到亚洲的帆船补给食物和必需品的不可或缺的港口。早先的荷兰殖民者虽然已经栽种了葡萄，但经过布尔战争，南非成了英国领地。在英国的殖民地经济中，将南非廉价的波特酒和白兰地输入到本国。

1918 年南非成立葡萄酒酿造业者合作社联盟（KWV），在它强有力的统治下，葡萄酒品质得到提高，粗制滥造品逐渐消失。取而代之的葡萄酒的均质化却使酿造者的创造力丧失。第二次世界大战后，直到 1992 年它的统治才被废止，而后像洪水决堤一般涌现出大大小小的葡萄酒工场（现在已超过 500 家），它们纷纷导入现代酿造技术，创造出拥有各自特性的优质葡萄酒。总体而言，该地区虽然地势复杂，但是总体上非常适合种植葡萄，到 1974 年在导入类似于 AC 制度（Region District Ward）的规范之下，酿造出了高品质的葡萄酒。

南非国内的葡萄酒消费者并非一直增加。由于种族隔离，致使南非被闭锁于世界市场之外，废除种族隔离之后，而今已举国致力于出口。在这里，除了栽种波尔多葡萄酒系列的葡萄品种外，还栽植了勃艮第系。另外，南非还多种植卢瓦尔系的白诗南（Chenin blanc），而且该国特有的皮诺塔吉（Pinotage，黑皮诺和神索的交配品种）[1] 和西拉葡萄也十分具有实力。该国曾经酿造出名为"康斯坦提亚"的极奢甜口葡萄酒，由于该酒也逐渐被视为世界名酒，因此未来南非在世界市场上占有一席之地也不再是遥远的事情。

智利

智利自西班牙占领时代起就开始酿葡萄酒，大概不能将它称为新

---

[1] 皮诺塔吉（Pinotage）诞生于 1925 年，由南非斯泰伦博斯大学（University of Stellenbosch）首位葡萄栽培教授亚伯拉罕·艾扎克·贝霍尔德（Abraham Izak Perold）研发。贝霍尔德教授在自家的花园中，使用黑皮诺（Pinot Noir）和神索（Cinsault）培育出了一种杂交葡萄品种。次年，贝霍尔德教授奔赴帕尔（Paarl）工作，忘却了家中的花园里还有四颗新品种种子。幸亏查理·尼豪斯（Charlie Niehaus）及时发现，将这些种子转移到埃尔森贝赫农业学院（Elsenburg Agricultural College）进行进一步研究。由于神索在南非又被称为埃米塔日（Hermitage），所以二人取黑皮诺中的"Pinot"和埃米塔日中的"Tage"将新品种命名为"Pinotage"，即皮诺塔吉。

世界。大众原本常饮一种奇特的皮斯科酒（Pisco），而上流阶级则着迷于法国，他们纷纷呼吁从法国引进技师，并醉心于种植法国葡萄酿造葡萄酒。20世纪70年代，革命政权支持下的阿连德·戈森斯没收了大地主的土地，虽然实行了农地开放政策，但原本并没有酿造葡萄酒实力与资金的农户无法酿出好酒，出现了葡萄酒的空白时代。1973年，皮诺切特军事独裁政权强制实行反动政策，将土地再度交给大地主。当时遇到了绝佳的时机，世界市场开始关注到新兴的葡萄酒。包括大农场在内的葡萄园都一心致力于复兴与出口。该国的欧洲系葡萄，都是葡萄蚜虫灾害未侵袭之前的，这一点也成为智利向外销售的一大卖点——品质当然也十分不错——在短暂的时间内，就巩固了以美洲为中心的世界市场地位。

如今，美国、西班牙的企业进入智利，也给葡萄酒产业带来了活力。由于该国南北细长，气候富于变化，各式各样的地势可以种植各类欧洲种葡萄，就好像各类葡萄的展示场。赤霞珠、梅洛、霞多丽的成功十分显著（马尔贝克、白苏维翁、维欧尼、雷斯林、琼瑶浆[Gewürztraminer]）。虽然现在产量不多，但将来智利的葡萄酒想必会有大的发展。

从与日本的关系来看，2016年发生了谁都预想不到的大事件。智利葡萄酒在日本的销量取代长年占据出口宝座的法国，上升到了头名位置。仔细分析该现象发现，其中25%买家是实体葡萄酒商店，而其余的都是便利店或超市。这一点也说明了智利葡萄酒基本上都是供家庭饮用的。从葡萄酒原本的姿态就是家庭中的日常消费性饮料来看，日本人终于按照葡萄酒本来的饮用方式来消费它们了。毋庸置疑，其中也有智利葡萄酒都很便宜的缘故，然而不仅如此，它们的品质也十分优良，尤其是"智利葡萄酒"还在年轻人中拥有大批拥趸者。

阿根廷

在该国幅员辽阔的广大区域中，门多萨地区主要栽种用于酿酒的葡萄。从地图上看，该地区西面与智利的圣地亚哥相邻，二者之间是险峻的安第斯山脉，而圣地亚哥与门多萨完全是两个世界。门多萨虽然是非常干燥的区域，但因为安第斯山脉丰富的融雪，它得到了大规模灌溉而成功地被列入世界上的特殊地区（海拔 700 米至 1400 米）。阿根廷的葡萄酒具有世界第五位的生产量，而该国的大量西班牙、意大利人移民（开发门多萨地区的是德国人）几乎都自以为是地认为该地葡萄酒是平庸之物，专门在国内消费和流通。

进入 20 世纪 90 年代，受智利葡萄酒成功的刺激，阿根廷诞生了酿造葡萄酒的新风潮。它从世界各国引入外资——2000—2002 年虽然爆发了经济危机——而今在出口市场已经直逼智利。该国酿造葡萄酒的特殊之处在于，它以马尔贝克葡萄为主力品种（马尔贝克葡萄是波尔多葡萄酒的主力品种）。位居第二的葡萄品种是伯纳达，如今阿根廷境内也在推进改种赤霞珠、西拉、梅洛、坦普拉尼罗①、桑娇维塞②。总体来看，阿根廷擅长于酿造浓烈红葡萄酒，而在白葡萄酒上却具有弱势，现在正在挑战酿造霞多丽和白苏维翁。该国在世界市

---

① 坦普拉尼罗原产于西班牙北部，字源学上意指"早熟"之意。贫瘠坡地的石灰黏土是其最佳的种植条件，不同于其他西班牙品种，适合较凉爽温和的气候。坦普拉尼罗是里奥哈最重要的品种，主要种植于上里奥哈 Rioja Alta 和 Rioja Alavesa，另外在西班牙北部也普遍种植，但在他国并不著名。坦普拉尼罗的品质不差，酸度不足是其常有的缺点，有时与其他葡萄品种相混合酿酒。

② 桑娇维塞，英文名为 Sangiovese，属酿酒葡萄品种，是意大利种植面积最多的红葡萄品种。桑娇维塞红葡萄酒是典型的意大利风格，它的香料味中带有肉桂、黑胡椒、炖李子和黑樱桃的气息，以及新鲜饱满的泥土芬芳。较新的酒有时还展现一丝花的香气。

场上进一步实现飞跃，也不会太遥远（日本从阿根廷进口浓缩果汁和葡萄酒，作为其园内产葡萄酒的原料）。

巴西、乌拉圭

在南美，巴西是第三位、乌拉圭是第四位的葡萄酒生产国。巴西酿造意大利风格的甘甜口味的发泡葡萄酒，法国香槟地区的酩悦香槟也进驻该国。进入 20 世纪 70 年代，葡萄酒的消费增加，最南端的国境地区也已经成为热门的葡萄酒生产地（高温、多湿、高产量方面与日本相似）。该地区通过引入外国技术人员，数以千计的零散农户葡萄栽培得到改良（品种几乎都是美国的嫁接种）。另一方面，东北部则开始使用欧洲种葡萄酿酒，由于它十分华丽，吸引了时髦的观光客。巴西的南邻小国乌拉圭也有很多葡萄酒爱好者。从巴斯克地区迁徙的移民带来了丹娜种葡萄，并以该品种为中心使用了各类嫁接杂交品种，最近也逐渐增加种植了霞多丽和赤霞珠等国际品种。该国也引入外资，逐渐关注出口市场，但此后该如何发展尚且难以预断。

旧大陆、旧世界

东欧诸国

在奥匈帝国时代，匈牙利也被卷入东欧这个欧洲经济圈之中，创造了具有高水准的葡萄酒以及值得自豪的葡萄酒文化。在苏联支配时期，专卖公社控制葡萄酒的贩卖和流通，它也被视为供应给苏联的一大物资。虽然是很过分的一种说法，但是当时葡萄酒追求品质的确被视为对国家的反叛。苏联解体后，匈牙利举全国之力复兴葡萄酒产业，旨在提升葡萄酒品质的飞行酿酒师逐渐活跃起来。托卡伊酒在之前就十分有名，现在托卡伊酒产地已经有外国企业进驻，逐渐摆脱苏联支配该产业的噩梦，这种卓越的葡萄酒已经像不死鸟一样复苏起来。除此之外，被称为"野牛之血"的浓烈红酒也广为人知，但匈牙利基本上属于白葡萄酒的国度。如今，巴拉顿湖周围与过去一样，依然产出卓越的白葡萄酒。中部被称为托卡伊山麓的许多卓越的产区，除了栽培原有的富尔民特（Furmint）葡萄之外，最近也种植霞多丽葡萄。作为20世纪后半叶的新现象（包括瞄准出口的本地品种），匈牙利开始出现使用国际品种酿造的红葡萄酒。造访首都布达佩斯的人们，也为该地产出多种多样优良品质的葡萄酒而感到惊奇。

而捷克、斯洛伐克两国西北邻接德国，西南比邻奥地利，东南邻接匈牙利，受到各邻国所种植品种的影响，都酿造出白葡萄酒。这两个国家也摆脱原来苏联的支配，进入提高葡萄酒品质的正轨。

南斯拉夫地区最早独立的斯洛文尼亚共和国，受到邻近的意大利的影响，主要生产浓烈的白葡萄酒，并产出少量的红酒（此地以威尔士雷斯林［Welschriesling］为主力，却因被标记为德国雷斯林而感到苦恼）。而今，该地也不断增加种植霞多丽或白苏维翁葡萄。南斯拉夫地区曾经有相当多的葡萄酒生产国（它们向德国出口大量的红葡萄酒），但由于内乱，出口市场上现在很难看到它们的身影。而今，尚且难以准确展望该地区葡萄酒的发展状况，但由于北部、亚得里亚海沿岸以及自中部到南方都是曾经酿出了包括一些名酒在内的葡萄酒产地，大概很快就会恢复起来。

保加利亚在苏联时代也是致力于葡萄酒出口的国度。在20世纪50年代大幅度栽培了国际品种（尤其是赤霞珠），这些葡萄原本都是供应苏联所用，一时间大获成功，到20世纪80年代，因为戈尔巴乔夫的禁酒政策大受打击。其后，从国营企业中脱离出来的民营酒庄多收到外国资本注入（圣艾米隆地区加隆·加拉格尔酒庄的持股者还包括了美国的罗伯特公司），该国的葡萄酒产业得以复兴。2007 年，保加利亚被允许加入欧盟，进一步激发了其葡萄酒出口的活力。该国基本上属于红葡萄酒生产国。该国已经出口赤霞珠、梅洛、霞多丽、白苏维翁等国际品种，幸运的是，最近保加利亚也开始重新栽培种植穆尔韦德（Mourvèdre）、梅尔尼克、帕米朵等本土品种。虽然它还处于发展中国家阶段，但已经是苏联原来支配的诸国中做出最佳成绩的。

罗马尼亚如其名所示，是带有浓厚拉丁文化的国家，它与其他东欧诸国不同，是葡萄酒消费国。该地科特纳尔（Cotnari）的甜口白葡萄酒还产出了被称为"摩尔达维亚的珍珠"的名酒。如今，罗马尼亚已经成为位列欧洲第六的葡萄酒生产国，虽然它也曾是苏联支配的诸国之一，并自 1960 年起已经推行大规模的耕作转换，而它还没有从苏联支配的后遗症中脱离出来。罗马尼亚的地势中央有呈卷贝形状的蜿蜒曲折的喀尔巴阡山脉，其北部是特兰西瓦尼亚高原，南部是多瑙河，东南临靠黑海，十分复杂。原本酿造出特定名酒的一些葡萄酒产地依然存在，并逐渐恢复它们之前的地位。尤其是该国已加强培育本土品种，并导入有人气的国际品种，在加入欧盟之后有大量资金流入到葡萄酒产业。相信在不久的将来，东欧会涌现出更多葡萄酒的主要生产国。

苏联在 20 世纪 70 年代曾是世界第三大葡萄酒生产国。在这一时期，为了矫正过度饮用伏特加，苏联专门奖励品尝葡萄酒。尔后，戈尔巴乔夫还颁布了限制伏特加的饮酒政策。到普京执政俄罗斯时，禁止了摩尔多瓦和格鲁吉亚市葡萄酒，一时间俄罗斯的葡萄酒生产和消费受到国家政策左右。到了 20 世纪末，它跌落到仅占世界产量 3%。在庞大的联盟体中，继续生产葡萄酒的是黑海沿岸横贯东西的狭长地带（西邻罗马尼亚边境东至里海）。

伸向黑海的克里米亚半岛部分，在帝俄时代就是贵族的聚集地，沙皇亲自建立酒庄酿造出起泡葡萄酒。当时还出现了僭称是波特、马德拉、雪莉、托卡伊和卡奥尔的葡萄酒。如今，马桑德拉酒庄还贮藏了近百万瓶古老年份葡萄酒，其收藏的一部分还曾进入欧洲市场竞拍，引起了世界葡萄酒爱好者的一阵哄抢。到 19 世纪 20 年代，瓦隆茨伯爵开设了葡萄酒公司，依然是如今原苏联成员国葡萄酒产业中的重要存在。

黑海沿岸西部的摩尔多瓦是原苏联成员国中最大的葡萄酒生产国，在苏联时代推行毫无计划、盲目扩大种植葡萄方案（总面积达到15 万公顷），占当时苏联所需葡萄酒的五分之一（苏联解体后产量急剧下跌）。如今，摩尔多瓦倚靠过去移民到该国的法国人产出梅洛、赤霞珠等国际品种的葡萄酒。将来随着国际资本的进入，很具有复兴的可能性。

葡萄酒生产地带的东端，自沿岸至稍进入内陆地区的亚美尼亚共和国，毋庸置疑地时常饮用阿马尼亚克酒，这里也是俄国人引以为傲的亚美尼亚白兰地产地。现今依然使用旧有设备持续生产。

黑海沿岸稍微向西的地区格鲁吉亚较为特殊。其北侧国境倚靠高加索山脉，该国与俄罗斯属于完全不同的两个世界。它夸示称自己为人类最早栽培葡萄和酿造葡萄酒的发祥地。该地培育了五百多个葡萄品种，至今依然酿造着自古以来的葡萄酒，还没有达到近代商业规模。为了加入国际市场，该国 18 个产地的葡萄酒已经销往欧盟成员国。居于高加索山脉东端山麓的卡赫季州与首都第比利斯周围的平地是"卡特利酒"的主要生产地。使用各种本土品种的新旧两方正展开竞争。随着德国的舒曼、法国的保乐力加公司进驻，该国也产生了大型葡萄酒企业。无论如何，它作为历史性的名产地，未来值得期待。

希腊、塞浦路斯、土耳其

希腊是享有古代葡萄酒文明精髓的国度，但由于经济和政治的低迷，其在葡萄酒领域的优势被长久遗忘。然而，其加入欧盟后，自20世纪80年代起，在法国学习了现代技术的种植、酿造专家归国以来，完全呈现出全新的面貌（在20世纪60年代，西西里岛就开始进行栽种欧洲品种葡萄的实验项目）。欧盟资本及国内具有雄心的投资家投入资本，出现了二十多个具有完备现代酿造设备的大公司、大酒商（尤其是布塔利和库尔塔吉斯酒庄）以及中坚力量的酒庄（合作社也具有了活力），逐渐出口具有国际性的新型葡萄酒。这些也颇具有名气，虽然称不上享有美誉，但通过自古以来称为"雷西纳"的松香味希腊葡萄酒，已成为上了年纪的观光客的常饮之物。

现在采用了法国 AC 制度建立起原产地管理制度（OP 制度）的，总共涵盖八个地区。就希腊本土而言，北部马其顿的纳乌萨、古迈尼萨（Goumenissa）、阿米亚泰奥（Amyntaio）与西北部的维兹特萨都生产出色的葡萄酒。像巨大岛屿一样的南部伯罗奔尼撒是希腊的大型葡萄酒产地，以往它都是生产由麝香葡萄酿造的浓烈白葡萄酒和由黑月桂（Mavrodaphne）酿造的醇厚红葡萄酒。自20世纪末起，尼米亚 ①、

---

① 尼米亚（Nemea）：位于伯罗奔尼撒半岛（Peloponnese Peninsular），这里的葡萄酒产量占希腊葡萄酒产量的三分之一左右，葡萄园里没有根瘤蚜。

佩特雷、阿西基亚为 OP 制度管理的中心，致力于参与国际市场竞争，并且生产了质量不凡的红白两种葡萄酒。

爱琴海这一名称就意味着多岛之海，希腊全境岛屿众多，最大的克里特岛在威尼斯商人时代，以甜口的玛姆奇最为有名，现在这种葡萄酒也消失了。布塔利公司也组建了大型酒庄，已经能够看到其具有活力的征兆。爱琴海诸岛中最知名的萨默斯地区，自古以来就以甘甜口味的麝香葡萄酒驰名海外，如今它依然存在。从品质上来看，生产颇具个性的卓越白葡萄酒的圣托里尼以观光和葡萄酒成为人气的焦点。萨默斯岛产出葡萄酒，成为电影《纳瓦隆大炮》摄影基地的罗德岛也产出十分优良的葡萄酒。

而塞浦路斯还留存有公元前 3500 年酿造葡萄酒的遗迹，整个中世纪，该地也以生产一种名为"柯曼德"的浓烈甜口葡萄酒闻名于欧洲。在苏联成为其大买家的时代，塞浦路斯政府出资奖励补助而生产了大量廉价葡萄酒（也栽培了大量直接食用的葡萄）。如今，卓越葡萄酒都转移到丘陵地区的生产者那里，他们取代了自古以来紧紧抓住酿酒者的家族式经营酿造者（该地还留存了葡萄蚜虫患之前的古老品种，传统品种以玛歌葡萄居首位），出现了近五十家跨国葡萄酒酿造企业。这种局面也致使该地种植赤霞珠、希拉、歌海娜葡萄。围绕土耳其介入产生的政治纷争，葡萄酒出口曾一度处于混乱状态。到 2004 年它被允许加入欧盟，着手引入 AC 制度，其葡萄酒产业的将来也并不晦暗。

出乎意料的是，土耳其是世界排名第四的葡萄酒生产国。然而，土耳其本土仅栽培供食用的葡萄和葡萄干，用在酿造葡萄酒方面的仅占其所有生产量的 3%。虽然土耳其原本属于伊斯兰世界，但由于实现了政教分离壮举的救国英雄、共和国创立者凯末尔关注到葡萄酒的重要性，在 20 世纪 20 年代就创设了国营的葡萄酒企业。现在年轻人阶层也持续对葡萄酒抱有关切，因此不断为葡萄酒产业带来活力。

伊斯坦布尔西侧背后的马尔马拉地区，因为与欧洲世界比邻，其葡萄酒产量颇多。除此之外，爱琴海沿岸的伊兹密尔、北部的托卡特省、安纳托利亚南部、位于中部的首都安卡拉附近都是葡萄和葡萄酒的生产地。土耳其总给人留下它处于气候干燥的山岳、丘陵地带的印象，但造访西部爱琴海沿岸地带的观光者一定会为它肥沃的绿土而感到惊讶。这里也蕴藏着酿造出卓越葡萄酒的潜在可能性。土耳其还开始出现已经接受法国酿造家的指导、酿造国际市场通行的卓越葡萄酒的大型企业，在被允许加入欧盟之后，随着外资的引进，到底会发生什么变化尚且难以预断。

地中海沿岸地带

非洲北部地中海沿岸地带的"迦太基地区"，在罗马帝国全盛时代，曾经是大型消费城市罗马的葡萄酒供给地。直至 20 世纪中叶，阿尔及利亚、突尼斯、摩洛哥三国，也是向欧洲提供量产葡萄酒的地区。阿尔及利亚是法国的大宗葡萄酒出口国。自它从法国独立后，在伊斯兰教的支配下，从之前约一千六百万公升的葡萄酒生产量急降至五十万公升。它曾一时找到俄国作为其买家，但最终失去，如今其葡萄酒产业如同沉睡的巨象。然而，这一地区不仅原本拥有量产的葡萄酒，而且还有一批葡萄酒产地，其未来到底如何尚且无法预测。

突尼斯地区曾是二战末期德国隆美尔与英国蒙哥马利坦克对垒的激战之地。现在政府热衷于葡萄酒出口，致力于葡萄酒产业的复兴而

谋求引入外资，为了提高葡萄酒品质，还加入了包括引入现代设备在
内的项目。该国在非洲诸国中温度相对较低，水源丰富，其葡萄酒产
业的将来不容轻视。

出人意料的是，摩洛哥也有以玫瑰红葡萄酒为中心的产业。现
在，已经引入数家外资确立起合资型事业（波尔多的卡思黛乐公司
等，作为民族资本的塞内亚·多·梅克内斯公司的罗思兰庄园酒也很
杰出），开始酿造国际通行的现代葡萄酒。该国还设立了名为 AOG
的原产地称呼管理制度。生产量占百分之六十的梅克内斯地区与菲
尔兹地区（夜间的气温很低）也开始生产出色的葡萄酒。摩洛哥所
产主要为红葡萄酒，品质良好的带微粉色的白玫瑰葡萄酒的人气也
很高。

虽然都在地中海沿岸东部，但突尼斯和阿尔及利亚无论历史还是
现实都呈现出两种完全不同的面貌。黎巴嫩由于内战陷入糟糕境地。
由于它处在海拔一千米的高原地带，阴凉的地理条件使得内战中还持
续产出了富有异国情调的波尔多风情葡萄酒。因为拥有米萨尔酒庄、
具有生产优越葡萄酒实际业绩的凯夫拉酒庄和库萨拉酒庄这些葡萄酒
企业，待到政局稳定、经济复苏时，大概就会恢复之前的繁荣吧。

以色列是无论历史还是现实都在政治领域不断出现问题的国度，
从它的葡萄酒产业来看，现在却是地中海沿岸地带最成功的国家。它
出口量颇多，以世界上的犹太人为对象，是蔻修酒的巨大供给地。不
仅如此，依附于罗斯柴尔德财阀的萨姆森合作社也持续不断投资葡
萄酒企业，20 世纪 70 年代在戈兰高地开拓出戈兰高地酒庄，并引入
加利福尼亚技术，自此之后进入新的时代。继之而起的是以佳美娜
（carmenelle）酒庄、巴肯酒庄为中心，相继出现了马尔噶里特、雅黛

尔、加利利山酒庄等葡萄酒企业。如今，以色列已经整备了现代酿造学和高科技设备，生产出国际通行的优质葡萄酒。暂且抛开该国的政治情势，以色列无疑是发起现代葡萄酒革命的国度之一。

瑞士

瑞士虽然是独立国家，但它西部、北部和东南部分别与法国、德国、意大利接壤，受它们影响也被分为三大文化圈，它所产葡萄酒也如此。现在，瑞士的生产量几乎已与德国匹敌。该国在国际性金融市场占有重要的一席之地，但其产业则普遍是封闭的。2001 年，孤立、带保护主义色彩的葡萄酒产业已实现自由化，如今已经开始发生巨大蜕变。

瑞士是白葡萄酒的王国，它被公认为是莎斯拉葡萄的天堂，但现在也发生了 180 度的转变。这个转变就是红葡萄酒的生产已经取代了之前白葡萄酒的生产（由于它临近法国的博若莱，佳美葡萄颇多），与之前种植多种多样的本土品种相对，此时开始增加种植国际品种的葡萄。但是，全国所产的葡萄仅 2% 出口给外国，其他都供本国消费（瑞士还进口葡萄酒，是世界上第七大葡萄酒消费国），不过其出口也在不断增加。

日内瓦湖北岸沃州地区优越的斜坡田地产出白葡萄，其中还有数种跻身国际顶级的卓越葡萄酒。白葡萄酒的地位十分稳固，而正因为具有该斜坡地，如今还增加种植了酿造红葡萄酒所用的葡萄品种。有一条河流自日内瓦湖东端进一步向东流，实际上是罗讷河（Rhne）的上游。该河流域处于沃州地区，零散的小农户在这里聚集，多个合作社也正在经营葡萄酒酿造产业。用莎斯拉葡萄酿造而成的白葡萄酒"芬丹"（Fendant）与红葡萄酒"多尔"（皮诺为主体加入佳美的混合物）处于首位。而品质方面，此二者并没有获得太多好评。

然而，近年来瑞士转换种植黑皮诺（还有佳美和西拉）葡萄，现在红葡萄酒生产已经占据葡萄酒总量的六成。东北部德国文化圈则产出了米勒－图高（Muller-Thurgau）葡萄[1]并发挥了重要作用，但该地区依然是红葡萄酒处在优越地位。东南部意大利文化圈的提契诺州自古以来主要产出红葡萄酒。一种名为克莱维内（Klevner）的葡萄酒就是以黑皮诺葡萄作为主要品种酿造而成的。1906 年遭遇葡萄蚜虫侵袭致使被损毁后，重新种植的几乎都是波尔多地区的梅洛葡萄。起初，这些葡萄并没有享受赞誉，如今则开始生产出让人感到惊讶的高品质异色梅洛葡萄酒。

奥地利

奥地利的葡萄酒情况并不为人所知，而它是 20 世纪末欧洲旧有葡萄酒生产国中最具戏剧性变化的——全国范围内——该国的葡萄酒产业实现了面目一新。进一步而言，造成这一局面的就是 1985 年的二甘醇骚动。该事件由一部分不法的酒商掺入汽油不冻液使得葡萄酒变甜引起，最终成为震撼世界的巨大丑闻（日本也受到该事件余波的影响）。该国由此深受信誉扫地的影响，举国致力于提高葡萄酒品质。奥地利以往就产出卓越的葡萄酒，知名的有霍里格，其他的则都被视为德国葡萄酒的分支。

而今，多瑙河流域的瓦豪（Wachau）地区和克雷姆斯地区产出名酿（绿维特林纳和雷斯林这类辛辣口感的），并被高度评价为不逊于德国葡萄酒的良品。这些地区都是含有古堡的景色优美之地，河流

---

① 米勒－图高，常见英文名为 Muller-Thurgau。酿酒葡萄品种之一，属白色葡萄品种。该酒酸度低，口感柔顺平和，适合酿造简单的白葡萄酒。适合在酒质年轻时饮用，属于不会随着时间提升酒质的葡萄品种。是由米勒·赫尔曼于 1882 年在瑞士高尔图省坎顿市培育出来的新品种。

两岸的葡萄园与摩泽尔庄园和康帝庄园相似，是在陡坡斜面的田地上栽种的，属于单一葡萄品种的田地。继之而起的坎普谷（Kamptal）①和克雷姆斯谷（Kremstal）②地区也在产出绿维特林纳和雷斯林这类杰出的酒品。不仅如此，奥地利还正在产出超越德国的红葡萄酒。

奥地利的主要葡萄酒生产地集中在该国东部。东部与匈牙利接壤的布尔根兰州，在诺伊齐德勒（Neusiedlersee）湖边生产出甘甜口感的贵腐酒，如今已经确立了与莱茵高地和苏玳地区并驾齐驱的地位（由于该地处于鸟类聚集地，常受到鸟类侵害）。还留存了古老欧洲风情的布尔根兰州分为四个地区，每个地区都生产口感美味的甘甜口白葡萄酒，并且出品酒质一新的红葡萄酒。过去就被视为向大众供应的东南部葡萄酒产地施泰尔马克地区也致力于提高酒质，如今已经成为杰出的雷斯林和霞多丽葡萄酒的酿造基地。

德国

在 20 世纪末世界葡萄酒的激烈变化中，古典葡萄酒生产地德国呈现出非常复杂的情况。该国持续不变地产出卓越的白葡萄酒。由于

---

① 坎普谷（Kamptal）的名字源自流经峡谷的坎普河，同时这里也是奥地利最大产酒镇郎根洛伊斯的所在地。坎普谷拥有 3802 公顷的葡萄园，是奥地利极为成功的产区之一，有着高比例的优质葡萄酒酿制商。自 2008 年开始，由绿维特林纳和雷斯林酿制的坎普谷 DAC 葡萄酒具备两种风格：酒体均衡的经典葡萄酒以及丰富、华丽、不甜的珍藏级佳酿。

② 克雷姆斯谷（Kremstal）2243 公顷的葡萄园被分为三个不同的区域。克雷姆斯谷 DAC 于 2007年推出，指的是充满活力和辛辣味的绿维特林纳及细腻、矿物质丰富的雷斯林葡萄酒，两者都属于清新的奥地利经典风格葡萄酒，其中包含了浓郁、强烈的珍藏级佳酿。拥有丰富文化和历史的克雷姆斯镇因其悠久的葡萄栽培传统一直与葡萄酒生产有着密不可分的缘分。现在，这个日益繁荣的城镇是年轻有活力的酿酒师的大本营，是富有创意的葡萄酒合作社，是先进的酿酒和葡萄栽培学院，也是奥地利下游举办联邦葡萄酒展的地点。因此，绿维特林纳和雷斯林葡萄以及含矿物质的葡萄酒在森夫滕贝格与克雷姆斯沿岸古雅葡萄酒庄的普及一点也不令人意外。

德国大量出口掺杂了糖水的圣母之乳（Liebfraumilch）① 和尼尔斯泰因古特多姆这样遭到残酷批评的葡萄酒，该国葡萄酒的声誉一落千丈。而德国葡萄酒产量最高的莱茵高地虽然地位牢固，但因为世界上对极其甘甜口感的葡萄酒需求急剧减少，它的地位也下降了（日本的三得利公司也为该名酿地的活性化做出了贡献）。然而，世界上绝对无法完全仿照的酸性美味摩泽尔葡萄酒的地位却没有被撼动。如今，世界兴起了红葡萄酒与辛辣口感白葡萄酒的消费热潮，这对于曾经是甘甜口感白葡萄酒王国的德国而言是双重打击。为了摆脱长期衰弱的倾向，德国业界组成了 VDP（德国优良葡萄酒生产者协会），优秀的年轻行业从业者正在挑战德国葡萄酒的传统印象。这一结果虽然导致诞生了卓越的辛辣口感白葡萄酒和红葡萄酒，但它们的销路却让人发愁。因为让喜好半甜口味葡萄酒的人改变实在是困难之事。另外，在酿造过程中将未发酵果汁分离出来后再添加的方式也在这一时期合法化，使得德国葡萄酒发挥了法国和瑞士品种的效用。

德国葡萄酒原本的标示制度，是采取了以葡萄收获时期标示法相区别的一套体系，它十分复杂且难以解释，理解起来十分费劲。虽然之后经过了修正，但对于不通晓德语的其他国家人而言，他们很难短时间内读懂德文，也难以知道多样且独具特色称呼背后的含义（例

① 圣母之乳（Liebfraumilch）是莱茵黑森（Rheinhessen）最有名的出口葡萄酒。莱茵黑森 167 个村庄中几近 99% 都在酿制此酒。圣母之乳（Liebfraumilch）这个酒名来源于 Worms 的一座圣母教堂，同时它也是一座著名酒庄的名字。后来，它被用来指代德国多个产区所生产的半甜型葡萄酒。在分级制度被改变之前，最著名的圣母之乳（Liebfraumilch）品牌是蓝仙姑（Blue Nun），于 1921 年创建。如今，在莱茵黑森（Rheinhessen），没有一个注重产品质量的酒商敢冒险生产圣母之乳（Liebfraumilch）这种酒，因为它在国际市场上的声誉并不好。圣母之乳（Liebfraumilch）属于 QbA 级别，特点是酒精度低，简单顺口带有甜味，极其廉价。

如，Gold trocken 是黄金般的滴露，而 Trocken 和 Spätlese 这样的词汇，作为形容词使用表示辛辣口味的葡萄酒，而他们在作为等级用语使用时，Spätlese 指的是迟摘，而 Trockenbeerenauslese 则表示甘甜口味葡萄酒中的极品）。而且，使用相当于法国 AC 制度用地区分类方式来对所谓"集合制葡萄园"进行称呼，容易助长误导，因此设立这种制度在德国就成为一大问题。尽管莱茵高地设立了葡萄酒评级制度，但是为了让该地的葡萄都成为特级，已经陷入无节操、无原则的境地。由于存在这些问题，20 世纪后半叶，在其他国家不遗余力地进行葡萄酒大革新、大跃进时，却出现了喝德国葡萄酒的仅仅是其爱好者的现象。

像德国这样背负沉重传统的国家，大概很难轻易地转型，这对那些原本知晓德国葡萄酒卓越性的人们来说，的确是十分遗憾的。然而，就德国国内而言，从多个角度来看待它的话，可以看到总体还是致力于提高品质，劣质的酒类也正在消失，像莱茵黑森、那赫（Nahe）、法尔兹（Pfalz）等地卓越的葡萄酒企业也增加了。尤其是随着年轻一代的崛起和组织化，他们也会持续不断地为恢复德国葡萄酒原来的名声而努力。

西班牙

欧洲的老牌葡萄酒生产国中变化最为显著的就是西班牙。十多年前，提到西班牙葡萄酒，人们大概只能想到"莎布利"。就普通葡萄酒而言，让世界都熟知的是以巴塞罗那为中心的加泰罗尼亚州托雷斯公司出产的、在 19 世纪崛起的，被称为"里奥哈"的葡萄酒。谈到尔今的西班牙葡萄酒，可将中世纪得到英国人喜爱的马拉加酒放置到一边，因为它不符合其他国度人们的口味。大航海时代，西班牙成为欧洲的强大帝国，之后由于政治、经济的没落，西班牙被恶评为欧洲的乡下人甚至被排除在欧洲行列之外。乔治·奥威尔的《加泰罗尼亚赞歌》和海明威的《丧钟为谁而鸣》描绘了内战中的弗朗哥反动政权虽然受到纳粹德国希特勒的支持而取得胜利，但是在第二次世界大战时期由于没有加入联合国，战后的复兴时代也并没能跟上世界的步伐。导致西班牙发生巨大变化的最大要素当属加入欧盟委员会，跨越了比利牛斯山这道天然的屏障。关税壁垒的废除和贸易的自由化为西班牙的农产品打开了销路，在葡萄酒方面也引入了外资和现代酿造学。

作为西班牙葡萄酒代表性存在的里奥哈，一时间成为该国的知名产地。由于葡萄蚜虫侵袭致使当地葡萄枯萎，波尔多的酒商们关注到里奥哈地区。迄今为止，虽然里奥哈一直是西班牙地区的葡萄酒名产地，但是由于其他地区的飞跃式发展，其地位相对下降。尤其是葡萄牙的波特葡萄酒产地，即多瑙河上游的杜埃罗河岸地区，因为贝加西西里亚酒庄的卓越产品出现在戴安娜王妃结婚宴会上，成为葡萄酒业界的宠儿（20 世纪 80 年代初，这一地区的葡萄酒企业达到 24 家，现在已经超过 200 家）。直到 20 世纪 80 年代还几乎不为人所知的这些地区，靠近西班牙曾经的首都巴利亚多利德，过去就曾制定葡萄酒法规，具有酿造上等葡萄酒的传统。如今，当地栽培种植本地的添帕尼优品种 [1]，已经转变为西班牙全境诞生高级葡萄酒的热门地区。在

---

[1] 添帕尼优，也称"坦普拉尼罗"，原产于西班牙北部，字源学上意指"早熟"之意。贫瘠坡地的石灰黏土是其最佳的种植条件，不同于其他西班牙品种，适合较凉爽温和的气候。添帕尼优是里奥哈最重要的品种，主要种植于上里奥哈 Rioja Alta and Rioja Alavesa，另外在西班牙北部也普遍种植，但在他国并不著名。添帕尼优的品质不差，酸度不足是其常有的缺点，有时与其他葡萄品种相混合酿酒。

杜埃罗河下游的托罗和卢埃达的小区域，各类新葡萄酒企业已经崭露头角，它们出品了分区制度的知名酒庄也无法忽视的优良产品。

加泰罗尼亚地区的普里奥拉，1990 年时还是完全不为人所知的小山区，里昂·巴勒比留意到当地的气象和土壤十分特殊，与五位朋友联合挑战在该地酿造高级葡萄酒，不足十年时间里就令当地获得了国际性赞赏。西班牙原本被视为红葡萄酒产国，然而该国西北部，突入葡萄牙北部的加西利亚省下海湾（Rías Baixas）首先发生变化。该地以往是被完全无视的萧条村落（中世纪时期的圣地亚哥-德孔波斯特拉曾经是大型朝圣地）。

进入 20 世纪 90 年代，人们根据当地气候挑战酿造白葡萄酒（西、葡国境相夹的南部连绵地带是葡萄牙青酒［Vinho Verde］产区，该地的新鲜龙舌兰和白葡萄酒大热大概也是受此刺激），在短短时间内便成功酿造出新鲜精致的白葡萄酒，现在西班牙也成为白葡萄酒产区（该地葡萄酒由于不为人知，故被饮下后人们都不知道产自西班牙）。下海湾（Rías Baixas）所产的葡萄酒也成为分区制度的知名酒庄无法忽视的优良产品。

西班牙政府尤其重视葡萄酒和橄榄油，将它们视为同等重要的出口产品，还以法国 AC 制度为模板设立了 DOC（原产地称呼管理）制度，在努力指导提高葡萄酒品质的同时，采取了充满活力的葡萄酒贸易振兴政策。该政策成功导致诞生出卡瓦发泡酒①，现在卡瓦已经

---

① 卡瓦是西班牙起泡酒的名称。在西班牙，人们通常在一些特别的日子里饮用卡瓦（Cava），比如重要的庆典以及圣诞节。在 2010 年这款欢快喜庆的饮料对西班牙的出口量做出了很大的贡献，据卡瓦（Cava）管理委员会表示，有 60% 的卡瓦（Cava）销量为出口到海外市场，而中国是重要的出口目的国之一。

作为仅次于法国香槟的发泡葡萄酒牢牢占据国际市场。

诞生出卡瓦的加泰罗尼亚地区，中心城市巴塞罗那加入地中海文化圈，与首都马德里在内的其他内陆地区相比完全是两个世界。正因为如此，巴塞罗那现在热衷于独立运动，该地也致力于酿造与之前以及西班牙其他地区葡萄酒不同的口味。1960 年，米盖尔·托雷斯公司成为先驱者，开始选择品种和引入外国品种，并逐渐酿造国际通行的葡萄酒。现在"宾纳戴斯（Penedès）地区"等数个产地已经在DOC 制度规范下，其葡萄酒酒庄逐渐具有活力，前述普里奥拉就是其中的象征之一，该地区无疑会进一步发展。

里奥哈东邻地区纳瓦拉是波尔多葡萄酒的生产地，它与里奥哈是竞争对手。由于铁路运输不便，它只能屈居里奥哈之后。如今，该地在推进改种添帕尼优和外国品种，旨在赶超里奥哈。比利牛斯山麓的索蒙塔诺（Somontano）地区曾经是阿拉贡王朝的一部分，具有辉煌的历史，也是加泰罗尼亚葡萄酒的最大对手。该地因为气候条件和交通关系而苦恼，如今作为独立的 DOC 地区开始引入外国品种，挑战酿造新型葡萄酒。

西班牙中央地区的卡斯蒂利亚地区是堂吉诃德的故乡，虽然是极度干燥的高温台地（2000 年之后才被灌溉），但它也是广大的葡萄栽培地，主要出产廉价红葡萄酒。现在已以瓦尔德佩尼亚斯为中心，大肆种植外国品种，并推进使用金属线丝来整理枝干和改良田地。西班牙葡萄酒产业之前是缺乏资本推进其现代化，只要克服障碍就具有在该地建立起巨大葡萄酒产地这一巨大变化的可能性。除此之外，西班牙以其地中海沿岸为代表，国境之内皆有葡萄酒产地，以前完全被忽视的西部埃斯特雷马杜拉（Extremadura）的杜埃罗河岸（Ribera del

Duero），最近也开始产出国际通行的葡萄酒。如今生产量已经仅次于法国、意大利，位列第三位。自此之后，西班牙葡萄酒的国际地位大概会大为提高吧。

葡萄牙

葡萄牙是次于德国、欧洲第六位的葡萄酒生产国，除了波特和马德拉之外，其他葡萄酒一经造出就被该国国民喝完。虽然里斯本市附近的塞图巴尔半岛、巴哈达（Bairrada）和拉雷思（Colares）等数个地区自古以来就是已经发展起来的葡萄酒名产地，但海外市场几乎对它们一无所知。中央北部地区生产以杜奥酒为主的烈性葡萄酒，由于在出口市场上没有得到认可，几乎荒废。第二次世界大战之后，蜜桃红（Mateus rose）① 作为葡萄酒的新面孔引起大热。由于政变，经济情势发生了变化。1986 年加入欧盟委员会之后，葡萄酒产业以面向大众餐桌出口为目标，各地的葡萄酒企业开始引入现代酿造设备。作为波特酒产地的多瑙河流域也因为并没有专门化而只能酿造普通酒。因此，巴哈达和杜奥地区也认真致力于与进口市场酒类竞争，努力提高酒质。

如今，其转型的危机在于落后于西班牙，必须从现在开始切实推动本地葡萄酒新浪潮。虽然在发展出波特酒的高级品上遇到了困难，但该国对世界上最长寿的马德拉酒进行了酿造设备和特殊技法上的改进，并努力开拓出口市场（日本的木下国际公司就与当地公司合并，

---

① 蜜桃红，又称马刁士，是一种葡萄牙出产的玫瑰香槟葡萄酒。该品牌创立于 1942 年并在二战末期开始投产。该葡萄酒以其独特风格迅速打开了北美和北欧市场。其生产在 20 世纪 50 年代、60年代和 80 年代不断得到增长，后期又补充马刁士的白色版本。到 80 年代，蜜桃红已经占葡萄牙的餐桌葡萄酒出口的 40% 以上。当时每年的全球销售额为 325 万箱。由于近年葡萄牙其他品系的葡萄酒被外界青睐，蜜桃红的销售已经开始下跌。蜜桃红在 70 年代的时候，在香港和澳门都很出名。所以，当地有很多老一辈的人会把蜜桃红（Mateus rose）音译为"码头老鼠"。

建立了跨国合作企业）。

意大利

现在欧洲的老牌葡萄酒国度中，活力最为旺盛的就是意大利。其产量也超过了法国。第二次世界大战后，首先进军出口市场的，无论如何都要属基安蒂酒，其彩色瓶子包装让人犹如置身于意大利餐厅点餐。作为高级酒的巴罗洛（Barolo）是意大利葡萄酒的王者；其次是巴巴莱斯科（Barbaresco），但在外国能够喝到这些酒的人很有限。维苏威火山山麓的"耶稣之泪"，翁布里亚的"就是它！就是它！就是它！"（Est! Est！Est！）以及古罗马时代的名酒"法莱尔诺"等，虽然它们的名声早已享誉世界，然而近代之后酿造的葡萄酒产品却并未收到美誉。由于拉丁气质的意大利人嫌弃麻烦，他们认为遵循琐碎的出口手续太过烦琐，并没有将关注点放在遵守出口法律上，因此意大利葡萄酒很少出现在外国市场。

然而，政府自 20 世纪 60 年代就为了使本国葡萄酒跻身欧盟成员国市场而制定了类似于法国 AC 制度的 DOC（原产地名称管理称呼）制度，力图对混乱的名称和品质进行统一的指导并振兴出口。首先，威尼斯以西的白葡萄酒"索阿维"① 和红葡萄酒"瓦波利切拉"② 取得

---

① 索阿维（苏瓦为）白葡萄酒。产自为威尼托（Veneto）大区的索阿维（Soave）葡萄酒是意大利最具典型的白葡萄酒之一。几个世纪之前，Soave 白葡萄酒就已经是当地非常受欢迎的葡萄酒，屡屡见诸史料记载。1931 年，Soave 就已经被公认为意大利最具代表性的葡萄酒。1968 年，Soave 获得 DOC 资质。二战之后至 20 世纪中叶，Soave 曾经一度是美国葡萄酒市场最受欢迎的意大利葡萄酒，70 年代甚至超越了基安蒂（Chianti）的市场份额。

② 瓦波利切拉（Valpolicella）是仅次于基安蒂（Chianti）的第二重要的意大利红葡萄酒法定产区。从历史上看，这里在 1968 年被提升为法定产区 DOC，在产区范围内，瓦波利切拉雷乔托（Recioto della Valpolicella）和阿玛罗尼瓦波利切拉（Amarone della Valpolicella）于 2010 年被提升为法定产区 DOCG，瓦波利切拉里帕索（Valpolicella Ripasso）也于 2010 年被提升为法定产区 DOC。

热销，它们的成功也刺激了整个意大利。

以葡萄酒出口为中心的基安蒂酒首先在 1975 年将基安蒂家族传统的桑娇维赛红葡萄（廉价的基安蒂酒是将它与白葡萄混合酿造）与霞多丽葡萄混合，树立了新时代的旗帜。在"巴黎的裁决"之后伦敦举办的试饮会上，意大利的西施佳雅①超越法国波尔多成为一流酒。它突然成为世界葡萄酒中闪亮的明星，这也令意大利的酿酒者们兴奋不已。意大利人一时间热衷于此，这股兴奋劲所起的作用十分瞩目，这对现代意大利葡萄酒而言可谓是野火燎原。

基安蒂酒的故乡也致力于打磨超级托斯卡纳高级酒（托斯卡纳地区的极品）②，如今也吸引了世界各国葡萄酒媒体的关注。之前落后巴罗洛（Barolo）一步的巴巴莱斯科，而今发展势头也凶猛。

意大利原本是葡萄酒文明的基地，具有酿造优良葡萄酒的自然条件。但与其说意大利人努力不足，不如说他们发展葡萄酒产业的意欲不强。葡萄酒产业大变革的背景，实际上是经济和法制的变革。其中一项变革就是合伙分益耕作制度的解体。意大利几乎所有的农业和葡萄栽培，都由小农制所支配。农户还延续着封建时代的所有制，他

------

① 西施佳雅红葡萄酒出自意大利著名的圣圭托酒庄（Tenuta San Guido），是一款极具代表性的超级托斯卡纳（Super Tuscan），也是意大利"四雅"之一。西施佳雅起初本是酒庄主人马里奥侯爵（Mario Incisa della Rocchetta）自酿自饮的一款葡萄酒，直至 1968 年这款波尔多混酿风格的葡萄酒才开始流向市场。该酒采用赤霞珠和品丽珠酿制，并经法国小橡木桶发酵熟成，酒液呈深宝石红色，散发着浓郁的浆果香气，酒体饱满，带有雪松、紫罗兰及香料等别样风味，单宁紧密，余味悠长，陈年潜力优秀。其 2015 年份酒在《葡萄酒观察家》（*Wine Spectator*）2018 年百大葡萄酒榜单中拔得头筹，获评年度之酒。
② 该葡萄酒都是一些热爱托斯卡纳的土壤及艺术、强调独创性的酿酒师，在葡萄品种、混合比率、酿制方法等方面对传统葡萄酒进行大胆革新，酿造出的独特而优质的葡萄酒，既保持了托斯卡纳（Tuscany）风土的本性，又展现出独特风格的个性，其品质足以媲美波尔多五大名庄的酒。

们并不拥有土地，仅获得收获物的半成，处于从属地位。进入 20 世纪 80 年代，该制度最终崩溃。其中的一大要素是战后工业的大幅发展导致劳动者都流向城市，农村人口急剧减少。另外一个要素则是为农村的空疏化感到震惊的意大利政府针对农民采取了免收他们耕地所得收获物的政策。这令农户富庶起来的同时，也使小农这样的劳动力将土地分配给失去农地的所有者。当然，土地是通过买卖来转换所有者的，至今为止，耕作葡萄园的都是小型农户。自己获得了土地的农民，为了使得他们的耕作物具有附加价值，热衷于提高品质。

意大利北部具有许多夸饰优良酿酒传统的名酿产地。而且，自北部山脉地带起，意大利全境几乎都有酿造葡萄酒的地方。即便是量产甜口劣质酒的南部地区也在不断改变。在意大利，具有不同村庄酿出不同葡萄酒的多样性，它逐渐转变为拥有自己强烈主张的葡萄酒生产国，本章这样短小篇幅没有整理论述之处还有很多。而在不远的将来，可以预想意大利葡萄酒会在新的葡萄酒评级体系下诞生出大批优质的葡萄酒，总之，它是无法忽视的葡萄酒国度。

法国

葡萄酒王国法国的变化情况是难以简单概括的，法国的各传统生产地都发生了巨大变化。经典葡萄酒的殿堂波尔多和勃艮第也兴起了新浪潮。以前的葡萄酒名门没落，新晋势力获得成功，成为法国各个传统领域中兴起的新现象。

就罗讷河流域而言，该地区以北的康帝葡萄酒超越了埃米塔日（Hermitage）。而教皇新堡则没有像稀雅丝（Chateau Rayas）那样成为现代名品。普罗旺斯地区的玫瑰红葡萄酒也退出主流，位于其西端、之前从未知名的艾克斯普罗旺斯（Aix-en-Provence）逐渐崛起。

朗格多克地区曾经因为是广大平原而成为廉价酒和量产酒的供给地，现在山麓边的罗第丘（Cote Rotie）不断产出优质的葡萄酒。该地也开始种植之前未使用的波尔多品种，酿造出地域餐酒，掀起了葡萄酒革新的新浪潮。

　　在卢瓦尔河流域，自二战之后的一段时间内，辛辣口感的密斯卡岱（Muscadet）白葡萄酒成为人气之物。如今使用苏维浓纳斯（Sauvignonasse）白葡萄酿造的桑塞尔白葡萄酒已经达到仅次于勃艮第的地位。战争结束后，玫瑰红葡萄酒曾一时间颇具人气，但它却并没有很好的销量，现在该地正持续不断地用白葡萄酒取代红酒。但最近人们对玫瑰红酒的消费又不断恢复了。香槟地区自古以来就被大型企业垄断，近年来栽培的农户们酿造出名为"小农香槟"（Recoltant Manipulant）的自产酒，其产量剧增，让人们见识到香槟酒的新局面。

　　对法国葡萄酒不得不特殊记载的还有两大现象。首先是波尔多的圣埃美隆（Saint-Émilion）地区出现了所谓的卡特葡萄酒。罗伯特·帕克高度评价了从之前生手酿造葡萄酒转化为由罗特波夫酒庄（Tertre Roteboeuf）和瓦兰佐酒庄（Chateau Valandraud）酿造这一蜕变，这一微小的调整使得购买者蜂拥而至，也为梅多克地区的特级葡萄园创造了高峰价值。

　　这些小型酿造所生产的车库酒（Garage Wine）[1]一跃成名，人们

---

① 车库酒指的是那些产自并非具有显赫风土的葡萄园（通常位于波尔多右岸地区），大多以梅洛（Merlot）葡萄并采用100%的全新小橡木桶酿造而成的葡萄酒。车库酒最初是由波尔多右岸酒庄开始酿造，波美侯的里鹏酒庄（Le Pin）就是其开山鼻祖，而圣埃美隆的瓦兰佐酒庄（Chateau Valandraud）则将其推向高潮。20世纪的最后20年是车库酒的光辉岁月，其售价甚至远远高于波尔多五大名庄的葡萄酒。

都将其称为"灰姑娘酒"。指导这类葡萄酒酿造的是米歇尔·罗兰（Michel Rolland）。他不仅成为酿造者仰仗的对象，而且由他指导酿造的葡萄酒得到了帕克的高评分，罗兰进而成为葡萄酒业界的闪光之星。见此情势后，圣埃美隆（Saint-Émilion）产区也不断涌现出引入了与罗兰一样的现代酿造技术的酒庄，形成了一种集群效应。

罗兰与帕克这对搭档组合使得此时的葡萄酒带有了沉稳、富足、浓烈、强劲的特点，从某种意义上与现代人（尤其是美国人）的嗜好相匹配，这也成为与之前经典葡萄酒异质之处。如今，这种新型葡萄酒的追随赞美者与反对者正进行着激烈的论战。前者认为，新酒打破了之前极奢葡萄酒只能由一部分权威酒庄酿造的偏见，以事实证明散户、新晋者具有酿造卓越葡萄酒的可能性，起到了划时代的作用。后者认为，这种新酒会出现各类仿制品，它并没有反映出各地的风土，抹杀了葡萄酒的个性，因而不能容忍它批量产出，由于后者声势壮大，这种新酒并没有怎么实现量产。

反映这一时期主题的电影是《美酒家族》（Mondovino）。这种论争实际上是以美法不同的风土对立为背景的。法国的葡萄酒酿造者以及支持者认为，风土对葡萄酒而言是重要的，必须要予以尊重。所谓的风土，用易于理解的话来说就是葡萄园的地势、土壤、日照、气象等的总和，法国风土派认为应该根据各自不同地方、区域和田地而酿造出因地制宜、富有个性的葡萄酒。与之相对，美国葡萄酒系势力与其支持者认为，美国的现代技术打破了风土等条件，而风土只不过是不愿意服输的法国人所持有的幻想（加利福尼亚的葡萄酒酿造学就不具有重视葡萄园土壤的履历）。

被葡萄酒媒体炒作成热点的论争最近也沉寂起来，最终重视风土成为葡萄酒世界的常识。索邦大学（Sorbonne Université）校长简·R.
彼得对这一论争进行了完好梳理，撰写了《波尔多 vs 勃艮第》这部良
作（但是该著的日文翻译版本存在多处错误）。即便除开风土论争，新
浪潮下涌现的膜拜酒（Cult Wine），对于葡萄酒将来发展而言，它的出
现也不容被忽视，而这也是一个还不能简单得出结论的课题。

　　另外一个撼动法国甚至世界葡萄酒界的现象则是"活力有机农业
法则"的出现。这原本是德国思想家（神秘主义者）瓦杜夫所考虑的
理论。该理论被卢瓦尔地区飒朗酒庄（La Coulee de Serrant）的尼古
拉斯·乔利热心提倡和实践，乔利成为在世界广泛布道的传道师。有
机栽培的一大领域就是禁止使用化学合成品进行栽培和酿造，活力有
机农业法则就是进一步彻底化的葡萄酒酿造法。该法则重视地球重
力影响葡萄的栽培作业，雄牛角与牛粪混合在一起埋入土壤中放置数
月，并使用混杂了牛粪、玄武岩、蛋壳与数种药材的肥料，带有一点
神秘宗教色彩。它当初被视为奇特的异教理论且没有在葡萄酒业界获
得认同，随着信奉者增加，法国各地葡萄酒企业（并且逐渐扩展到著
名的葡萄酒庄）都采用了这种农法，而今已经成为无法忽略的存在。

　　现代世界也流行起有机农法热潮，欧盟对有机食品设置了严格的
基准，已经推行于制造、认证和销售领域，它与活力有机农业法则完
全不同。活力有机农业法则包含了完全不喷洒杀虫剂历经数年培养葡
萄树的耐病性理论（埃里克·侯麦导演的电影《恋秋》中就出现了在
葡萄园里采取直接捕虫的有机农业法则场景）。在各酒庄都与葡萄园
有着密切关系的广大波尔多地区，几乎所有的生产者都因为这种农业
法则带有风险而最终没有采纳它。有名的酒庄庞特卡内虽然引入了活
力有机农业法则，但遭到严重虫害，而今已中止了该培育方式。

　　然而，勃艮第地区则稍有变化。第戎大学的库鲁多·布吉尼翁和罗吉·布奇夫妻在详细调查分析勃艮第葡萄园之后，于 1989 年敲响了使用化学药品可致使葡萄园微生物灭绝的警钟，自此之后，金丘的葡萄园停止使用化肥和除草剂，农药中也不再使用含有防细菌、防虫剂的成分。在这个意义上，勃艮第的许多生产者如今几乎已经被有机农业法则所支配。在防菌、防虫方面，勃艮第地区也进行了各种努力。

　　总之，现在法国推行有机农业法则的生产者虽然在增加，但基本上是在尼古拉斯·乔利所谓的活力有机农业法则上的延长。活力有机农业法则的功罪不能一概而论，虽然很小规模的酒庄大多都实践了它，但是将来让大农场、大酒庄在完全意义上使用这种农业法则还很困难。而通过有机农业法则酿造出来的葡萄酒到底是否能够达到优质，还需要在之后的历史中对它进行实证。

其他诸国的情况

　　英国在过去曾被视为无法酿造葡萄酒的国度。然而，自第二次世界大战之后，英国对进口的葡萄酒使用大桶加压法（Charmat 密封罐子内发酵）酿造出起泡酒获得成功，而且使用进口浓缩果汁也酿造出了葡萄酒（称之为英式葡萄酒）。

　　自 20 世纪后半叶起英国最南部的肯特、萨西克斯、萨利郡等地区，都出现了酿造葡萄酒和燃起酿酒热潮的小型酒庄（大约超过了110 个，所有葡萄园平均大约 2.5 亩），还吸引了因好奇心而聚集在这里的游客。英国所酿几乎都是白葡萄酒（起泡葡萄酒），最近随着其酒质的提高，也开始酿造红酒。

　　中国在第一次世界大战期间，德国人所占据的青岛周边就已经开始酿造啤酒和葡萄酒。改革开放之后，留意到过度饮用浓烈蒸馏白酒带来的弊端以及由此带来的谷物生产减少，政府开始大幅奖励栽培葡萄和酿造葡萄酒。中国全境建设了国营的葡萄酒企业，在短短时间内就跃居世界第六大葡萄酒生产国（这里面可能也有数据统计的问题）。中国西部的新疆维吾尔自治区、甘肃省、宁夏回族自治区自古以来就有制作葡萄干的传统，这些地区的葡萄在中国产葡萄酒中占有相当大的份额。

中国葡萄酒生产实现划时代性发展，是在政府鼓励外资企业参与合资事业的 20 世纪 80 年代初期之后才开始的。在这种背景下，最先诞生了数个合资企业（天津"王朝"葡萄酒是与法国人头马合资的企业，北京西部"龙印"是与保乐力加公司的合资企业，以及河北省的长城葡萄酒）。虽然原本法国注资的企业在这之后逐渐从共同经营转变为独立自主，但依然不断受到法国酿酒师的指导，使用赤霞珠和梅洛葡萄酿造出国际通行的葡萄酒。

然而，最近成长显著的是山东半岛。该半岛的根基是日本也熟知的青岛地区，半岛突出端的烟台则是葡萄酒的中心地区。烟台具有可谓中国近代葡萄酒始祖的张裕，现在它已经成长为世界上最大的葡萄酒企业之一。烟台市以西有蓬莱葡萄酒产地，这里有五十多家酒庄，而张裕也是中国产地中绝对领先的头牌。烟台市南面的南山产地也有现代化酒庄"南山"。拥有许多酒庄的烟台市，作为葡萄酒产地的中心而活力满满。拥有广大土地，在政府强力支持并引入现代酿造设备的情况下，中国葡萄酒产业的发展前途不可想象。

如今，中国葡萄酒产业取得的瞩目成绩中，四家巨型企业（张裕、长城、王朝、威龙）占全部生产额的 46%（2014 年统计数据）。无论如何，中国是消费人口庞大的国度，随着经济日渐发展，国民生活水平逐渐提高，它具有成为世界上有限几个葡萄酒大国之一的可能性。

难以置信的是，被视为葡萄酒不毛之地亚洲地区，印度、泰国、越南、柬埔寨、缅甸、韩国、印度尼西亚也开始酿造葡萄酒。其中，品质和商业规模上获得成功的印度，随着中产阶级收入的提高，刺激了当地消费，到 2013 年印度的葡萄酒企业达到 70 家以上。马哈拉施特拉邦占该国总生产量的三分之二。大城市班加罗尔附近的南迪山也在经营古老酒庄上大获成功。从加利福尼亚学成归来的西拉·萨马多根据太阳形象设计出标签，酿造出的苏维浓白葡萄酒取得大热，而今已经成为印度的代表性葡萄酒企业。

泰国曼谷附近的湄南河三角洲地区也开始栽培葡萄，三个地区已经有六家葡萄酒企业，它们团结一心致力于生产，而今已经达到年产八十万瓶。这些葡萄酒的消费者都是观光客。印度尼西亚的巴厘岛也诞生了葡萄酒庄。

日本在明治维新时期岩仓使节团赴欧考察时，就已经了解到葡萄酒是一项重要的产业。岩仓使节团归国后，政府将酿造葡萄酒作为产业振兴的一环进行了奖励和指导。当时，日本全境涌现出许多葡萄栽培农户与酿造所，但从结果来看，当时真正酿酒的企业几乎都遭遇挫败（第二次世界大战前后，仅有山梨县的佐渡谷［Sadoya］，山形县的武田、埼玉县的秩父葡萄酒这些零星的厂家生存下来）。但是，三得利所生产的甜口人工"赤玉波特酒"与神谷传兵卫的"蜂蜜葡萄酒"大获成功，战前多数日本人都以为葡萄酒大概就是这两所企业产品的口味。第二次世界大战之后，曾几度兴起的葡萄酒热潮则像无根之草一样消失了。到泡沫经济时，日本低价格段葡萄酒回归市场的同时，出现了新兴消费者阶层（年轻人、女性［尤其是主妇］），日本也进入可称为葡萄酒元年的时代。葡萄酒市场也受到全球化浪潮影响，世界各国的市场中也相继出现合适价格的葡萄酒。

日本国内的葡萄酒也受到这种影响被注入活力，20 世纪末至 21 世纪初，仅 10 年间日本国内所产葡萄酒就可谓焕然一新（虽然低价格段的葡萄酒依然依靠进口葡萄酒或浓缩葡萄果汁）。如今，日本全国已经具有 280 家葡萄酒企业，其中以长野县和北海道的进步最为显著，山形县紧随其后。岛根县和九州的宫崎县也出产了优良的葡萄酒。日本的葡萄酒王国山梨县，在产量方面依然处于日本第一位置。大型酒庄都在该县设置了据点，由于数多酒庄云集，它依然保持着日本葡萄酒首强县的地位。但是，山梨县酿酒使用的主料是食用葡萄，也受到新兴县对其宝座的威胁。

日本葡萄酒品质普遍得到提高，过去那种酒质糟糕的产品在不断消失，但在成本控制上还无法与海外葡萄酒相匹敌。现在获得成功的大多数产品中，白葡萄酒使用的是霞多丽，红葡萄酒使用的是梅洛，开始出现许多国际通行的优质之物。北海道的德国品种肯纳也获得成功。使用山梨特产甲州葡萄（应该说是日本固有品种）的企业，经过生产者数年的努力，出现了之前无法想象的高品质酒。如今，日本各地也已经拥有挑战种植酿造赤霞珠、黑皮诺、西拉等品种的酒庄，而日本红酒则对普遍使用的贝利 A 麝香（Muscat Bailey A）① 进行修正改进。日本国产葡萄酒的未来到底如何，还需要再过十年才能初见端倪。

---

① 贝利 A 麝香（Muscat Bailey A）是原产于日本的红葡萄品种。它是于 20 世纪 20 年代由川上善兵卫在新潟县用 Muscat of Hamburg 与 Bailey 杂交培育的品种。它目前主要种植在日本山梨县，是日本山梨县代表性的酿酒葡萄品种之一，种植面积约 150 公顷。如今它在品种的发源地新潟县种植面积已经很小。

葡萄酒将来的展望

而今，我们可以说生活在葡萄酒的新文艺复兴时代。撇开超高价格的葡萄酒，稍许解囊而入手的葡萄酒也比过去王侯贵族所喝的要卓越。而稍微费点功夫，收集到世界各地卓越的葡萄酒也并非难事。

如今，世界葡萄酒潮流也正处于激烈发展时期，这也是二十年前难以预料到的，就好像二十年前无法预料到笔记本电脑和智能手机会如此普及一样。然而，所幸的是，在我们这个时代，耗费二十年时间踏实酿造经典葡萄酒的人依然层出不穷。从世界层面来看，唯有让人担心的一点就是生产过剩。对法国而言，生产过剩是一个重大政治问题，政府虽然收购蒸馏酒以调整生产，但它也达到了极限。但是，就波尔多而言，它的高级酒庄如今依然在我们这个时代绽放出新春。

然而，在法国中级以下的葡萄酒方面，与其说已出现生产过剩和营销不振的征兆，不如说这个层次的葡萄酒市场也遭到新兴葡萄酒国家的侵蚀。如果欧洲全境依然按照现在的步伐发展的话，在不久的将来就会出现生产过剩，这迫使欧盟采取了限制进口政策，种植业所达到的限度也被划分出不同的等级，各国在与这一政策颁布后导致的利害冲突中致力于寻求新的对策。随着消费阶层的增加，如何提高经济上的品质也成为一大问题，因此难以对它的未来进行简单的预测。

日本现今产生了侍酒师热潮，侍酒师成了日本的明星。这一现象本身并没有什么恶劣影响，然而，葡萄酒的消费者追捧侍酒师，致使有的人连酒都没喝而仅从侍酒师那里获取葡萄酒知识，这点并不值得赞誉。侍酒师是拥有必要特殊知识的专业职人，而饮酒者则是葡萄酒常识的初级了解者和门外汉。有必要清晰地认识到二者之间的区别。过去就有葡萄酒势利眼（Wine Snob）这样一类人，他们凭借自己的葡萄酒知识而对朋友买的葡萄酒双眉颦蹙。了解葡萄酒的种类、产地、价格、生产者的生涯和葡萄酒芳香的各种表现，才是享受葡萄酒乐趣至关重要的要素。然而，对它追求过度也会造成问题。葡萄酒虽然也属于一种文化，但喝葡萄酒的人并不能完全算成文化人，饮酒本身也并不能称为文化。

往放在眼前的玻璃酒杯里灌注葡萄酒，可看到它映射着黄金色、琥珀色、鲜红色和浓紫色等光辉，在难以言表的芳香陶醉下进入葡萄酒的序曲，身心仿佛都融化一般。小抿一口则能够直接感受到生机勃勃的果实味道，充分沐浴阳光的葡萄整齐划一地缔结于葡萄园的光景也浮现于眼前。这就是谱写出一切万物滋长、讴歌生命的赞歌所表现出的世界。卓越的葡萄酒让人心激动同时又舒缓情绪，它在刺激感官同时又恪守理智。这一特色，也是而今除了葡萄酒之外其他酒类难以匹敌的（虽然日本也有所谓的清酒）。葡萄酒为人们提供了多样性思绪的广场。饮用葡萄酒的人形形色色、五花八门，因此从这个角度上看葡萄酒也是文化性的。

关于未来葡萄酒的思索是从多方面展开的。葡萄的产地、葡萄的品种、味觉的诸要素等自然是思索的直接对象。更进一步的话，围绕滋生葡萄酒的地理环境为中心的环境、社会、经济以及其发展历史的思考也应纳入到未来畅想之中，这样葡萄酒才能真正意义上成为文化上的存在。眼前的一杯葡萄酒，不只是物理性的存在，也是漫长的历史中凝聚了许多人汗水与泪水的结晶。对这样的葡萄酒持有兴趣，领略它的魅力，或者说感受它所带有的文化侧面，让多数爱好者从中知晓，这也是本书致力的一大尝试。

本书后半部分用大量篇幅讲述了科学尤其是现代酿造学，这并非作者想强调如今的葡萄酒仅因现代技术就能成就卓越。即便是葡萄酒酿造中包含的科学、现代酿造技术，也是人们思考和经营的产物之一，它是智识和努力的总和。正因为葡萄酒具备漫长历史积累的基础，现代技术才得以展开。

漫长的葡萄酒历史并不能简单概括。以此主题为焦点的本书自然也存在多处错误与缺陷，然而，向读者呈现出本书的意图并为人所理解，即便有人难以容许其中的欠缺，作者也大为欢迎，并为此感到喜出望外。

图书在版编目（CIP）数据

葡萄酒的世界史：自然惠赐与人类智慧 /（日）山
本博著；瞿亮译. — 北京：商务印书馆，2023
ISBN 978-7-100-21997-6

Ⅰ. ①葡… Ⅱ. ①山… ②瞿… Ⅲ. ①葡萄酒－历史－
世界－通俗读物 Ⅳ. ①TS262.6-091

中国国家版本馆CIP数据核字（2023）第029703号

葡萄酒的世界史：自然惠赐与人类智慧
〔日〕山本博　著
瞿　亮　译

商　务　印　书　馆　出　版
（北京王府井大街36号　邮政编码 100710）
商　务　印　书　馆　发　行
三河市尚艺印装有限公司印刷
ISBN 978 - 7 - 100 - 21997 - 6

2023 年 6 月第 1 版　　开本 880×1230　1/32
2023 年 6 月第 1 次印刷　印张 9 1/4

定价：56.00 元